量子光学

現代物理学叢書

量子光学

花村榮一著

岩波書店

現代物理学叢書について

小社は先年，物理学の全体像を把握し次世代への展望を拓くことを意図し，第一級の物理学者の絶大な協力のもとに，岩波講座「現代の物理学」(全21巻)を2度にわたって刊行いたしました．幸い，多くの読者の厚いご支持をいただき，その後も数多くの巻についてさらに再刊を望む声が寄せられています．そこで，このご要望にお応えするための新しいシリーズとして，「現代物理学叢書」を刊行いたします．このシリーズには，読者のご要望に応じながら，岩波講座「現代の物理学」の各巻を順次できるかぎり収めてまいります．装丁は新たにしましたが，内容は基本的に岩波講座の第2次刊行のものと同一です．本シリーズによって貴重な書物群が末永く読みつがれることを願ってやみません．

まえがき

本書は，理工系の学部3,4年次，または大学院修士課程で学ぶ量子光学の参考書として書いたものである．他方，量子光学は理学から工学にまたがる学際的な学問であるため，これら広い分野の研究者に対する量子光学の入門書となること，また研究者間の意思疎通にも役立つことを意図し，最近の研究成果をできるだけとり入れた．

20世紀の物理学の最大の成果の1つである量子力学は，光の研究によってその端緒が開かれたことは広く知られているとおりである．空洞輻射のエネルギーの振動数分布を記述するために，1900年に，Planckによって量子仮説が提案された．さらに，Einsteinは，光量子を導入して光電効果を解明し，Comptonは，電子によるX線の散乱過程を量子論で説明した．このように光は，電磁波としての波動性に加え，光子としての粒子性という2重性をもつことが明らかになったのである．de Broglieは，この考え方を物質粒子にも適用し，物質波という概念を導入した．1926年，この物質波が従う波動方程式がSchrödingerによって導かれ，首尾一貫した量子力学の表現が得られることとなったのである．この波動性と粒子性の2重性に対しては，Heisenbergの不確定性原理をなかだちとして，粒子像と波動像の相補性が理解されるようになった．このHeisenbergの不確定性原理に直接かかわる光のゆらぎのスクイージングが，最近注目を集めている．

理想的なレーザー発振状態からの光は，電場の正弦成分と余弦成分のゆらぎが等しく，しかもそれらの積が最小となる最小不確定状態を形成している．ところで最近，このレーザー光をある種の光非線形媒質中に伝播させることによって，一方の不確定性を十分に小さくしたスクイーズド光が実現できるようになった．これは当然，Heisenberg の不確定性原理をみたすため，他方の成分の不確定性の増大という犠牲のもとに実現される．これについては第1章で紹介する．

また，電磁波の量子化の自然な結果として，自然放射の理解も進んだ．従来，原子の励起状態は，自然放射による固有の寿命をもつと思われてきたが，これも最近，微小共振器中で励起原子の自然放射を自由自在に抑制・増強できるようになった．これは，原子系が相互作用する電磁波の共振器中での固有状態を制御できるようになったためである．これについては第2章で論じる．このように，量子光学は量子化の意義をより深く，そしてより身近に理解する格好の舞台を提供していることが，第1章と第2章とからわかるであろう．

レーザー発振そのものは電子系と電磁波との非線形な相互作用によっているが，これについては第4章で取り扱う．レーザー光こそ，古典的な電磁波としての特性をもっており，通常の光，たとえば白熱電球の光などはむしろ電磁波の量子化の結果である光子としてふるまう．これらを区別するものが光子の統計的性質であり，これは第3章で扱う．

レーザー光を光ファイバーなどの非線形媒質に通すことによって，このレーザー光をパルス圧縮し，超短光パルスを形成することができる．また，原子系の集団励起状態からのコヒーレントな自然放射による短パルスの発光は，超放射・超蛍光として興味深い現象を示す．これらの光のダイナミックスは第5章で論じる．さらに，光の高調波の発生や光のスクイージングに用いられる光パラメトリック発振の光非線形現象，位相共役光の発生，光双安定性などの非線形現象については，第6章で統一的な理解をはかる．

T. H. Maiman がルビー・レーザーの発振に成功したのは，1960年のことであった．それ以来レーザー技術の進歩はめざましく，放射特性を思うように制御できる光源が得られるようになった．すなわち，レーザー光の強度ばかりでなく，生成される光ビームのコヒーレンスや統計的性質までもコントロールできるようになったのである．さらに，6 fs (6×10^{-15} 秒)の時間幅をもつ超短光パルスまで得られるようになった．その結果として，第1に，多彩な非線形光学現象が観測できるようになり，新しい物理現象が次々に実現されてきた．そして第2に，光産業からの期待も高まってきた．国際電話や国内の幹線通話では光ファイバーによる情報の伝送が実用化され，一方，コンパクトディスクなど半導体レーザーを用いた光産業が急成長し，さらに，光による情報処理の可能性が模索されている．ここでも，陰に陽に非線形光学応答が利用されているのである．

以上のことからわかるように，量子光学の研究には2つの特徴がある．第1に，量子光学あるいは量子エレクトロニクスの研究においては，科学と工学の距離がきわめて短い，もしくはその区別ができず渾然としているということである．光のスクイージングと量子非破壊測定を例にとると，量子力学における基本原理である不確定性原理と光情報伝送の工学とが直結していることがわかる．さらに，レーザー技術・測定技術の進歩は，新しいレーザー分光による素励起の研究やレーザー冷却による新しい物質相の研究をうながしている．

量子光学の第2の特徴は，学際的な，すなわち広範囲の学問にまたがる研究分野であるということである．今日，光による新しい情報処理の原理が求められている．その光情報処理の実現のためには，大きな光非線形係数と短い応答時間をもつ光学材料が不可欠であるので，まず第1に非線形光学材料の研究者が必要となり，つぎにそれをデバイスに設計する人，さらにはそのデバイスを情報処理システムに組み上げる研究者が必要となる．個人がすべての分野をカバーすることはできないので，必然的に学際的交流が求められるのである．

本書が，このような異なる専門分野の人々に読まれ，量子光学そのものの研究者と，その工学への応用にたずさわる研究者との間の意思の疎通に役立てば幸いである．なお本書は，読者が量子力学，電磁気学，統計力学の初歩を理解していることを想定して書かれている．

最後に，本書の執筆をお勧めくださり，また原稿を丁寧に閲読してくださった江沢洋教授と鈴木増雄教授に心から感謝する．また，第1章と第2章は山本喜久教授に閲読願い，貴重なコメントをいただいた．さらに，大学院生の小川英之君には全章の式のチェックをお願いした．校正の段階では，NTTの井元信之博士，五神真助教授，時弘哲治講師，江馬一弘博士，大学院生斉木敏治君に有益なコメントをいただいた．以上の諸氏に謝意を表したい．しかし，本書の構成や記述に不完全な点があれば著者の責任であり，これについてご意見やご批判をいただければ幸いである．岩波書店編集部のみなさんには長い期間にわたり，コンスタントにご支援と叱咤激励をいただき，感謝している．なお，本書の執筆にあたって参考にした文献，および異なる側面からさらに量子光学を勉強したい読者に参考になると思われる文献を巻末に記した．

1991年12月

花村榮一

目次

1 輻射場の量子化

1900年12月14日，Max Planckの量子仮説によって量子論が誕生した．温度 T の壁で囲まれた空洞内の輻射(電磁波)のエネルギーの振動数分布を記述するにあたって，Planckは“振動数 ν の電磁波の放出・吸収に際しては，エネルギーは $h\nu$ という値を単位として，その整数倍でしかやりとりが許されない”と考えた．これが量子仮説とよばれるものである．この仮説のもとに求めた輻射のエネルギーの振動数分布は，高温の壁で囲まれた空洞の一例である溶鉱炉内などで観測された分布をみごとに再現した．さらに1905年，Einsteinは，Planckの量子仮説を一歩すすめて，“光の輻射そのものが，エネルギー $h\nu$ の光量子の流れである”と仮定し，光電効果の説明に成功した．このように古典物理学のMaxwellの方程式で記述されてきた電磁波に対して，量子論が誕生し，ついに1923年には“物質粒子は，光子(光量子)のように波動的側面をもつ”というde Broglieの物質波の概念へとひきつがれた．1926年，Schrödingerは，物質波に対する波動方程式を導入し，量子力学の概念の首尾一貫した表現を構築することができた．電磁波および物質粒子のおのおのがもつ波動性と粒子性の2重性に対しては，Heisenbergの不確定性関係をなかだちとして，粒子像と波動像の相補性が理解された．

本章では，輻射場の量子化を実行し，量子化にともなう Heisenberg の不確定性関係を求める(1-1 および 1-2 節)．次に，光の最小不確定状態である**コヒーレント状態**(coherent state)の性質とそのような光をいかに作り出すかをのべる(1-3 節)．コヒーレント状態は，たとえば電場の正弦成分と余弦成分のゆらぎが等しいような光の状態である．ところで，直交位相成分の一方の不確定性は，原理的にはいくらでも小さくすることができる．すなわち，その雑音を小さくできる．もちろん，そのとき他方の直交位相成分の不確定性を犠牲にすることになる．同じように，ある光のモードの光子数のゆらぎをおさえ，その代償に位相情報を犠牲にすることもできる．これらの光の状態を，それぞれ，**直交位相成分スクイーズド状態**(quadrature-phase squeezed state)と**光子数スクイーズド状態**(photon-number squeezed state)とよぶ．これらの物理的性質とその生成法を 1-4 節で解説する．測定の過程においても不確定性原理がはたらく．すなわち，ある観測量の測定精度とこれに共役な物理量への反作用雑音との積が，ある値以上に制限される．したがって，測定の反作用が被測定量におよばないように工夫すれば，測定精度をいくらでも向上させることができ，測定を何回繰り返しても，被測定量に擾乱を与えないようにできる．これが光の非破壊測定で，1-5 節で解説する．光のスクイーズド状態と光の**量子非破壊測定**(quantum non-demolition measurement)は，重力波の検出や光通信の分野など幅広い応用が期待されている．

1-1 Maxwell の方程式と Hamilton 形式

真空中の電磁場は，**電場 $\boldsymbol{E}$** と**磁場 $\boldsymbol{H}$** に対する **Maxwell の方程式**(Maxwell equation)

$$\mathrm{rot}\,\boldsymbol{E}+\frac{\partial}{\partial t}\boldsymbol{B}=0 \tag{1.1}$$

$$\mathrm{rot}\,\boldsymbol{H}-\frac{\partial}{\partial t}\boldsymbol{D}=0 \tag{1.2}$$

$$\mathrm{div}\,\boldsymbol{B} = 0 \tag{1.3}$$

$$\mathrm{div}\,\boldsymbol{D} = 0 \tag{1.4}$$

で記述される．ここで，電束密度 $\boldsymbol{D}$ と磁束密度 $\boldsymbol{B}$ は，真空の誘電率 ϵ_0 と真空の透磁率 μ_0 を用いて次のように書ける．

$$\boldsymbol{D} = \epsilon_0 \boldsymbol{E}, \qquad \boldsymbol{B} = \mu_0 \boldsymbol{H} \tag{1.5}$$

磁束密度 $\boldsymbol{B}$ に対して，次式でベクトルポテンシャル $\boldsymbol{A}$ を導入する．

$$\boldsymbol{B} = \mathrm{rot}\,\boldsymbol{A} \tag{1.6}$$

この定義より(1.3)が自然にみたされる．磁束密度 $\boldsymbol{B}$ の表式(1.6)を(1.1)に代入すると

$$\mathrm{rot}\left[\boldsymbol{E}+\frac{\partial}{\partial t}\boldsymbol{A}\right] = 0$$

となるので

$$\boldsymbol{E}+\frac{\partial}{\partial t}\boldsymbol{A} = -\mathrm{grad}\,\phi \tag{1.7}$$

となる ϕ が存在し，これをスカラーポテンシャルとよぶ．(1.6)と(1.7)より電場 $\boldsymbol{E}$ と磁束密度 $\boldsymbol{B}$ は，次のゲージ変換

$$\boldsymbol{A}(\boldsymbol{r}t) \to \boldsymbol{A}'(\boldsymbol{r}t) = \boldsymbol{A}(\boldsymbol{r}t) + \nabla F(\boldsymbol{r}t)$$

$$\phi(\boldsymbol{r}t) \to \phi'(\boldsymbol{r}t) = \phi(\boldsymbol{r}t) - \frac{\partial}{\partial t}F(\boldsymbol{r}t)$$

に対して不変である．ここに $F(\boldsymbol{r}t)$ は位置 $\boldsymbol{r}$，時間 t の任意の関数である．

このベクトルおよびスカラーポテンシャルの任意性を減じるために，次の Coulomb ゲージ

$$\mathrm{div}\,\boldsymbol{A} = 0 \tag{1.8}$$

をとり，さらに簡単のために $\mathrm{grad}\,\phi=0$ に選ぶ．そのとき，電場 $\boldsymbol{E}$ は(1.7)よりベクトルポテンシャル $\boldsymbol{A}$ を用いて

$$\boldsymbol{E} = -\frac{\partial}{\partial t}\boldsymbol{A} \tag{1.9}$$

と書ける．磁場 $\boldsymbol{H}=\boldsymbol{B}/\mu_0$ は(1.6)により，また電束密度 $\boldsymbol{D}=\epsilon_0\boldsymbol{E}$ は(1.9)を用

いて，ベクトルポテンシャル $\boldsymbol{A}$ を用いて書き直し，これらを用いて(1.2)を書き直すと次式を得る．

$$\mathrm{rot}(\mathrm{rot}\,\boldsymbol{A})+\epsilon_0\mu_0\frac{\partial^2}{\partial t^2}\boldsymbol{A}=0 \tag{1.10}$$

ここで，公式 $\mathrm{rot}(\mathrm{rot}\,\boldsymbol{A})=\mathrm{grad}(\mathrm{div}\,\boldsymbol{A})-\Delta\boldsymbol{A}$，Coulomb ゲージ(1.8)と光速 $c=\sqrt{1/\epsilon_0\mu_0}=3\times10^8$ (m/s) を用いると，(1.10)は次の波動方程式に書き直せる．

$$\Delta\boldsymbol{A}-\frac{1}{c^2}\frac{\partial^2}{\partial t^2}\boldsymbol{A}=0 \tag{1.11}$$

Coulomb ゲージ $\mathrm{div}\,\boldsymbol{A}=0$ の下では，Maxwell 方程式の(1.4)も自然にみたされていることがわかる．簡単のため1辺 L の立方体($0\leqq x,y,z\leqq L$)を考え，周期的境界条件を課すと，波動方程式(1.11)の解は次のように求められる．

$$\boldsymbol{A}(\boldsymbol{r}t)=\boldsymbol{A}_0e^{i(\boldsymbol{k}\cdot\boldsymbol{r}-\omega t)} \tag{1.12}$$

$$\boldsymbol{k}\equiv(k_x,k_y,k_z)=\frac{2\pi}{L}(n_x,n_y,n_z) \tag{1.13}$$

ここで，n_x,n_y,n_z は0または正負の任意の整数をとる．また，角振動数 $\omega=c|\boldsymbol{k}|\equiv ck$．Coulomb ゲージの条件(1.8)より $(\boldsymbol{A}_0\cdot\boldsymbol{k})=0$ となり，ベクトルポテンシャル $\boldsymbol{A}$ は横波であることがわかる．その分極方向を示す単位ベクトルを $\boldsymbol{e}$ として $\boldsymbol{A}_0=\boldsymbol{e}A_0$ と書くと，電場 $\boldsymbol{E}$ と磁束密度 $\boldsymbol{B}$ は(1.9)と(1.6)より，

$$\boldsymbol{E}(\boldsymbol{r}t)=i\omega\boldsymbol{e}A_0\exp[i(\boldsymbol{k}\cdot\boldsymbol{r}-\omega t)] \tag{1.14}$$

$$\boldsymbol{B}(\boldsymbol{r}t)=i[\boldsymbol{k}\times\boldsymbol{e}]A_0\exp[i(\boldsymbol{k}\cdot\boldsymbol{r}-\omega t)] \tag{1.15}$$

一般にベクトルポテンシャル $\boldsymbol{A}(\boldsymbol{r}t)$ は，(1.12)の解の重ね合わせにより次のように書ける．

$$\boldsymbol{A}(\boldsymbol{r}t)=\frac{1}{\sqrt{V}}\sum_{\boldsymbol{k}}\sum_{\gamma=1}^{2}\boldsymbol{e}_{\boldsymbol{k}\gamma}\{q_{\boldsymbol{k}\gamma}(t)e^{i\boldsymbol{k}\cdot\boldsymbol{r}}+q_{\boldsymbol{k}\gamma}{}^*(t)e^{-i\boldsymbol{k}\cdot\boldsymbol{r}}\} \tag{1.16}$$

ここで，2つの分極方向を γ で区別し，また観測量 $\boldsymbol{E}$ と $\boldsymbol{B}$ が実数になるよう，複素共役項を加えた．これからは電磁場のモード $\boldsymbol{k}\gamma$ の代わりに λ の記号を用いる．電磁場のエネルギー密度 $U(\boldsymbol{r}t)$ は次式で与えられる．

$$U(\boldsymbol{r}t) = \frac{1}{2}(\boldsymbol{D}\cdot\boldsymbol{E}+\boldsymbol{B}\cdot\boldsymbol{H}) \tag{1.17}$$

したがって体積 $V=L^3$ の系の電磁場のエネルギー $\mathscr{H}$ は,

$$\begin{aligned}\mathscr{H} &= \int U(\boldsymbol{r}t)\, d^3\boldsymbol{r} \\ &= \epsilon_0 \sum_\lambda \omega_\lambda{}^2(q_\lambda{}^* q_\lambda + q_\lambda q_\lambda{}^*)\end{aligned} \tag{1.18}$$

ここで, 展開係数 q_λ, q_λ^* の代わりに, 実変数

$$Q_\lambda(t) = q_\lambda(t)+q_\lambda^*(t) \tag{1.19}$$

$$\dot{Q}_\lambda(t) = -i\omega_\lambda(q_\lambda - q_\lambda{}^*) \tag{1.20}$$

を用いてエネルギーの表式(1.18)を書き直すと,

$$\mathscr{H} = \frac{\epsilon_0}{2}\sum_\lambda(\dot{Q}_\lambda{}^2+\omega_\lambda{}^2 Q_\lambda{}^2) \tag{1.21}$$

となる. 座標 Q_λ に対して, 一般化した運動量 $P_\lambda=\epsilon_0\dot{Q}_\lambda$ を導入し, 量子力学の対応原理によって, 運動量 P_λ をその正準共役な座標 Q_λ による微分に比例する次の関係

$$P_\lambda \to -i\hbar\frac{\partial}{\partial Q_\lambda} \tag{1.22}$$

で置き換えると, 次のハミルトニアンを得る.

$$\mathscr{H} = \sum_\lambda\left(-\frac{\hbar^2}{2\epsilon_0}\frac{\partial^2}{\partial Q_\lambda{}^2}+\frac{\epsilon_0}{2}\omega_\lambda{}^2 Q_\lambda{}^2\right) \tag{1.23}$$

これは調和振動子の集合のハミルトニアンであるので, その固有エネルギーは*, $n_\lambda=0,1,2,3,\cdots$ として

$$E_{\{n\}} = \sum_\lambda \hbar\omega_\lambda\left(n_\lambda+\frac{1}{2}\right) \tag{1.24}$$

光子 ($\boldsymbol{k}\gamma$) **の消滅演算子** (annihilation operator) $\hat{a}_\lambda$, **生成演算子** (creation operator) $\hat{a}_\lambda{}^\dagger$ を

---

* たとえば, 小出昭一郎 : 量子力学 II (改訂版) (裳華房, 1990) 第 11 章を参照.

$$\hat{a}_\lambda = \sqrt{\frac{\epsilon_0 \omega_\lambda}{2\hbar}}\left(Q_\lambda + \frac{i}{\epsilon_0 \omega_\lambda} P_\lambda\right) \tag{1.25}$$

$$\hat{a}_\lambda{}^\dagger = \sqrt{\frac{\epsilon_0 \omega_\lambda}{2\hbar}}\left(Q_\lambda - \frac{i}{\epsilon_0 \omega_\lambda} P_\lambda\right) \tag{1.26}$$

と導入する．これは，ハミルトニアン(1.23)の固有状態 $|n_1, n_2, n_3, \cdots, n_\lambda, \cdots\rangle$ に作用するとき，次の性質をもつ．

$$\hat{a}_\lambda|\cdots, n_\lambda, \cdots\rangle = \sqrt{n_\lambda}|\cdots, n_\lambda - 1, \cdots\rangle$$

$$\hat{a}_\lambda{}^\dagger|\cdots, n_\lambda, \cdots\rangle = \sqrt{n_\lambda + 1}|\cdots, n_\lambda + 1, \cdots\rangle$$

ハミルトニアン(1.23)は生成・消滅演算子 $\hat{a}_\lambda{}^\dagger, \hat{a}_\lambda$ を用いて次のようにも書き直せる．

$$\mathcal{H} = \sum_\lambda \hbar\omega_\lambda\left(\hat{a}_\lambda{}^\dagger \hat{a}_\lambda + \frac{1}{2}\right) \tag{1.27}$$

1-2　量子化と Heisenberg の不確定性

輻射場の量子化とは，前節の議論からもわかるように，本質的には輻射場の正準変数 Q_λ と P_λ を次の交換関係をみたす非可換な量とみなすことである．

$$[P_\lambda, Q_\lambda] \equiv P_\lambda Q_\lambda - Q_\lambda P_\lambda = -i\hbar \tag{1.28}$$

これは，(1.22)の対応関係を導入することと等価である．また，異なるモード間では可換となる．

$$[P_\lambda, Q_\mu] = 0 \qquad (\lambda \neq \mu)$$

また

$$[P_\lambda, P_\mu] = [Q_\lambda, Q_\mu] = 0$$

消滅・生成演算子 $\hat{a}_\lambda, \hat{a}_\lambda{}^\dagger$ の間の交換関係は，(1.25)と(1.26)を(1.28)に代入して，次のようになる．

$$[\hat{a}_\lambda, \hat{a}_\mu{}^\dagger] = \delta_{\lambda\mu} \tag{1.29}$$

　非可換な2つの物理量 A, B の不確定さ ΔA と ΔB の積はある値より小さくできない，すなわち **Heisenberg の不確定性関係**が成立する．たとえば，粒

子の位置 q と運動量 p を同時に任意の精度で決めることはできない．つまり，位置の不確定性 Δq と運動量の不確定性 Δp の積は $\hbar/2$ より小さくはできない．この**不確定性原理**(uncertainty principle)は，量子力学的な波動関数の確率論的性質を反映したものである．すなわち，同じ状態にある粒子を多数用意し，1つのグループに対しては位置だけを測定し，他のグループは運動量だけを測定し，測定結果の分散 Δp と Δq を求めると，$\Delta p\cdot\Delta q \geqq \hbar/2$ となり不確定性原理に従っている．これをもう少し一般的に記述すると，物理量 A と B とが次の交換関係

$$[A,B] = AB-BA = iC \tag{1.30}$$

に従うとき，A と B の不確定さ ΔA と ΔB は次の不等式をみたす．

$$\Delta A\cdot\Delta B \geqq \frac{|\langle C\rangle|}{2} \tag{1.31}$$

ここで，

$$(\Delta A)^2 = \langle\psi, (A-\langle A\rangle)^2\psi\rangle \tag{1.32}$$

$$\langle C\rangle = \langle\psi, C\psi\rangle \tag{1.33}$$

のように，$\langle A\rangle$ は波動関数 ψ での物理量 A の期待値を意味する．ただし，ψ は考えている空間で規格化されているとする．不等式(1.31)は Schwarz の不等式を用いて，次のように証明できる．

$$\begin{aligned}(\Delta A)^2\cdot(\Delta B)^2 &\equiv \langle\psi, (A-\langle A\rangle)^2\psi\rangle\langle\psi, (B-\langle B\rangle)^2\psi\rangle \\ &\geqq |\langle(A-\langle A\rangle)\psi, (B-\langle B\rangle)\psi\rangle|^2 \\ &= |\langle\psi, (A-\langle A\rangle)(B-\langle B\rangle)\psi\rangle|^2\end{aligned} \tag{1.34}$$

ところで，$\Delta\tilde{A} \equiv A-\langle A\rangle$, $\Delta\tilde{B} \equiv B-\langle B\rangle$ とおくと，

$$\Delta\tilde{A}\cdot\Delta\tilde{B} = \frac{1}{2}[\Delta\tilde{A}, \Delta\tilde{B}]+\frac{1}{2}\{\Delta\tilde{A}, \Delta\tilde{B}\} \tag{1.35}$$

ここで，$\{a,b\}\equiv ab+ba$ を意味し，$[\Delta\tilde{A}, \Delta\tilde{B}]=[A,B]=iC$ に注意すると，

$$\begin{aligned}|\langle\psi, \Delta\tilde{A}\cdot\Delta\tilde{B}\psi\rangle|^2 &= \frac{1}{4}|\langle\psi, [\Delta\tilde{A}, \Delta\tilde{B}]\psi\rangle+\langle\psi, \{\Delta\tilde{A}, \Delta\tilde{B}\}\psi\rangle|^2 \\ &\geqq \frac{1}{4}|\langle\psi, [\Delta\tilde{A}, \Delta\tilde{B}]\psi\rangle|^2 = \frac{1}{4}|\langle C\rangle|^2\end{aligned} \tag{1.36}$$

上式(1.36)での2行目の不等号は，(1) $i[\Delta\tilde{A},\Delta\tilde{B}]$ と $\{\Delta\tilde{A},\Delta\tilde{B}\}$ は Hermite 演算子であること，したがって，(2) 1行目右辺の絶対値の中の第1項は純虚数，第2項は実数となること，を使って得られる．その結果，(1.34)と(1.36)を合わせて，$\Delta A\cdot\Delta B\geqq|\langle C\rangle|/2$ が証明できた．

ベクトルポテンシャルの展開係数 $q_\lambda(t)$ と $q_\lambda{}^*(t)$ は，(1.19)と(1.20)，(1.25)と(1.26)を用いると

$$q_\lambda(t)=\sqrt{\frac{\hbar}{2\epsilon_0\omega_\lambda}}\hat{a}_\lambda,\qquad q_\lambda{}^*(t)=\sqrt{\frac{\hbar}{2\epsilon_0\omega_\lambda}}\hat{a}_\lambda{}^\dagger \tag{1.37}$$

と書き直せる．したがって電場 $\boldsymbol{E}$ は，(1.37)を(1.16)に代入し，(1.9)を用いると，$\hat{a}_\lambda$ と $\hat{a}_\lambda{}^\dagger$ を用いて次のように求まる．

$$\boldsymbol{E}=i\sqrt{\frac{1}{2V}}\sum_\lambda \boldsymbol{e}_\lambda\sqrt{\frac{\hbar\omega_\lambda}{\epsilon_0}}\{\hat{a}_\lambda e^{i\boldsymbol{k}\cdot\boldsymbol{r}}-\hat{a}_\lambda{}^\dagger e^{-i\boldsymbol{k}\cdot\boldsymbol{r}}\} \tag{1.38}$$

この電場 $\boldsymbol{E}$ と光子数演算子 $\hat{n}_\lambda\equiv\hat{a}_\lambda{}^\dagger\hat{a}_\lambda$ とは

$$[\hat{n}_\lambda,\boldsymbol{E}]\neq 0 \tag{1.39}$$

と非可換であるので，$\{n_\lambda\}$ が一定の値をもつとき，すなわち輻射場のエネルギー(1.24)が一定である状態では，電場の強さ $\boldsymbol{E}$ は一定の値をとることができず，ある平均値のまわりに大きくゆらいでいることがわかる．ハミルトニアン(1.23)の固有エネルギー(1.24)をもつ状態は

$$\Psi_{\{n\}}\equiv|n_1,n_2,\cdots,n_\lambda,\cdots\rangle=\prod_\lambda\frac{(\hat{a}_\lambda{}^\dagger)^{n_\lambda}}{\sqrt{n_\lambda!}}|0\rangle \tag{1.40}$$

と書ける．ここで，$|0\rangle$ は光子の真空状態である．

電場の強さ $\boldsymbol{E}$ を光子数演算子 $\hat{n}_\lambda$ と位相演算子* $\hat{\phi}_\lambda$ とを用いて次のように表わしてみよう．

$$\hat{a}_\lambda=e^{i\hat{\phi}_\lambda}\sqrt{\hat{n}_\lambda},\qquad \hat{a}_\lambda{}^\dagger=\sqrt{\hat{n}_\lambda}\,e^{-i\hat{\phi}_\lambda} \tag{1.41}$$

光子の生成・消滅演算子の交換関係(1.29)を用いると

$$e^{i\hat{\phi}_\lambda}\hat{n}_\lambda-\hat{n}_\lambda e^{i\hat{\phi}_\lambda}=e^{i\hat{\phi}_\lambda} \tag{1.42}$$

---

* 位相演算子についてもう少しくわしい議論は1-4節b)項で行なわれる．さらに巻末の参考書・文献[32]を参照されたい．

の交換関係を得る．これは，$\hat{\varphi}_\lambda$ と $\hat{n}_\lambda$ が次の交換関係をみたせば成立する．

$$\hat{\varphi}_\lambda \hat{n}_\lambda - \hat{n}_\lambda \hat{\varphi}_\lambda = -i \tag{1.43}$$

Heisenberg の不確定性関係(1.31)に，(1.43)を適用すると，光子数のゆらぎ Δn_λ と位相のゆらぎ $\Delta\phi_\lambda$ に対して，次の不確定性関係を得る．

$$(\Delta n_\lambda)\cdot(\Delta\phi_\lambda) \geqq \frac{1}{2} \tag{1.44}$$

あるモード λ の光子の数がわかっているときは，この波の位相はまったくわからないし，逆に位相がわかっているときは光子数はわからない．2つの波の位相差がわかっているときには，光子数は決められても，それがどちらの波にあるかは不明である．

1-3　光のコヒーレント状態

古典的輻射場に最も近い光の量子論的な状態が**コヒーレント状態**である．これはまた，非可換な2つの物理量のゆらぎの積が最小になる状態でもある．コヒーレント状態にある電場は，振幅と位相を用いて表わすことができ，また輻射場のエネルギー固有関数 $|\{n_\lambda\}\rangle$ の重ね合わせとしても表現される．また，このコヒーレント状態は，非 Hermite 演算子である光子の消滅演算子 $\{\hat{a}_\lambda\}$ の固有関数であり，巨視的な可干渉場を表現する．本節では，このコヒーレント状態の特長と，この状態をいかに作るかを解説する．

全輻射場の固有状態は各モードの固有状態の積で表わせるので，1つのモード λ のコヒーレント状態 $|\alpha_\lambda\rangle$ から始める．この節ではモードを表わす添字 λ を省略する．一般にコヒーレント状態 $|\alpha\rangle$ は，消滅演算子 $\hat{a}$ の固有状態，

$$\hat{a}|\alpha\rangle = \alpha|\alpha\rangle \tag{1.45}$$

と定義される．このコヒーレント状態は光子数状態 $|n\rangle$

$$|n\rangle = \frac{1}{\sqrt{n!}}(\hat{a}^\dagger)^n|0\rangle \tag{1.46}$$

を用いて，次の線形結合で与えられる．

$$|\alpha\rangle = \exp\left(-\frac{1}{2}|\alpha|^2\right)\sum_n \frac{\alpha^n}{\sqrt{n!}}|n\rangle \tag{1.47}$$

ここで，$|0\rangle$ は光子 λ の真空状態で $\hat{a}|0\rangle=0$ であり，光子数状態，コヒーレント状態，ともに規格化されている．

コヒーレント状態の定義(1.45)から，$|\alpha\rangle$ の表式(1.47)を求めてみよう．関係式 $\hat{a}^\dagger|n\rangle=\sqrt{n+1}\,|n+1\rangle$ の Hermite 共役 $\langle n|\hat{a}=\sqrt{n+1}\langle n+1|$ を，(1.45)から得られる関係式 $\langle n|\hat{a}|\alpha\rangle=\alpha\langle n|\alpha\rangle$ に適用すると，

$$\sqrt{n+1}\langle n+1|\alpha\rangle = \alpha\langle n|\alpha\rangle \tag{1.48}$$

この関係式より次の漸化式が求まる．

$$\sqrt{n}\,\langle n|\alpha\rangle = \alpha\langle n-1|\alpha\rangle, \qquad \sqrt{n-1}\langle n-1|\alpha\rangle = \alpha\langle n-2|\alpha\rangle,$$
$$\sqrt{n-2}\langle n-2|\alpha\rangle = \alpha\langle n-3|\alpha\rangle, \qquad \cdots, \qquad \langle 1|\alpha\rangle = \alpha\langle 0|\alpha\rangle$$

その結果，

$$\langle n|\alpha\rangle = \frac{\alpha^n}{\sqrt{n!}}\langle 0|\alpha\rangle \tag{1.49}$$

また，光子数状態 $|n\rangle$ $(n=0,1,2,\cdots)$ は完全系をなすので，

$$\sum_{n=0}^{\infty}|n\rangle\langle n| = 1 \tag{1.50}$$

よって，コヒーレント状態 $|\alpha\rangle$ は，光子数状態 $|n\rangle$ で展開できて，

$$|\alpha\rangle = \sum_{n=0}^{\infty}|n\rangle\langle n|\alpha\rangle = \langle 0|\alpha\rangle\sum_{n=0}^{\infty}\frac{\alpha^n}{\sqrt{n!}}|n\rangle \tag{1.51}$$

ここで係数 $\langle 0|\alpha\rangle$ は規格化条件

$$\langle\alpha|\alpha\rangle = |\langle 0|\alpha\rangle|^2\sum_{n=0}^{\infty}\frac{|\alpha|^{2n}}{n!} = |\langle 0|\alpha\rangle|^2\exp(|\alpha|^2) = 1$$

より，$\langle 0|\alpha\rangle=\exp\{-(1/2)|\alpha|^2\}$ が求まり，コヒーレント状態(1.47)が証明された．

ここで，α は任意の複素数であり，コヒーレント状態 $|\alpha\rangle$ は，光子数 n に対して平均値 $|\alpha|^2$ の **Poisson 分布**(Poisson distribution)

$$|\langle n|\alpha\rangle|^2 = \frac{(|\alpha|^2)^n}{n!}\exp(-|\alpha|^2) \tag{1.52}$$

をすることがわかる．また，$\alpha=0$ のコヒーレント状態 $|0\rangle$ は，光子数 $n=0$ の状態 $|0\rangle$ と一致する．

コヒーレント状態 $|\alpha\rangle$ はユニタリー演算子 $D(\alpha)=\exp(\alpha\hat{a}^\dagger-\alpha^*\hat{a})$ を用いて

$$|\alpha\rangle = D(\alpha)|0\rangle = \exp(\alpha\hat{a}^\dagger-\alpha^*\hat{a})|0\rangle \tag{1.53}$$

とも書ける．これは本節後半で，いかにコヒーレント状態をつくるかを考察するときに有力な表式である．まずユニタリー演算子 $D(\alpha)$ の表式(1.53)を求めよう．変位演算子 $D(\beta)$ を次式で定義する．

$$D^{-1}(\beta)\hat{a}D(\beta) = \hat{a}+\beta \tag{1.54}$$

$$D^{-1}(\beta)\hat{a}^\dagger D(\beta) = \hat{a}^\dagger+\beta^* \tag{1.55}$$

上式(1.54)に右から $D^{-1}(\beta)$ を作用させ，この等式を $|\alpha\rangle$ に作用させると，

$$D^{-1}(\beta)\hat{a}|\alpha\rangle = \alpha D^{-1}(\beta)|\alpha\rangle = (\hat{a}+\beta)D^{-1}(\beta)|\alpha\rangle \tag{1.56}$$

ゆえに，$\alpha=\beta$ のときには

$$\hat{a}D^{-1}(\alpha)|\alpha\rangle = 0 \tag{1.57}$$

すなわち

$$D^{-1}(\alpha)|\alpha\rangle = |0\rangle \tag{1.58}$$

したがって，

$$|\alpha\rangle = D(\alpha)|0\rangle \tag{1.59}$$

これによって，変位演算子 $D(\alpha)$ が光子の真空状態に作用するとコヒーレント状態が生成されることがわかる．次に $D(\alpha)$ の具体的な形(1.53)を求めよう．$\alpha=0$ に対しては，(1.59)より

$$D(0) = 1 \tag{1.60}$$

また微小量 $d\alpha$ に対しては，(1.54)，(1.55)に左から $D(\beta)$ を作用させたものに $\beta=d\alpha$ とおくと，

$$\hat{a}D(d\alpha) = D(d\alpha)(\hat{a}+d\alpha) \tag{1.61}$$

$$\hat{a}^\dagger D(d\alpha) = D(d\alpha)\{\hat{a}^\dagger+(d\alpha)^*\} \tag{1.62}$$

この連立方程式を解くにあたって，初期条件 $D(0)=1$ と $d\alpha$ と $(d\alpha)^*$ が微小量であることを考慮して

$$D(d\alpha) = 1+A\hat{a}^\dagger+B\hat{a} \tag{1.63}$$

とおく．次に(1.62)と(1.61)の左からおのおの $\hat{a}$ と $\hat{a}^\dagger$ を作用させて，辺々引き算を行なうと，

$$\begin{aligned}\hat{a}\times(1.62)-\hat{a}^\dagger\times(1.61) &= (\hat{a}\hat{a}^\dagger-\hat{a}^\dagger\hat{a})D(d\alpha) = D(d\alpha)\\ &= \hat{a}D(d\alpha)\hat{a}^\dagger+\hat{a}D(d\alpha)(d\alpha)^*-\hat{a}^\dagger D(d\alpha)\hat{a}-\hat{a}^\dagger D(d\alpha)d\alpha \end{aligned}\tag{1.64}$$

ここで，(1.64)に(1.63)を代入すると，$A=d\alpha$，$B=-(d\alpha)^*$ となることがわかる．すなわち，(1.63)は

$$D(d\alpha) = 1+\hat{a}^\dagger d\alpha-\hat{a}(d\alpha)^* \tag{1.65}$$

さらに，実のパラメーター λ を導入し，$d\alpha=\alpha d\lambda$ とおき，

$$D[\alpha(\lambda+d\lambda)] = D(\alpha d\lambda)D(\alpha\lambda) \tag{1.66}$$

と仮定すると，次の微分方程式を得る．

$$\frac{d}{d\lambda}D(\alpha\lambda) = (\alpha\hat{a}^\dagger-\alpha^*\hat{a})D(\alpha\lambda) \tag{1.67}$$

上式を積分して，$\lambda=1$ とおくと(1.53)の結果を得る．

ここで，コヒーレント状態の変位演算子を用いた(1.53)の表現と光子数状態 $|n\rangle$ を用いた表現(1.47)が同一のものであることを示そう．一般に演算子 A, B の間に，$[[A,B],A]=[[A,B],B]=0$ が成立するとき，

$$\exp(A)\exp(B) = \exp\left\{A+B+\frac{1}{2}[A,B]\right\} \tag{1.68}$$

この公式に，$A=\alpha\hat{a}^\dagger$，$B=-\alpha^*\hat{a}$ を代入すると，

$$D(\alpha) = \exp(\alpha\hat{a}^\dagger-\alpha^*\hat{a}) = \exp\left(-\frac{1}{2}|\alpha|^2\right)\exp(\alpha\hat{a}^\dagger)\exp(-\alpha^*\hat{a}) \tag{1.69}$$

ここで，$\exp(-\alpha^*\hat{a})$ を展開し，光子の真空状態 $|0\rangle$ に作用すると，

$$\exp(-\alpha^*\hat{a})|0\rangle = \left\{1-\alpha^*\hat{a}+\frac{(\alpha^*\hat{a})^2}{2!}+\cdots\right\}|0\rangle = |0\rangle \tag{1.70}$$

したがって，

$$D(\alpha)|0\rangle = \exp\left(-\frac{1}{2}|\alpha|^2\right)\exp(\alpha\hat{a}^\dagger)|0\rangle = \exp\left(-\frac{1}{2}|\alpha|^2\right)\sum_{n=0}^{\infty}\frac{1}{n!}(\alpha\hat{a}^\dagger)^n|0\rangle$$
$$= \exp\left(-\frac{1}{2}|\alpha|^2\right)\sum_{n=0}^{\infty}\frac{1}{\sqrt{n!}}\alpha^n|n\rangle \qquad (1.71)$$

となり，数表示(1.47)と一致することが確かめられた．ここで，光子数状態 $|n\rangle$ の表式(1.46)を使った．

コヒーレント状態 $|\alpha\rangle$ が最小不確定状態，すなわち古典電磁波に最も近い状態であることを示そう．正準座標 Q と P とを，(1.25)と(1.26)によって生成・消滅演算子 $\hat{a}^\dagger$ と $\hat{a}$ を用いて表わすと，

$$Q = \sqrt{\frac{\hbar}{2\epsilon_0\omega}}(\hat{a}+\hat{a}^\dagger), \qquad P = i\sqrt{\frac{\epsilon_0\hbar\omega}{2}}(\hat{a}^\dagger-\hat{a}) \qquad (1.72)$$

まず，これらのコヒーレント状態 $|\alpha\rangle$ での期待値を求めると，

$$\langle\alpha|Q|\alpha\rangle = \sqrt{\frac{\hbar}{2\epsilon_0\omega}}(\alpha+\alpha^*)$$
$$\langle\alpha|P|\alpha\rangle = i\sqrt{\frac{\epsilon_0\hbar\omega}{2}}(\alpha^*-\alpha) \qquad (1.73)$$

次に，Q^2 と P^2 のコヒーレント状態 $|\alpha\rangle$ での期待値は，

$$\langle\alpha|Q^2|\alpha\rangle = \frac{\hbar}{2\epsilon_0\omega}\{(\alpha+\alpha^*)^2+1\}$$
$$\langle\alpha|P^2|\alpha\rangle = \frac{\epsilon_0\hbar\omega}{2}\{1-(\alpha-\alpha^*)^2\} \qquad (1.74)$$

したがって，電磁場の一般化された座標 Q および正準共役な運動量 $P\equiv\epsilon_0\dot{Q}$ の分散 ΔQ と ΔP は次のようになる．

$$(\Delta Q)^2 \equiv \langle\alpha|Q^2|\alpha\rangle-(\langle\alpha|Q|\alpha\rangle)^2 = \frac{\hbar}{2\epsilon_0\omega}$$
$$(\Delta P)^2 \equiv \langle\alpha|P^2|\alpha\rangle-(\langle\alpha|P|\alpha\rangle)^2 = \frac{\epsilon_0\hbar\omega}{2} \qquad (1.75)$$

その結果から，$\Delta Q\cdot\Delta P=\hbar/2$ という**最小不確定性関係**をみたしていることがわかった．

このコヒーレント状態 $|\alpha\rangle$ はそのモードの状態の完全系をなすが，異なる α の状態間では直交していない．これらの2点を示そう．

（1）完備性．複素数 α をその振幅 $|\alpha|\equiv r$ と位相 ϕ で表わすと，$\alpha=re^{i\phi}$．したがって，

$$\int d^2\alpha\ |\alpha\rangle\langle\alpha| = \int_0^\infty r\,dr\int_0^{2\pi}d\phi\, e^{-r^2}\sum_m\sum_n \frac{r^m}{\sqrt{m!}}e^{im\phi}\frac{r^n}{\sqrt{n!}}e^{-in\phi}|m\rangle\langle n|$$
$$= 2\pi\sum_n\frac{1}{n!}\int_0^\infty r\,dr\, r^{2n}e^{-r^2}|n\rangle\langle n| = \pi \tag{1.76}$$

ここで，光子数状態 $|n\rangle$ が完全系をなすこと $\sum_n|n\rangle\langle n|=1$ と，次の直交性，

$$\int_0^{2\pi}d\phi\, e^{i(m-n)\phi} = 2\pi\delta_{mn} \tag{1.77}$$

を使った．その結果，次の完備性が証明できた．

$$\frac{1}{\pi}\int d^2\alpha\ |\alpha\rangle\langle\alpha| = 1 \tag{1.78}$$

（2）非直交性．コヒーレント状態 $|\alpha\rangle$ と $|\beta\rangle$ の重なりは

$$\langle\beta|\alpha\rangle = \sum_m\sum_n\frac{(\beta^*)^m}{\sqrt{m!}}\frac{\alpha^n}{\sqrt{n!}}\exp\left\{-\frac{1}{2}(|\alpha|^2+|\beta|^2)\right\}\langle m|n\rangle$$
$$= \sum_n\frac{(\alpha\beta^*)^n}{n!}\exp\left\{-\frac{1}{2}(|\alpha|^2+|\beta|^2)\right\}$$
$$= \exp\left\{-\frac{1}{2}(|\alpha|^2+|\beta|^2)+\beta^*\alpha\right\} \tag{1.79}$$

ゆえに，$|\langle\beta|\alpha\rangle|^2=\exp\{-|\alpha-\beta|^2\}$ となり，α と β が複素平面上で十分はなれていれば，$|\alpha\rangle$ と $|\beta\rangle$ はほぼ直交するといえる．

（3）過完備．以上2つの結果として，1つのコヒーレント状態 $|\alpha\rangle$ が，他のコヒーレント状態 $|\beta\rangle$ の重畳で書き表わせる．これは過完備性とよばれる．すなわち，

$$|\alpha\rangle = \frac{1}{\pi}\int d^2\beta\,|\beta\rangle\langle\beta|\alpha\rangle$$
$$= \frac{1}{\pi}\int d^2\beta\,|\beta\rangle\exp\left\{-\frac{1}{2}(|\alpha|^2+|\beta|^2)+\beta^*\alpha\right\} \qquad (1.80)$$

発振のしきい値よりも十分高い分布反転の下で作動するレーザー光はコヒーレント状態にある．第4章で示すように，しきい値よりも十分高い発振条件の下では，構成原子(分子)の遷移の双極子モーメントの位相がそろう．このような電子系は古典的電流としてふるまう．この古典的電流から発せられる電磁放射がコヒーレント状態を形成することは，次のように示せる．多モードのコヒーレント状態は，各モードのコヒーレント状態の積で書ける．

$$|\{\alpha_\lambda\}\rangle = \prod_\lambda |\alpha_\lambda\rangle \qquad (1.81)$$

ベクトルポテンシャル $\boldsymbol{A}(\boldsymbol{r}t)$ は，これら多モードの生成・消滅演算子 $\hat{a}_\lambda^\dagger$ と $\hat{a}_\lambda$ の線形結合で展開できる．

$$\boldsymbol{A}(\boldsymbol{r}t) = \frac{1}{\sqrt{V}}\sum_\lambda \sqrt{\frac{\hbar}{2\epsilon_0\omega_\lambda}}\boldsymbol{e}_\lambda[\hat{a}_\lambda e^{i\boldsymbol{k}\cdot\boldsymbol{r}-i\omega t}+\hat{a}_\lambda^\dagger e^{-i\boldsymbol{k}\cdot\boldsymbol{r}+i\omega t}] \qquad (1.82)$$

レーザー系を形成する原子(分子)のつくる古典的電流密度 $\boldsymbol{J}(\boldsymbol{r}t)$ と電磁場 $\boldsymbol{A}(\boldsymbol{r}t)$ との相互作用ハミルトニアンは

$$\mathcal{V}(t) = -\int \boldsymbol{J}(\boldsymbol{r}t)\cdot\boldsymbol{A}(\boldsymbol{r}t)\,d^3\boldsymbol{r} \qquad (1.83)$$

と書ける．原子系，電磁場，その間の相互作用のハミルトニアンをおのおの $\mathcal{H}_{\text{atom}}$，$\mathcal{H}_{\text{rad}}$，$\mathcal{V}$ と書くと，(1.83)は，次の相互作用表示

$$\mathcal{V}(t) = \exp\left(\frac{i\mathcal{H}_0 t}{\hbar}\right)\mathcal{V}\exp\left(\frac{-i\mathcal{H}_0 t}{\hbar}\right)$$

になっている．ここで，$\mathcal{H}_0 = \mathcal{H}_{\text{atom}} + \mathcal{H}_{\text{rad}}$ である．時刻 t での全系の波動関数 $\psi(t)$ は，やはり

$$\psi(t) = \exp\left(\frac{i\mathcal{H}_0 t}{\hbar}\right)|t\rangle$$

と相互作用表示に移ると，$|t\rangle$ は次の方程式に従う．

$$i\hbar\frac{\partial}{\partial t}|t\rangle = \mathcal{V}(t)|t\rangle \tag{1.84}$$

時刻 t_0 から t までの状態の時間発展

$$|t\rangle = U(t, t_0)|t_0\rangle$$

を表わすプロパゲーター $U(t, t_0)$ は次の微分方程式に従う．

$$\frac{d}{dt}U(t, t_0) = B(t)U(t, t_0), \qquad U(t_0, t_0) = 1 \tag{1.85}$$

ここで

$$B(t) = \frac{i}{\hbar}\int \boldsymbol{J}(\boldsymbol{r}t)\cdot\boldsymbol{A}(\boldsymbol{r}t)\, d^3\boldsymbol{r} \tag{1.86}$$

微分方程式(1.85)を積分すると，

$$\begin{aligned} U(t, t_0) &= \exp\left\{\int_{t_0}^{t} B(t')\,dt' + \frac{1}{2}\int_{t_0}^{t}dt' \int_{t_0}^{t'}dt''\,[B(t'), B(t'')]\right\} \\ &= \exp\left[\sum_\lambda \{\alpha_\lambda \hat{a}_\lambda{}^\dagger - \alpha_\lambda{}^* \hat{a}_\lambda\} + i\phi\right] \end{aligned} \tag{1.87}$$

ここで，$t_0 = -\infty$ とし，

$$\alpha_\lambda = \frac{i}{\hbar\sqrt{V}}\int_{-\infty}^{t} dt' \int d^3\boldsymbol{r}\sqrt{\frac{\hbar}{2\epsilon_0\omega_\lambda}}e^{-i(\boldsymbol{k}\cdot\boldsymbol{r}-\omega t')}\boldsymbol{e}_\lambda\cdot\boldsymbol{J}(\boldsymbol{r}t') \tag{1.88}$$

また，(1.87)で $[B(t'), B(t'')]$ を含む項は，(1.82)と(1.86)からわかるようにc数となり，これが位相項 $i\phi$ を与える．光子と原子(分子)の系が定常状態にあるときには，α_λ と ϕ は時間 t を含まない．いま，$\phi=0$ と選ぶと光子系は次のコヒーレント状態にあることがわかる．

$$\begin{aligned} |t\rangle &= \prod_\lambda \exp(\alpha_\lambda \hat{a}_\lambda{}^\dagger - \alpha_\lambda{}^* \hat{a}_\lambda)|0\rangle \\ &= \prod_\lambda \exp\left(-\frac{1}{2}|\alpha_\lambda|^2\right)\exp(\alpha_\lambda \hat{a}_\lambda{}^\dagger)\exp(-\alpha_\lambda{}^* \hat{a}_\lambda)|0\rangle \\ &= |\{\alpha_\lambda\}\rangle \end{aligned} \tag{1.89}$$

ただし，$t = -\infty$ で，光子系はその真空状態にあると仮定した．このように，

古典的電流の振動からの放射は光子のコヒーレント状態を形成することがわかった．第4章で，レーザー光は，その発振のしきい値より十分上では，光子のコヒーレント状態を形成することを示す．

1-4 光のスクイーズド状態

前節でのべたように，発振のしきい値より十分高い状態からのレーザー光はコヒーレント状態にある．まず，このレーザー光の，たとえば電場の正弦成分と余弦成分のゆらぎは等しいことを示す．次に，これらの直交位相成分の一方の不確定性を，他の成分のゆらぎを犠牲にしながら小さくした**直交位相成分スクイーズド状態**(quadrature-phase squeezed state)の数学的性質をのべ，さらに，この光のスクイーズド状態を物理的にいかに作り出すかを示す．さらに，光のあるモードの位相のゆらぎを犠牲にしながら，光子数のゆらぎを縮小した**光子数スクイーズド状態**(photon-number squeezed state)の性質と，それをいかに実現できるかを示したい．

a) 直交位相成分スクイーズド光

まず，コヒーレント光の直交位相成分のゆらぎを考察しよう．電場 $\boldsymbol{E}(t)$ のある1つのモードに着目して，

$$\begin{aligned}\boldsymbol{E}(t) &= i\boldsymbol{E}_0(\hat{a}e^{-i(\omega t-\boldsymbol{k}\cdot\boldsymbol{r})}-\hat{a}^{\dagger}e^{i(\omega t-\boldsymbol{k}\cdot\boldsymbol{r})}) \\ &= 2\boldsymbol{E}_0[\hat{q}\sin(\omega t-\boldsymbol{k}\cdot\boldsymbol{r})+\hat{p}\cos(\omega t-\boldsymbol{k}\cdot\boldsymbol{r})] \qquad (1.90)\end{aligned}$$

と書き直そう．ここで，(1.38)より $\boldsymbol{E}_0=\boldsymbol{e}_{\lambda}\sqrt{\hbar\omega_{\lambda}/2\epsilon_0 V}$，また，

$$\hat{q} = \frac{1}{2}(\hat{a}+\hat{a}^{\dagger}), \qquad \hat{p} = \frac{i}{2}(\hat{a}-\hat{a}^{\dagger}) \qquad (1.91)$$

であるので，$\hat{q}$ と $\hat{p}$ は次の交換関係に従う．

$$[\hat{q},\hat{p}] = -\frac{i}{2} \qquad (1.92)$$

したがって，(1.31)より $\hat{q}$ と $\hat{p}$ のゆらぎ Δq と Δp は，次の不確定性関係をみたす．

$$\varDelta q\cdot\varDelta p \geqq \frac{1}{4} \tag{1.93}$$

ところで，(1.91)のコヒーレント状態での期待値をとると

$$\langle\alpha|\hat{q}|\alpha\rangle = \frac{1}{2}(\alpha+\alpha^*), \qquad \langle\alpha|\hat{p}|\alpha\rangle = \frac{i}{2}(\alpha-\alpha^*) \tag{1.94}$$

また，$\hat{q}^2$ と $\hat{p}^2$ の期待値は，

$$\begin{aligned}\langle\alpha|\hat{q}^2|\alpha\rangle &= \frac{1}{4}\langle\alpha|\{\hat{a}^2+\hat{a}\hat{a}^\dagger+\hat{a}^\dagger\hat{a}+(\hat{a}^\dagger)^2\}|\alpha\rangle \\ &= \frac{1}{4}(\alpha+\alpha^*)^2+\frac{1}{4}\end{aligned} \tag{1.95}$$

$$\langle\alpha|\hat{p}^2|\alpha\rangle = \frac{1}{4}-\frac{1}{4}(\alpha-\alpha^*)^2 \tag{1.96}$$

したがって，

$$(\varDelta q)^2 \equiv \langle\alpha|(\hat{q}-\langle\hat{q}\rangle)^2|\alpha\rangle = \frac{1}{4} \tag{1.97}$$

$$(\varDelta p)^2 \equiv \langle\alpha|(\hat{p}-\langle\hat{p}\rangle)^2|\alpha\rangle = \frac{1}{4} \tag{1.98}$$

ここで，$\langle\hat{q}\rangle\equiv\langle\alpha|\hat{q}|\alpha\rangle$，$\langle\hat{p}\rangle\equiv\langle\alpha|\hat{p}|\alpha\rangle$ である．この結果(1.97)と(1.98)から，コヒーレント状態 $|\alpha\rangle$ は，2つの直交位相成分のゆらぎが等しく，しかも，(1.93)の最小不確定状態にあることがわかる．

さて，ここで，共役な観測量，たとえば電場の直交位相成分の振幅 $\hat{q}$ と $\hat{p}$ の間の不確定さ，すなわち量子雑音の分配比を変える光のスクイージングを考えよう．コヒーレント状態が，電磁場と電子系の線形な相互作用(1.83)を用いて作られた．他方，後述するように，ある種の非線形な相互作用が有効にはたらくときには，$\{\hat{a},\hat{a}^\dagger\}$ を同じ振幅で，逆符号の位相をもつ2つの光子とみたり，また位相共役な量子相関をもつ光子対と考えることができる．この物理的背景は後にわかるが，ここではBose凝縮系に対するBogoliubov変換を想像して，c数の対 μ,ν に対して次の変換を導入する．

$$\hat{b} = \mu\hat{a}+\nu\hat{a}^\dagger, \qquad \hat{b}^\dagger = \mu^*\hat{a}^\dagger+\nu^*\hat{a} \tag{1.99}$$

$$\hat{a} = \mu^*\hat{b}-\nu\hat{b}^\dagger, \qquad \hat{a}^\dagger = \mu\hat{b}^\dagger-\nu^*\hat{b} \tag{1.100}$$

ここで，$|\mu|^2-|\nu|^2=1$ の条件を課すると，(1.99)は線形正準変換であることがわかる．したがって，(1.99)は次のユニタリー変換 U_L によって，(1.99)の線形正準変換を実行できる．

$$\hat{b} = U_\mathrm{L}\hat{a}U_\mathrm{L}{}^{-1} = \mu\hat{a}+\nu\hat{a}^\dagger \tag{1.101}$$

このユニタリー変換 U_L を用いて，擬光子数演算子 $\hat{b}^\dagger\hat{b}$ とその擬光子数状態 $|m\rangle\!\rangle$ を次のように導入する．

$$\begin{aligned} N &\equiv \hat{b}^\dagger\hat{b} = U_\mathrm{L}\hat{a}^\dagger\hat{a}U_\mathrm{L}{}^{-1} \\ N|m\rangle\!\rangle &= m|m\rangle\!\rangle \qquad (m=0,1,2,\cdots) \end{aligned} \tag{1.102}$$

スクイーズド状態 $|\beta\rangle\!\rangle$ を(1.101)の b 演算子の固有状態として定義する．

$$\hat{b}|\beta\rangle\!\rangle = \beta|\beta\rangle\!\rangle, \qquad \langle\!\langle\beta|\hat{b}^\dagger = \beta^*\langle\!\langle\beta| \tag{1.103}$$

$$|\beta\rangle\!\rangle = U_\mathrm{L}|\beta\rangle = D(\beta)|0\rangle\!\rangle \tag{1.104}$$

ここで

$$D(\beta) \equiv e^{\beta\hat{b}^\dagger-\beta^*\hat{b}} \tag{1.105}$$

このスクイーズド状態における電磁場 $\hat{q}$ と $\hat{p}$ のゆらぎを求めよう．

$$\begin{aligned} (\Delta q)_\mathrm{s}{}^2 &\equiv \frac{1}{4}\langle\!\langle\beta|(\hat{a}+\hat{a}^\dagger)^2|\beta\rangle\!\rangle-\frac{1}{4}\{\langle\!\langle\beta|(\hat{a}+\hat{a}^\dagger)|\beta\rangle\!\rangle\}^2 \\ &= \frac{1}{4}|\mu-\nu|^2 \end{aligned} \tag{1.106}$$

同様に，

$$(\Delta p)_\mathrm{s}{}^2 = \frac{1}{4}|\mu+\nu|^2 \tag{1.107}$$

ここで，$\hat{a}$, $\hat{a}^\dagger$ を(1.99)を用いて $\hat{b}$, $\hat{b}^\dagger$ で書き直し，(1.103)のスクイーズド状態の定義を用いた．また，

$$\langle\!\langle\hat{a}\rangle\!\rangle \equiv \langle\!\langle\beta|\hat{a}|\beta\rangle\!\rangle = \mu^*\beta-\nu\beta^* \equiv \hat{\beta} \equiv \beta_q+i\beta_p \tag{1.108}$$

と定義する．この状態では，次の 2 つのゆらぎの非対角項も有限に残る．

$$\{\Delta(qp)\}_s \equiv \langle\langle\beta|(\hat{q}-\beta_q)(\hat{p}-\beta_p)|\beta\rangle\rangle$$
$$= \frac{1}{4}i(\mu^*\nu-\nu^*\mu+1) \tag{1.109}$$

$$\{\Delta(pq)\}_s \equiv \langle\langle\beta|(\hat{p}-\beta_p)(\hat{q}-\beta_q)|\beta\rangle\rangle$$
$$= \frac{1}{4}i(\mu^*\nu-\nu^*\mu-1) \tag{1.110}$$

このゆらぎは，次の回転によって対角化できる．

$$\hat{a}' \equiv \hat{a}e^{i\phi} = (\hat{q}+i\hat{p})(\cos\phi+i\sin\phi)$$
$$\equiv \hat{q}'+i\hat{p}' = \hat{q}\cos\phi-\hat{p}\sin\phi+i(\hat{q}\sin\phi+\hat{p}\cos\phi) \tag{1.111}$$

ここで，ϕ は定数で，ゆらぎの非対角成分からの寄与の和 $\{\Delta(q'p')+\Delta(p'q')\}_s$ を消去するように決める．すなわち，

$$\tan 2\phi = \frac{i(\mu^*\nu-\nu^*\mu)}{\mu\nu^*+\nu\mu^*} \tag{1.112}$$

その結果，一般座標系で回転された座標 $\hat{q}'$ と運動量 $\hat{p}'$ の分散は

$$(\Delta q')^2 = \frac{1}{4}(|\mu|-|\nu|)^2$$
$$(\Delta p')^2 = \frac{1}{4}(|\mu|+|\nu|)^2 \tag{1.113}$$

となり，スクイーズド状態はやはり最小不確定状態でありながら，同時に，$\hat{q}'$ のゆらぎがコヒーレント状態でのゆらぎより縮小していることが次のようにわかる．

$$(\Delta q')^2(\Delta p')^2 = \frac{1}{16}(|\mu|^2-|\nu|^2)^2 = \frac{1}{16} \tag{1.114}$$

$$(\Delta q')^2 = \frac{1}{4}(|\mu|-|\nu|)^2 = \frac{1}{4}\frac{1}{(|\mu|+|\nu|)^2} < \frac{1}{4} \tag{1.115}$$

これらの光子の系を，直交位相成分スクイーズド状態とよぶ．図 1-1 と図 1-2 で，この状態を光のコヒーレント状態と比較して，視覚的に理解しよう．図 1-1 の(a)と(b)には，位相空間 $(\hat{q},\hat{p})$ における不確定性を，(a) コヒーレント

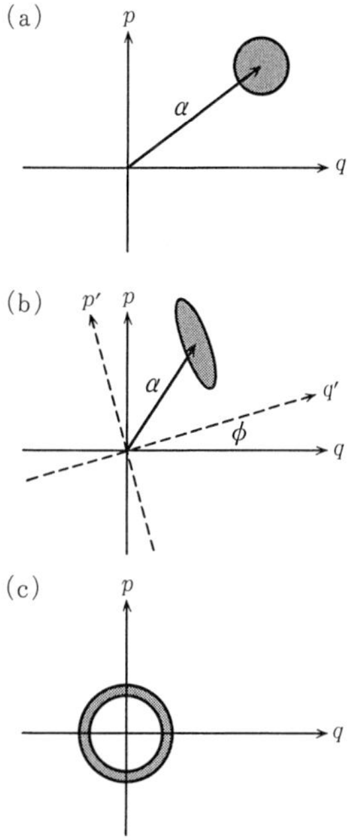

図 1-1　電場 $\boldsymbol{E}(t)=2\boldsymbol{E}_0(\hat{q}\cos\omega t+\hat{p}\sin\omega t)$ の直交位相振幅 $(\hat{q},\hat{p})$ の量子雑音の分配．(a) コヒーレント状態($\Delta q=\Delta p$)，(b) 直交位相成分スクイーズド状態 $\hat{q}'=\hat{q}\cos\phi-\hat{p}\sin\phi$，$\hat{p}'=\hat{q}\sin\phi+\hat{p}\cos\phi$ の不確定性 $\Delta q'<\Delta p'$ の状態，(c) 光子数スクイーズド状態(後述)．

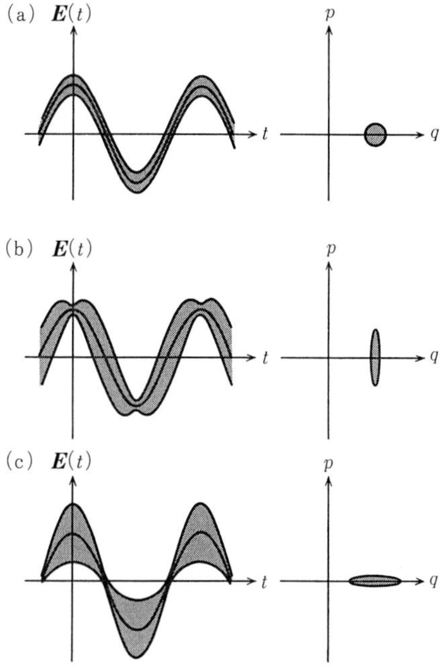

図 1-2　コヒーレント状態(a)，直交位相成分スクイーズド状態(b)，(c)の電場 $\boldsymbol{E}(t)$ の波形とその位相空間 $(\hat{q},\hat{p})$ での不確定性の分配．(b)は電場振幅のゆらぎがスクイーズされ，(c)はその位相のゆらぎがスクイーズされた波形を示す．

状態と(b)直交位相成分スクイーズド状態に対して示した．また，図 1-2(a)と(b)，(c)は，おのおの対応する状態のゆらぎの様子を時間の関数として示したものである．図 1-1(c)には本節の b)項で示す光子数スクイーズド状態を比較のために描いておいた．これについては，b)項でのべる．

スクイーズド状態を生成するユニタリー変換(1.104)と(1.105)の物理的過程をいかに実現するかが次の問題である．第 6 章でのべる非線形光学過程の中に，2 次の非線形光学過程である(a) **光パラメトリック増幅**(optical parametric amplification）と（b）倍高調波（第2高調波ともいう）の発生の現象がある．また，3次の非線形現象に（c）縮退4光波混合の現象がある．

ポンプ光（$\hat{a}_{\mathrm{p}}, \hat{a}_{\mathrm{p}}^{\dagger}$）は十分強くコヒーレントで古典的な電磁波とみなせるとする．すなわち，c をc数として，

$$\hat{a}_{\mathrm{p}} = ce^{-i\omega_{\mathrm{p}}t}, \qquad \hat{a}_{\mathrm{p}}^{\dagger} = c^{*}e^{i\omega_{\mathrm{p}}t} \tag{1.116}$$

である．各非線形現象に対応する2次および3次の非線形分極率 $\chi^{(2)}$, $\chi^{(3)}$ に比例する量を $\chi^{(2)}$, $\chi^{(3)}$ と書くと，スクイーズさせる光子（$\hat{a}, \hat{a}^{\dagger}$）とポンプ光（$\hat{a}_{\mathrm{p}}, \hat{a}_{\mathrm{p}}^{\dagger}$）の相互作用ハミルトニアンは，上記の（a），（b），（c）に対応して，おのおの次のように書ける．

（a）
$$\mathcal{V}(t) = \hbar(\chi^{(2)}\hat{a}_{\mathrm{p}}^{\dagger}\hat{a}\hat{a} + \chi^{(2)*}\hat{a}^{\dagger}\hat{a}^{\dagger}\hat{a}_{\mathrm{p}}) \tag{1.117}$$

（b）
$$\mathcal{V}(t) = \hbar(\chi^{(2)}\hat{a}_{\mathrm{s}}^{\dagger}\hat{a}_{\mathrm{p}}\hat{a}_{\mathrm{p}} + \chi^{(2)*}\hat{a}_{\mathrm{p}}^{\dagger}\hat{a}_{\mathrm{p}}^{\dagger}\hat{a}_{\mathrm{s}}) \tag{1.118}$$

（c）
$$\mathcal{V}(t) = \hbar\chi^{(3)}[(\hat{a}_{\mathrm{p}}^{\dagger})^{2}\hat{a}\hat{a} + \hat{a}^{\dagger}\hat{a}^{\dagger}(\hat{a}_{\mathrm{p}})^{2}] \tag{1.119}$$

ただし，スクイーズさせる光子の角振動数を ω とすると，（a）では $\omega_{\mathrm{p}}=2\omega$，（c）では $\omega_{\mathrm{p}}=\omega$ とする．（b）では倍高調波（$\hat{a}_{\mathrm{s}}, \hat{a}_{\mathrm{s}}^{\dagger}$）の角振動数 $\omega_{\mathrm{s}}=2\omega_{\mathrm{p}}$ で，このプロセスでは，ω_{p} とともに ω_{s} のスクイージングが期待される．

時刻 $t=0$ から，コヒーレント状態 $|\beta\rangle$ にあるレーザー光が非線形媒質に入射し，原子（分子）系と $\mathcal{V}(t)$ で相互作用する．そのとき，光子系のプロパゲーターを $U(t)$ とすると，

$$|\beta\rangle\!\rangle = U_{\mathrm{L}}|\beta\rangle = U(t)|\beta\rangle \tag{1.120}$$

$$i\hbar\frac{\partial}{\partial t}U(t) = \mathcal{H}(t)U(t), \qquad U(0) = 1 \tag{1.121}$$

このプロパゲーター $U(t)$ の表式を求めよう．上記の3つの非線形光学過程に共通に，注目する光子系のハミルトニアン $\mathcal{H}$ は次のように書ける．

$$\mathcal{H} = \hbar\omega\hat{a}^{\dagger}\hat{a} + \mathcal{V}(t) = \hbar\{\omega\hat{a}^{\dagger}\hat{a} + f_{2}^{*}\hat{a}^{2} + f_{2}(\hat{a}^{\dagger})^{2}\} \tag{1.122}$$

ここで，

$$f_{2}(t) = r(t)e^{i\phi-2i\omega t} \tag{1.123}$$

$$U(t) = e^{-i\omega\hat{a}^{\dagger}\hat{a}t}U'(t) \tag{1.124}$$

とおくと，(1.121)の微分方程式は次の形になる．

$$i\hbar\frac{\partial}{\partial t}U'(t) = \hbar r(t)\{e^{-i\phi}\hat{a}^2+e^{i\phi}(\hat{a}^\dagger)^2\}U'(t) \tag{1.125}$$

これを積分し，$\phi=\pi/2$ と選び，$R(t)=\int_0^t r(t')dt'$ とおくと，

$$U'(t) = \exp[R(t)\{(\hat{a}^\dagger)^2-\hat{a}^2\}] \tag{1.126}$$

この結果を(1.124)に代入して，$U(t)$ によって(1.101)のユニタリー変換をほどこすと，

$$\begin{aligned}\hat{b} &= U(t)\hat{a}U^{-1}(t)\\ &= e^{i\omega t}\cosh(2R)\hat{a}+e^{-i\omega t}\sinh(2R)\hat{a}^\dagger\end{aligned} \tag{1.127}$$

$$\begin{aligned}\hat{b}^\dagger &= U(t)\hat{a}^\dagger U^{-1}(t)\\ &= e^{i\omega t}\sinh(2R)\hat{a}+e^{-i\omega t}\cosh(2R)\hat{a}^\dagger\end{aligned} \tag{1.128}$$

当然，(1.99)と(1.100)の正準変換になっている．すなわち，

$$[\hat{b},\hat{b}^\dagger] = \cosh^2(2R)-\sinh^2(2R) = 1 \tag{1.129}$$

その結果，$|\mu|=\cosh(2R)$，$|\nu|=\sinh(2R)$ となり，$\hat{q}'$ と $\hat{p}'$ の分散は(1.113)より次のように求まる．

$$(\Delta q')^2 = \frac{1}{4}(|\mu|-|\nu|)^2 = \frac{1}{4}e^{-4R} \tag{1.130}$$

$$(\Delta p')^2 = \frac{1}{4}(|\mu|+|\nu|)^2 = \frac{1}{4}e^{4R} \tag{1.131}$$

特に，(1.123)で導入した $r(t)$ が時間に依存しないときには，長さ L の非線形材料を電磁波が通過する時間 $t=L/c^*$ を用いて，$R=rt=rL/c^*$ と与えられる．c^* は媒質中の光速である．

縮退パラメトリック変換(degenerate parametric transformation)を用いてレーザー光の雑音を半分以下に減少させたスクイージングの過程を，Kimble らの実験を例にとって説明しよう．縮退パラメトリック変換とは，角周波数 ω_p のパンプ光が非線形媒体に入射し，角周波数 $\omega=\omega_\mathrm{p}/2$ の 2 つの光に分割される光非線形現象である．

Kimbleらは，図1-3に示すように，MgO : $LiNbO_3$ を $\chi^{(2)}$ 材料とし，これを高い Q 値のFabry-Pérot共振器の中に入れた．この光パラメトリック過程は位相に敏感な増幅率をもち，共振器中ではこの非線形過程を何回も繰り返すことになり増幅効果が高められる．連続発振する波長1.06 μmの単一モードの Nd^{3+} : YAGレーザーの倍高調波（波長0.53 μm）をポンプ光として，1.06 μmのスクイーズド光を発生した．このとき，図1-1(b)の位相角 ϕ をもった光の q' 成分がスクイーズされたとする．この直交位相成分スクイーズド光を検出するためにも位相に敏感な過程を必要とする．図1-2(b)でいえば，電場 $E(t)$ のゆらぎの一番小さい瞬間，すなわち，$E(t)$ の極大と極小付近で測定できれば，スクイーズされた雑音を測れる．

直交位相成分スクイーズド光を検出するとき，光強度を直接測ったとすると，スクイーズド光とそれに直交する大きな雑音成分との平均したものを測ってしまうので不適切である．このスクイーズド成分を検出する方法としてホモダイン検波がある．これは，図1-3下部に示すように，スクイーズド光をビームスプリッター上で同じ放射モードのコヒーレントな光と重ね合わせることによって行なわれる．ここでは，同じ Nd^{3+} : YAGレーザーの1.06 μmの単一モードを局所発振光として用いる．ビームスプリッターはスクイーズド光信号とコヒ

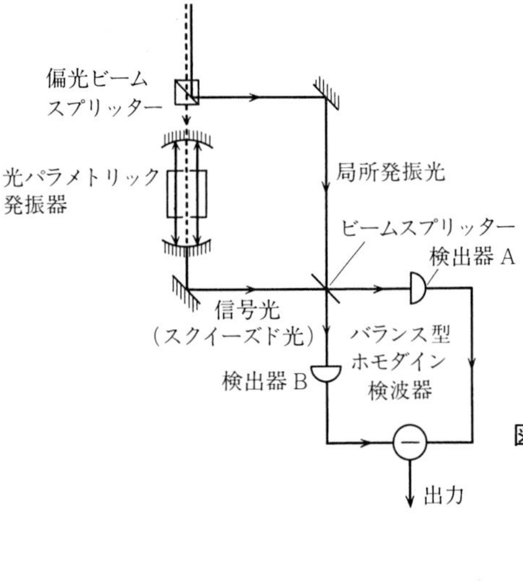

図1-3 縮退パラメトリック過程を用いたスクイーズド光の発生とその測定．

ーレントな局所発振光をともに 50:50 に分割しつつ両者を混合する．ビームスプリッターからの 2 つの光ビームは検出器 A と B で光検波された後，差動合成される．このバランス型検出過程は局所発振光のもつあらゆるゆらぎを抑えることができ，位相を適当に選ぶとスクイーズされた直交位相成分のゆらぎのみを抽出することができる．

局所発振光の位相を，たとえば光経路の長さを変動させて変化させるとき，ある位相では，スクイーズド光の $\hat{q}'\sin(\omega t)$ のゆらぎのみをピックアップすることになる．図 1-4 に示すように，局所発振光の位相 θ を変えていくと，検出器はショット雑音より大きなゆらぎの状態と小さいゆらぎの状態とをかわるがわる検出することになる．このショット雑音のレベルは，図 1-3 で示す信号光の入射光を遮断し，真空場のゆらぎが局所発振光の位相 θ に依存しないで観測される．ショット雑音より小さいゆらぎのスクイーズド状態にある q' の分散 $(\varDelta q')^2$ が観測され，位相を 90° だけずらすと，ゆらぎの増大した成分 p' の分散 $(\varDelta p')^2$ が観測される．ポンプ光の強度を変えて，図 1-4 での最小ゆらぎ $(\varDelta q')^2$

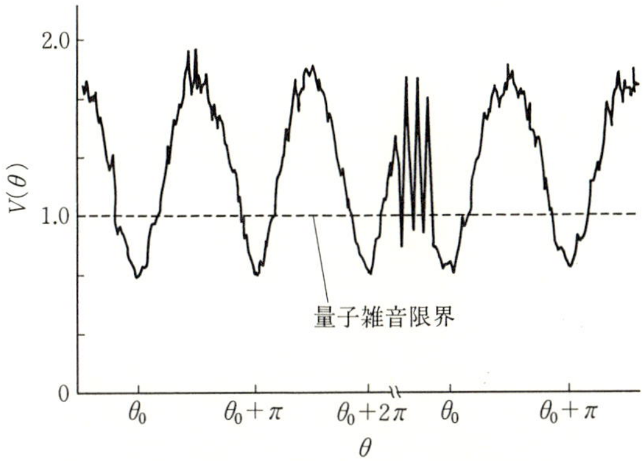

図 1-4 直交位相成分スクイーズド状態の観測．スクイーズされた信号光に対する局所発振光の位相 θ を変えたときの，図 1-3 のバランス型ホモダイン検波器の信号の分散の変化を示す．その位相変化に対して，分散が量子雑音限界 1.0 の上下に変動する様子がわかる（L. A. Wu, H. J. Kimble, J. L. Hall and H. Wu: Phys. Rev. Lett. 57 (1986) 2520 による）．

と最大ゆらぎ $(\Delta p')^2$ をプロットする図 1-5 に示すように，これらは最小不確定状態 $(\Delta q')^2(\Delta p')^2=1/16$ 上にのる．すなわち，一方のゆらぎを，他方のゆらぎの増大という犠牲をはらいつつ，スクイーズしている様子が読みとれる．倍高調波発生を用いたり，縮退 4 光波混合によるスクイージングの実験も行なわれている．

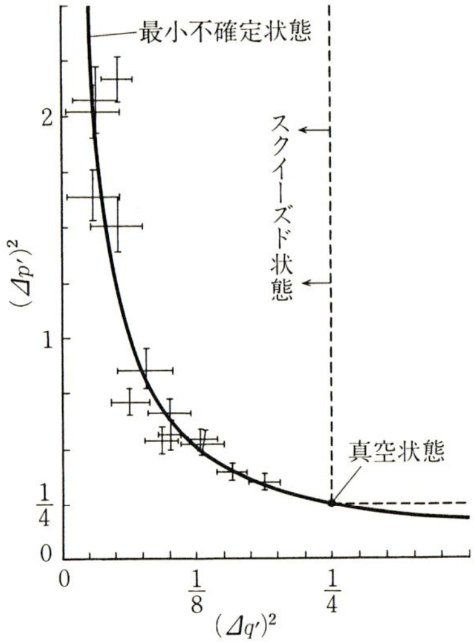

図 1-5 縮退パラメトリック発振器で発生された直交位相成分スクイーズド状態(図 1-3 と図 1-4 参照)の $\hat{q}'$ と $\hat{p}'$ の分散 $(\Delta q')^2$ と $(\Delta p')^2$ を示す．最小不確定状態にのっていることがわかる(図 1-4 と同じ出典)．

b) アンチバンチング光と光子数スクイーズド光

電磁波の量子化の結果生じる 1 つの重要な性質は，すべての光の状態は，それに固有で避けることができないランダムなゆらぎを伴うことである．ある光ビームに対して時間幅 T の間に観測される光子数の分散や，時間間隔 τ だけ離れた時間における光子の同時計数率にも，その光のゆらぎが反映され，この 2 つの物理量は，光の本質やその発生過程に関する情報を含んでいる．

光子数スクイーズド光を論じる前に，1-3 節で導入したコヒーレント光の光子統計を調べてみよう．コヒーレント光は最も古典的電磁場に近いことから推察できるように，光子の流れの中において光子は統計的な相関をもたないでランダムな時間間隔で飛来する．そのとき，ある時間幅 T 内に観測される光子数は，(1.52)からわかるようにPoisson分布をする．すなわち，観測される光子数 n の分散 σ_n はその光子数の平均値 $\langle n\rangle$ に等しくなる．また，コヒーレント光の光子は互いに何の相関もなく独立に検出器に入るので，規格化された同時計数率 $g^{(2)}(\tau)$ はどんな遅延時間 τ に対しても等しく1である．ここで，$g^{(2)}(\tau)$ は，時間間隔 τ だけ離れた時間に光子を同時に毎秒あたり観測する数 $G^{(2)}(\tau)$ を，毎秒流入する光子数 λ の2乗で規格化したものである．

$$g^{(2)}(\tau)=\frac{G^{(2)}(\tau)}{\lambda^2} \tag{1.132}$$

もし，光子が完全に等間隔でやってくるような光があれば，時間幅 T の間に観測される光子数は決まっており，分散は0になる．また，このように光子数の分散 σ_n がその平均値 $\langle n\rangle$ より小さい光は**サブPoisson分布**をもつという．同時計数率 $g^{(2)}(\tau)$ の値が $\tau=0$ のとき1より小さいか，また $g^{(2)}(\tau)$ の傾きが $\tau=0$ で正であるとき，このような光を**アンチバンチング光**とよぶ．まさに，光子数スクイーズド状態は，これらの性質をもつ．ちなみに第3章で示すように，Planckの熱放射の公式に従う光は，$\tau=0$ 付近で $g^{(2)}(\tau)>1$ のバンチング光であることがわかる．すなわち，Bose統計に従う光子は，時間軸上でも，光子対を作る傾向を示す．以上の定義からわかるように，コヒーレント光は，アンチバンチングとバンチングの境界を与える．単一モードの光の場合は，$g^{(2)}(0)<g^{(2)}(\tau)$ のときアンチバンチング，また補章A-1節でのべる条件下で $g^{(2)}(0)<1$ のとき光子数スクイージングやサブPoisson統計を示す．

以上の議論から，時間的に接近した光子間に反相関をもたせることで，光子数スクイーズド状態を発生できることがわかる．光子が勝手に飛び出すままにすれば，その光子数分布はPoisson分布になる．1つの光子が飛び出してからある特定の時間間隔よりも短い間に出てくる光子を何らかの方法で消去できれば，より規則的な光子列ができる．

まず第1に，Franck-Hertzの電子線との非弾性衝突で励起された原子からの光を考えよう．図1-6(a)に示すように，2極管の両端にかかる電位差による電子を加速する力と，両極間に存在する電子間にはたらくCoulomb斥力が

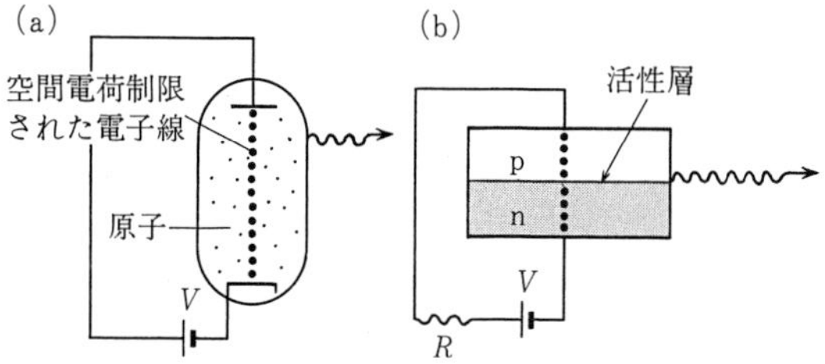

図 1-6 (a) 2 極管における Franck-Hertz の電子線で励起される原子系からの発光.(b) 定電流電源で励起される発光ダイオード.

ちょうどつりあい，一定な電流が流れるようにする．この電流は**空間電荷制限電流**とよばれる．カソードからの電子放出はランダムな Poisson 素過程で，空間電荷層が形成されていない真空管のアノード電流にはショット雑音が通常は存在する．しかし，空間電荷層が形成されると，放出された電子に対してポテンシャルが形成され，これが電子放出レートに比例して変動するため，結果としてアノード電流にフィードバックがかかってショット雑音を抑える．その結果，電子線が励起する原子の数にも規則性が生まれ，原子の自然放射による光子数にも規則性が反映される．このような励起制御法により，光子数のゆらぎがスクイーズされた蛍光放射光が得られる．

図 1-6(b)に示すように，空間電荷制限下の定電流電源で励起された発光ダイオードでは，理想的な場合には注入電子 1 つにつき 1 つの光子が放出されるので，光子数スクイーズド光が実現される．

さらに，山本らは，定電流電源で駆動された電流注入型半導体レーザーを開発し，光子数スクイーズド光を発生させた．これは，図 1-6(b)に示すように，空間電荷制限下における Franck-Hertz の実験の光源を固体素子でおきかえ，さらに自然放射の発光機構を誘導放射でおきかえたものである．その結果，図 1-7 に示すように，しきい値より十分高いバイアスレベルで，強度雑音，すなわち光子数のゆらぎはコヒーレント状態の雑音レベルの 1/10 以下に抑圧できた．これは，固体素子を用いて装置を小さくできるばかりでなく，光子を数多く発生でき，さらに広い周波数幅で高効率に光子数のゆらぎをスクイーズでき

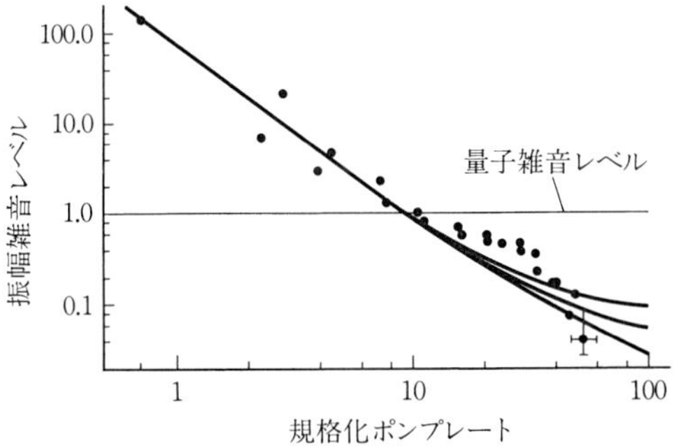

図 1-7 定電流電源で駆動された電流注入型半導体レーザーで実現された光子数スクイーズド光．十分に高いポンプレートで，量子雑音レベル以下の光子数スクイーズド光が測定されている(S. Machida, Y. Yamamoto and Y. Itaya: Phys. Rev. Lett. **58** (1987) 1000 による)．

る利点をもつ．

光子数スクイーズド状態を記述するには，**光子数演算子** $\hat{n}$，および**位相演算子**に相当する $\hat{S}$ と $\hat{C}$ を次のように導入する．

$$\hat{n} = \hat{a}^{\dagger}\hat{a} \tag{1.133}$$

$$\hat{S} = \frac{1}{2i}[(\hat{n}+1)^{-1/2}\hat{a}-\hat{a}^{\dagger}(\hat{n}+1)^{-1/2}] \tag{1.134}$$

$$\hat{C} = \frac{1}{2}[(\hat{n}+1)^{-1/2}\hat{a}+\hat{a}^{\dagger}(\hat{n}+1)^{-1/2}] \tag{1.135}$$

(1.41)に導入した位相そのものを記述する Hermite 演算子は定義できないが，単一モードの光子数 n が十分大きいときには，$\hat{S}$ 演算子が位相の意味をもつ．光子数-位相スクイーズド状態は，$\hat{n}$ と $\hat{S}$ の間の最小不確定状態である．すなわち，

$$[\hat{n},\hat{S}] = \frac{1}{2i}\{(\hat{n}+1)^{-1/2}[\hat{n},\hat{a}]-[\hat{n},\hat{a}^{\dagger}](\hat{n}+1)^{-1/2}\} = i\hat{C} \tag{1.136}$$

したがって，不確定性関係(1.31)より

$$\langle(\Delta\hat{n})^2\rangle\langle(\Delta\hat{S})^2\rangle \geqq \frac{1}{4}|\langle\hat{C}\rangle|^2 \tag{1.137}$$

このモードの平均光子数 $n\equiv\langle\hat{n}\rangle$ が1より十分大きいとき，すなわち，$n\gg1$ では，(1.41)のように近似できる．

$$\hat{a} \doteqdot e^{i\hat{\phi}}\sqrt{\hat{n}}, \quad \hat{a}^\dagger \doteqdot \sqrt{\hat{n}}\,e^{-i\hat{\phi}} \tag{1.138}$$

そのときには，位相変化 ϕ が十分小さいとして

$$\hat{C} \doteqdot \frac{1}{2}\left[\frac{1}{\sqrt{\hat{n}+1}}e^{i\hat{\phi}}\sqrt{\hat{n}}+\sqrt{\hat{n}}\,e^{-i\hat{\phi}}\frac{1}{\sqrt{\hat{n}+1}}\right] \doteqdot 1 \tag{1.139}$$

$$\hat{S} \doteqdot \frac{1}{2i}\left[\frac{1}{\sqrt{\hat{n}+1}}e^{i\hat{\phi}}\sqrt{\hat{n}}-\sqrt{\hat{n}}\,e^{-i\hat{\phi}}\frac{1}{\sqrt{\hat{n}+1}}\right] \doteqdot \hat{\phi} \tag{1.140}$$

したがって，$\langle(\Delta\hat{S})^2\rangle\doteqdot\langle(\Delta\phi)^2\rangle$ と近似できるので，不確定性関係(1.137)は次のように書ける．

$$\langle(\Delta\hat{n})^2\rangle\langle(\Delta\hat{\phi})^2\rangle \geqq \frac{1}{4} \tag{1.141}$$

コヒーレント状態では $n\equiv\langle\hat{n}\rangle=|\alpha|^2$，$\langle(\Delta\hat{n})^2\rangle=|\alpha|^2$ となり，最小不確定状態であるので，位相のゆらぎ自体は

$$\langle(\Delta\hat{\phi})^2\rangle = \frac{1}{4n} \tag{1.142}$$

と，平均光子数 n の増大とともに減少する．光子数スクイーズド状態では，次のようにゆらぎのアンバランスを伴う．

$$\langle\langle(\Delta\hat{n})^2\rangle\rangle = \frac{1}{2}\langle\langle\hat{C}\rangle\rangle e^{-2R} \tag{1.143}$$

$$\langle\langle(\Delta\hat{S})^2\rangle\rangle = \frac{1}{2}\langle\langle\hat{C}\rangle\rangle e^{2R} \tag{1.144}$$

スクイージングパラメーター $R>-(1/2)\ln(2n)$ では，

$$\langle\langle(\Delta\hat{n})^2\rangle\rangle < n \tag{1.145}$$

とサブ Poisson 分布となる．その代償として“位相” $\hat{S}$ のゆらぎは，十分大きな平均光子数 n に対しては

$$\langle\!\langle(\varDelta\hat{S})^2\rangle\!\rangle \to \langle\!\langle(\varDelta\hat{\phi})^2\rangle\!\rangle > \frac{1}{4n} \tag{1.146}$$

となる．このゆらぎの様子を位相平面 (q', p') に描いたのが図 1-1(c)である．ここで，(q', p') は電場 $\boldsymbol{E}(t)$ とは(1.90)と(1.111)によって結びついている．他方，その光子数スクイーズド状態の電場の時間的ふるまいを模式的に描くと図 1-8 のようになる．

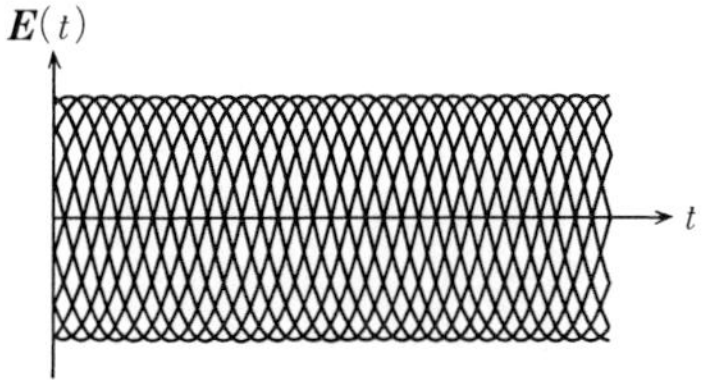

図 1-8　光子数スクイーズド状態にある電場 $\boldsymbol{E}(t)$ の時間的ふるまいを模式的に描く．正確には正弦波は横軸に沿ってもっと密に描かれねばならない．

ここで，直交位相成分スクイーズド状態にくらべて光子数スクイーズド状態の利点を1つ指摘しておきたい．コヒーレント状態 $|\alpha\rangle$ から直交位相成分スクイーズド状態をつくったとき，$\hat{q}'$ 成分のゆらぎを十分スクイーズしようとすると，

$$(\varDelta\hat{q}')^2 = \frac{1}{4}(|\mu|-|\nu|)^2 = \frac{|\mu|-|\nu|}{4(|\mu|+|\nu|)} \tag{1.147}$$

$$\langle\!\langle\hat{a}^\dagger\hat{a}\rangle\!\rangle \equiv \langle\!\langle\hat{n}\rangle\!\rangle = |\alpha|^2+|\nu|^2 \tag{1.148}$$

$$|\mu| = \cosh(2R), \qquad |\nu| = \sinh(2R) \tag{1.149}$$

の関係式より，$|\nu|$ を $|\mu|$ とほぼ等しくなる程度($|\mu|\sim|\nu|$)に大きくする必要がある．そのときは(1.148)より全光子数 n も十分大きくすることが求められる．この直交位相成分スクイーズド状態をつくるときには，光子数すなわち電磁場のエネルギーのかなりの部分 $|\nu|^2$ がスクイージングを発生するために浪費されるからである．他方，光子数スクイーズド状態では，スクイーズド状態にある光子すべてを信号として用いる点が利点である．光子数スクイーズド状態のサブ Poisson 分布を図 1-9 に示す．

レーザー光を用いた光計測の特徴の1つは，それが量子限界で作動していることである．これは，光周波数領域においては，量子力学的な零点振動エネル

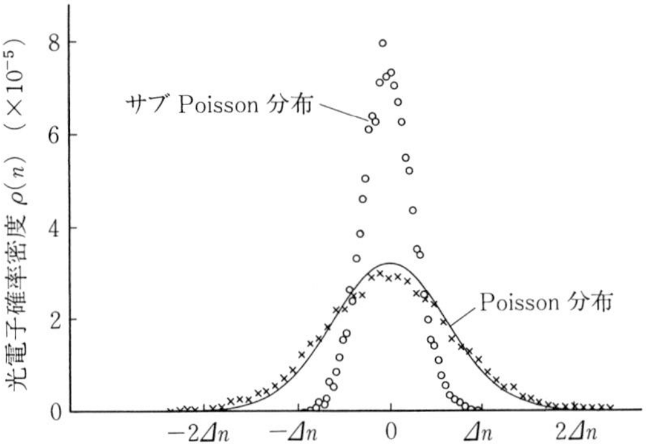

図 1-9 光子数スクイーズド状態(○印)の光子数(ここでは光電子数)のサブ Poisson 分布を示す．×印はコヒーレント状態の Poisson 分布を比較のために示してある(Y. Yamamoto, N. Imoto and S. Machida: Phys. Rev. **A33** (1986) 3243 による).

ギー $\hbar\omega/2$ が熱雑音 k_BT よりも十分大きいためである．したがって，レーザー干渉計を用いた重力波検出器や光ファイバー通信などの性能はすべて，コヒーレント状態や真空場での量子雑音で決められている．情報をになう観測量に対して，これと共役関係にある観測量の量子雑音の増大という犠牲をはらいつつ，情報をになう観測量の量子雑音を縮小できて，コヒーレント状態や真空場での量子雑音による限界を越えることができる．これが，光のスクイージングである．

光子数スクイーズド光はまた，哺乳類の網膜における神経節細胞の機能解明にも用いられつつある．光に反応して神経節細胞は電気的時系列をもつ神経信号を発生させる．この神経信号の統計的性質は，2 つの確率過程からきている．1 つは入射光のもつ量子雑音であり，他の 1 つは神経節細胞のもつ本質的なゆらぎである．もし，光子数スクイーズド光を用いた視神経の実験が行なわれるならば，視覚が本質的にもつランダムさを分離して明確に決定できる可能性がある．

1-5 量子非破壊測定

量子力学における不確定性原理によると，2つの共役な観測量，たとえば光子数のゆらぎと位相のゆらぎの積は1/2より小さくできず，粒子の位置のゆらぎと運動量のゆらぎの積は$\hbar/2$より小さくできない．このゆらぎは，不確定性，あるいは量子雑音などとよばれる．前節で論じた光のスクイージングとは，情報を読み出したい観測量(物理量)の不確定性を，それに共役な他の観測量の不確定性を増大させるという犠牲のもとで，縮小させることであった．すなわち，不確定性原理に抵触することなく，1つの観測量の不確定性を量子限界以下に下げることができた．ここでの不確定性原理は，対象とする量子系の波動関数自身の性質に由来するもので，むしろ，量子系の発生過程に対する制約であった．他方，Heisenbergが初めてこの不確定性原理を導入したのは，電子の位置の測定精度とその測定にともなう運動量への反作用の大きさの問題に対してであった．このように，不確定性原理は2重構造になっていて，量子系の発生過程と測定過程の両方に要請されている．

前節の手順でつくり出された光のスクイーズド状態を観測するにあたって，こんどは観測過程における不確定性原理を考慮する必要がある．測定における不確定性原理の要請は，ある観測量の測定精度とこれに共役な物理量への反作用雑音との積はある値以下におさえることはできないということである．したがって，測定の反作用が被測定量におよばないように工夫してやれば，測定精度をいくらよくしても，また測定を何回繰り返しおこなっても，被測定量にまったく擾乱を与えない．しかし，当然この測定量に共役な物理量の反作用雑音の増大という犠牲をともなっている．この多数回測定したものを平均することによって，各測定に無相関に現われるゆらぎを打ち消して，信号のみを積算でき，高い信号-雑音比(SN比)を実現できる．これが**量子非破壊測定**(Quantum Non-Demolition measurement，以下頭文字をとってQND測定とよぶ)の原理である．

まず，測定したい物理量 $\hat{A}_s$ が QND 測定の対象となるためには，ある時刻 t_0 における物理量 $\hat{A}_s$ の測定値と τ だけ後の時刻 $t_0+\tau$ での測定値とが一致せねばならない．そのためには，系のハミルトニアンを $\hat{\mathscr{H}}_s(t)$ として，物理量 $\hat{A}_s$ は次の式をみたさねばならない．

$$[\hat{A}_s(t), \hat{\mathscr{H}}_s(t)] = 0 \tag{1.150}$$

この条件がみたされるとき，$\hat{A}_s(t)$ は QND 変数であるという．次に，QND 測定そのものに要求される条件を考えよう．測定を行なうプローブ系のハミルトニアンを $\hat{\mathscr{H}}_p$，読み出しに用いる物理量を $\hat{A}_p$ とする．測定を行なうためには被測定系とプローブ系との間に相互作用が必要であり，そのハミルトニアンを $\hat{\mathscr{H}}_{int}$ とする．被測定量 $\hat{A}_s$ と読み出しに用いる物理量 $\hat{A}_p$ の運動方程式は，全ハミルトニアン $\hat{\mathscr{H}}=\hat{\mathscr{H}}_s+\hat{\mathscr{H}}_p+\hat{\mathscr{H}}_{int}$ のもとで次のように書ける．

$$i\hbar\frac{d\hat{A}_s}{dt} = [\hat{A}_s, \hat{\mathscr{H}}_s]+[\hat{A}_s, \hat{\mathscr{H}}_{int}] \tag{1.151}$$

$$i\hbar\frac{d\hat{A}_p}{dt} = [\hat{A}_p, \hat{\mathscr{H}}_p]+[\hat{A}_p, \hat{\mathscr{H}}_{int}] \tag{1.152}$$

ここで，相互作用ハミルトニアン $\hat{\mathscr{H}}_{int}$ をスイッチオンしてからオフするまでの間，すなわち測定のための相互作用をかけている間，**非破壊観測量** $\hat{A}_s$ が擾乱をうけてはならないので，

$$[\hat{A}_s, \hat{\mathscr{H}}_{int}] = 0 \tag{1.153}$$

でなければならない．これが QND 測定に要求される条件である．

当然，相互作用 $\hat{\mathscr{H}}_{int}$ を介して被測定量 $\hat{A}_s$ を測定するので，$\hat{\mathscr{H}}_{int}$ は $\hat{A}_s$ を含んでいる必要がある．さらに，信号系の被測定量 $\hat{A}_s$ の情報をプローブ系の読み出し量 $\hat{A}_p$ にコピーするためには，$\hat{A}_p$ の運動は $\hat{\mathscr{H}}_{int}$ によって変化をうける．すなわち，

$$[\hat{A}_p, \hat{\mathscr{H}}_{int}] \neq 0 \tag{1.154}$$

最後の 2 条件は，プローブ系を被測定系に結合させて測定する量子力学的測定においてその相互作用 $\hat{\mathscr{H}}_{int}$ がみたすべき一般条件である．以上 QND 変数と QND 測定のための条件をまとめる．

$$
\begin{array}{ll}
\text{条件 1} & [\hat{A}_s, \hat{\mathscr{H}}_s] = 0 \\
\text{条件 2} & [\hat{A}_s, \hat{\mathscr{H}}_{int}] = 0 \\
\text{条件 3} & \hat{\mathscr{H}}_{int} \text{ は } \hat{A}_s \text{ の関数である.} \\
\text{条件 4} & [\hat{A}_p, \hat{\mathscr{H}}_{int}] \neq 0
\end{array}
\qquad (1.155)
$$

以上 4 条件をみたす QND 測定として，被測定光(信号光)の光強度(光子数)を，それによって変化をうけた**光 Kerr 媒質**(optical Kerr medium)の屈折率変化を通して，波長の異なるプローブ光の位相検出によって読み出す方法が提案された．その原理と構成を図 1-10 に示す．

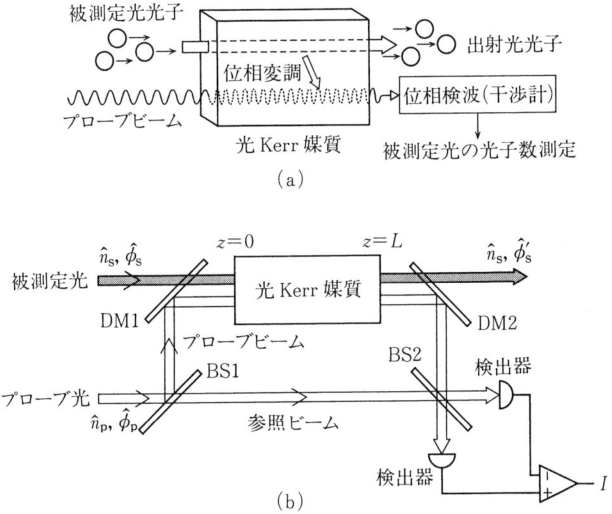

図 1-10 (a) 光 Kerr 効果を用いた光子数量子非破壊測定の原理と，(b) その実験配置(井元信之：博士論文(1990)による)．

信号光(被測定光)は 2 波長ミラー DM 1，光 Kerr 媒質，そして 2 波長ミラー DM 2 を通過する．2 波長ミラーは，信号光の波長に対しては透過率 100% に設計されている．さらに，この波長で光 Kerr 媒質は透明なものとすれば，被測定光は吸収されることなく通過する．一方，プローブ光は，ビームスプリッター BS 1 で光路 1 と 2 に分けられる．2 波長ミラー DM 1 と DM 2 で，光路 1 のプローブビームは 100% 反射され，光 Kerr 媒質を通過した後，光路 2

の参照ビームと合流する．すなわち，プローブ光に対しては全系が **Mach-Zehnder の干渉計**になっており，光路1と光路2の位相差がバランス型混合器によって電流値 I として出力される．

光 Kerr 効果(optical Kerr effect)は，第6章でのべる **3次の光非線形効果**(third-order optical nonlinear effect)で，入射光の強度に比例してその屈折率変化を示す．したがって，この系では信号光の光子数に比例する出力電流 I が観測される．このとき，信号光の光強度(光子数)には何の影響も与えずにそれを測定している．これが QND 測定である．

光 Kerr 効果は，光ビームの強度に依存して屈折率が変化する現象である．したがって，光ビームがそれ自身の位相を変調する自己位相変調効果と，他の波長の光ビームによって変調をうける相互位相変調効果とに分けられる．QND 測定に用いるのは，相互位相変調であり，自己位相変調の QND 測定への効果は排除できるので，ここでは，相互位相変調のみを考慮する．その光 Kerr 効果は，次の摂動ハミルトニアンを用いて記述できる．

$$\hat{\mathscr{H}}_{\mathrm{int}} = \frac{1}{2}\iiint_V \chi^{(3)}|\boldsymbol{E}_{\mathrm{s}}|^2|\boldsymbol{E}_{\mathrm{p}}|^2\,dV = \frac{\hbar^2\omega_{\mathrm{p}}\omega_{\mathrm{s}}\chi^{(3)}}{2\epsilon_0{}^2 V}\hat{a}_{\mathrm{p}}^{\dagger}\hat{a}_{\mathrm{p}}\hat{a}_{\mathrm{s}}^{\dagger}\hat{a}_{\mathrm{s}} \quad (1.156)$$

ここで，3次の非線形分極率 $\chi^{(3)}$ はプローブ光の誘電率変化 $\Delta\epsilon_{\mathrm{probe}}$ と次の関係式で結びついている．

$$\Delta\epsilon_{\mathrm{probe}} = \chi^{(3)}|\boldsymbol{E}_{\mathrm{s}}|^2 \quad (1.157)$$

さらに，信号光とプローブ光のハミルトニアン $\hat{\mathscr{H}}_{\mathrm{s}}$ と $\hat{\mathscr{H}}_{\mathrm{p}}$ を次のように書く．

$$\hat{\mathscr{H}}_{\mathrm{s}} = \hbar\omega_{\mathrm{s}}\left(\hat{a}_{\mathrm{s}}^{\dagger}\hat{a}_{\mathrm{s}} + \frac{1}{2}\right), \qquad \hat{\mathscr{H}}_{\mathrm{p}} = \hbar\omega_{\mathrm{p}}\left(\hat{a}_{\mathrm{p}}^{\dagger}\hat{a}_{\mathrm{p}} + \frac{1}{2}\right) \quad (1.158)$$

ここで，観測量 $\hat{A}_{\mathrm{s}}$ は信号光の光子数 $\hat{n}_{\mathrm{s}} \equiv \hat{a}_{\mathrm{s}}^{\dagger}\hat{a}_{\mathrm{s}}$ である．測定に用いるプローブ光の物理量は，次頁で示されるように図1-10のバランス型混合器でホモダイン検波されるプローブビームのサイン成分である．

$$\hat{A}_{\mathrm{p}} = \frac{\hat{a}_{\mathrm{p}}e^{i\omega_{\mathrm{p}}t} - \hat{a}_{\mathrm{p}}^{\dagger}e^{-i\omega_{\mathrm{p}}t}}{2i} \quad (1.159)$$

ここで，物理量 $\hat{A}_{\mathrm{s}}$ と $\hat{A}_{\mathrm{p}}$ が量子非破壊測定の4条件式をみたしているか検討しよう．

条件1　$[\hat{\mathscr{H}}_{\mathrm{s}}, \hat{n}_{\mathrm{s}}] = 0$

条件2　$[\hat{\mathscr{H}}_{\mathrm{int}}, \hat{n}_{\mathrm{s}}] = 0$

条件3　$\hat{\mathscr{H}}_{\mathrm{int}} \propto \hat{n}_{\mathrm{p}}\hat{n}_{\mathrm{s}}$ であるので $\hat{n}_{\mathrm{s}}$ を含む．

条件4　$[\hat{\mathscr{H}}_{\mathrm{int}}, \hat{A}_{\mathrm{p}}] = \dfrac{\hbar^2\omega_{\mathrm{p}}\omega_{\mathrm{s}}\chi^{(3)}}{2\epsilon_0{}^2 V}\hat{n}_{\mathrm{s}}\hat{a}_{\mathrm{p}} \neq 0$

よって，4条件がみたされている．ホモダイン検波に用いる光子の演算子は図1-10に対応させて，図1-11に示す演算子を用いて，

$$\hat{g}^{\dagger}\hat{g}-\hat{f}^{\dagger}\hat{f} = -\hat{a}_{\mathrm{p}}^{\dagger}\hat{e}-\hat{e}^{\dagger}\hat{a}_{\mathrm{p}}$$

となる．いま $\hat{e}$ をホモダイン検波の局発光(局所発振光)とし，強度の大きい古典的な光，すなわちコヒーレント光にとる．そのため $\hat{e}$ の代わりに $\alpha e^{-i\omega_{\mathrm{p}}t}$ とおける．他方，$\hat{a}_{\mathrm{p}}$ の サイン成分をとり出すホモダイン検波をするため局発光の位相を 90° にとる．すなわち，$\alpha=-i|\alpha|$ とすれば，

$$\hat{g}^{\dagger}\hat{g}-\hat{f}^{\dagger}\hat{f} = 2|\alpha|\frac{\hat{a}_{\mathrm{p}}e^{i\omega_{\mathrm{p}}t}-\hat{a}_{\mathrm{p}}^{\dagger}e^{-i\omega_{\mathrm{p}}t}}{2i}$$

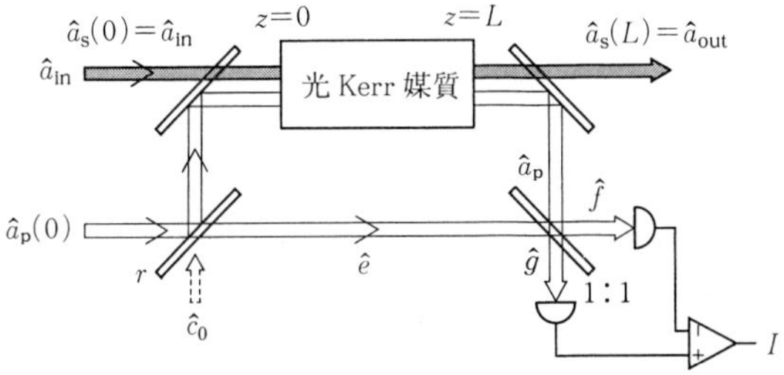

図1-11　光Kerr効果を用いた光子数量子非破壊測定における信号光 $\hat{a}_{\mathrm{s}}$ とプローブ光 $\hat{a}_{\mathrm{p}}$ の伝播と，被測定光 $\hat{e}, \hat{f}, \hat{g}$ のバランス型ヘテロダイン検波器への伝播の様子を示す．

光子数の量子非破壊測定実験が，光ファイバーを3次の光非線形媒質，すなわち光Kerr媒質として行なわれた．光ファイバーは非常に損失が少なく，長い相互作用長が確保でき，また光を狭い領域に閉じ込めて光子数密度を上げることができる．

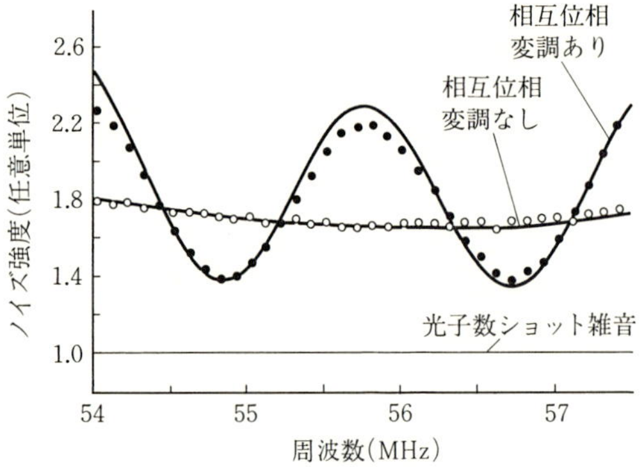

図 1-12 シリカファイバーに Kr レーザーの 2 波長を伝播させ，信号光の強度雑音とプローブ光の位相雑音の間の相関を，その相互位相の関数として測定する(M. D. Levenson *et al*.: Phys. Rev. Lett. **57** (1986) 2473 による).

Levenson らは，長さ 100 m のシリカファイバーに，クリプトン(Kr)レーザーの 2 波長の連続発振光を伝播させ，一方を信号光，他方をプローブ光として，図 1-12 に示すように，信号光の強度雑音とプローブ光の位相雑音の間に量子相関があることを観測した．しかし，光 Kerr 媒質である光ファイバーの損失が無視できず，最適相互位相のときでも量子雑音を越えた測定を不可能にしている．さらに，この損失を考慮した量子非破壊測定の理論的研究も進んでいる．

2
輻射場と電子の相互作用

自由な輻射場の量子化の結果，光子の概念が明確になるとともに，輻射場を記述する2つの共役な物理量の間に不確定性原理がはたらくことを前章でみた．この不確定性原理は，輻射場にしろ物質粒子にしろ，これらのもつ波動性と粒子性の2重性を橋渡しするものである．このことは，たとえば前章の光子数 n と位相 ϕ の不確定性関係に端的に現われている．1つのモードの光子数 n を十分大きく選び，その位相のゆらぎ $\Delta\phi$ をきわめて小さくした光の状態は，古典的な波動の描像と一致する．また，光子数のゆらぎ Δn の小さい光の状態は，輻射場の光子的描像がより適した状態である．Heisenberg の不確定性原理の許す範囲内で輻射場のゆらぎを人工的に制御して，光のコヒーレント状態，光のスクイーズド状態をいかにつくり出せるかを前章でみた．本章においては，輻射場の量子化の結果現われる**自然放射**(spontaneous emission)とそれにかかわる現象についてのべたい．

輻射場と電子系の相互作用のハミルトニアンを2-1節で求める．それを用いて，電子系(原子系)による光の吸収および放射を記述する．そのとき励起原子の自然放射の起源も理解できる(2-2節)．自然放射に伴って，原子の光吸収スペクトルおよび発光スペクトルの**自然幅**(natural width)が不可避であることを2-3節でのべる．**誘導放射**(induced emission)を自然放射に打ち勝つように細工するとレーザー光が得られる．その詳細は第4章で論じられる．他方，自然放射は原子に備わった性質のように誤解されているが，いかにこの自然放射を人工的に制御できるかを2-4節でのべる．輻射場の幾何学的構造を適切に設計することによって，自然放射を抑圧することも増進させることもできる．原子系のコヒーレントな励起からの超放射も自然放射の1つの形態であるが，これは第5章で論じる．原子準位間には，**許容遷移**(allowed transition)と**禁止遷移**(forbidden transition)があるが，これを2-5節でのべる．さらに結晶の電子準位間の光学遷移にも，この**選択則**(selection rule)を拡張する．

2-1 輻射と電子が相互作用している系

荷電粒子は電磁場から力を受け，また電磁場をみずからつくり出す．すなわち，電磁場が当たると粒子は力を受けて運動状態を変え，それに伴って電磁波を吸収したり，放出したりする．本節ではその相互作用を量子力学として記述する．

電場 $\boldsymbol{E}$ と磁束密度 $\boldsymbol{B}$ の中を運動する電子には，Lorentz 力

$$\boldsymbol{F} = -e(\boldsymbol{E}+\boldsymbol{v}\times\boldsymbol{B}) \tag{2.1}$$

がはたらく．ここで，$\boldsymbol{v}$ は電子の速度ベクトルで，$\boldsymbol{E}$ と $\boldsymbol{B}$ はスカラーポテンシャル ϕ とベクトルポテンシャル $\boldsymbol{A}$ を用いて，次のように表わせる．

$$\boldsymbol{E} = -\nabla\phi-\frac{\partial}{\partial t}\boldsymbol{A}, \qquad \boldsymbol{B} = \mathrm{rot}\,\boldsymbol{A} \tag{2.2}$$

したがって，質量 m をもつ電子の運動方程式は次のようになる．

$$m\ddot{\boldsymbol{r}} = e\nabla\phi+e\dot{\boldsymbol{A}}-e(\dot{\boldsymbol{r}}\times\mathrm{rot}\,\boldsymbol{A}) \tag{2.3}$$

一般に，この系のラグランジアン $\mathcal{L}$ を用いて，この運動方程式は次の方程式から求められる．

$$\frac{d}{dt}\left(\frac{\partial\mathcal{L}}{\partial\dot{x}}\right)-\frac{\partial\mathcal{L}}{\partial x} = 0, \qquad \cdots \tag{2.4}$$

ここで，電子の速度ベクトル $\boldsymbol{v}\equiv\dot{\boldsymbol{r}}=(\dot{x},\dot{y},\dot{z})$ を直角座標成分で書いた．ここ

では，(2.4)が電子の運動方程式(2.3)を記述するようにラグランジアン $\mathcal{L}$ をつくると

$$\mathcal{L} = \frac{m}{2}(\dot{\boldsymbol{r}})^2 + e\phi - e\dot{\boldsymbol{r}}\cdot\boldsymbol{A} \tag{2.5}$$

このラグランジアン $\mathcal{L}$ を用いて $\boldsymbol{r}$ に正準共役な運動量 $\boldsymbol{p}$ は次のように求められる．

$$\boldsymbol{p} = \left(\frac{\partial\mathcal{L}}{\partial\dot{x}}, \frac{\partial\mathcal{L}}{\partial\dot{y}}, \frac{\partial\mathcal{L}}{\partial\dot{z}}\right) = m\dot{\boldsymbol{r}} - e\boldsymbol{A} \tag{2.6}$$

一般力学の処方箋に従って電磁場 $(\phi, \boldsymbol{A})$ 中の電子のハミルトニアンは次のようになる．

$$\mathcal{H} = \boldsymbol{p}\cdot\boldsymbol{v} - \mathcal{L} = \frac{m}{2}\boldsymbol{v}^2 - e\phi = \frac{1}{2m}(\boldsymbol{p} + e\boldsymbol{A})^2 - e\phi \tag{2.7}$$

ここで量子力学的なハミルトニアンの表現を得るには，対応原理によって運動量 $\boldsymbol{p}$ をその正準共役な座標 $\boldsymbol{r}$ での偏微分を用いて $\boldsymbol{p} \to -i\hbar\nabla$ と書き直し，さらに電磁場のベクトルポテンシャル $\boldsymbol{A}$ をモード λ の光子の生成・消滅演算子 $\hat{a}_\lambda^\dagger$, $\hat{a}_\lambda$ を用いて，(1.16)のように書き直せばよい．その結果，全系のハミルトニアン $\mathcal{H}$ は，非摂動項 $\mathcal{H}_0$ と，電子と輻射場(電磁場)との相互作用を表わす項 $\mathcal{H}'$ の和として，次のように求められる．

$$\mathcal{H} = \mathcal{H}_0 + \mathcal{H}' \tag{2.8}$$

$$\mathcal{H}_0 = \sum_j \frac{1}{2m}\boldsymbol{p}_j^2 + \mathcal{V}(\boldsymbol{r}_1, \boldsymbol{r}_2, \cdots, \boldsymbol{r}_N) + \sum_\lambda \hbar\omega_\lambda\left(\hat{a}_\lambda^\dagger\hat{a}_\lambda + \frac{1}{2}\right) \tag{2.9}$$

$$\mathcal{H}' = \sum_j \frac{e}{2m}\{\boldsymbol{p}_j\cdot\boldsymbol{A}(\boldsymbol{r}_j) + \boldsymbol{A}(\boldsymbol{r}_j)\cdot\boldsymbol{p}_j\} + \frac{e^2}{2m}\sum_j \boldsymbol{A}(\boldsymbol{r}_j)^2 \tag{2.10}$$

ここで，$\mathcal{H}'$ の第1項において，Coulomb ゲージ $\mathrm{div}\,\boldsymbol{A}(\boldsymbol{r}) = 0$ を用いると，

$$\boldsymbol{p}_j\cdot\boldsymbol{A}(\boldsymbol{r}_j) = -i\hbar\{\mathrm{div}\,\boldsymbol{A}(\boldsymbol{r}_j) + \boldsymbol{A}(\boldsymbol{r}_j)\cdot\nabla_j\} = \boldsymbol{A}(\boldsymbol{r}_j)\cdot\boldsymbol{p}_j \tag{2.11}$$

相互作用ハミルトニアン $\mathcal{H}'$ ((2.10)式)の $\boldsymbol{A}^2$ に比例する項は，Rayleigh 散乱や Compton 散乱のような電子系が輻射場と2回相互作用する2次の遷移や，さらに高次の光学遷移にのみ寄与するので，光吸収と発光という1次の光学過

程には寄与しない．以上の結果をまとめると，本章で取り扱う電子と輻射場との相互作用ハミルトニアンは，(1.16)と(1.37)を(2.10)に代入して次のように書ける．

$$\mathscr{H}_{(1)}' = \frac{e}{m}\sqrt{\frac{\hbar}{2\epsilon_0 V}}\sum_j\sum_\lambda \frac{1}{\sqrt{\omega_\lambda}}\{e^{i\boldsymbol{k}\cdot\boldsymbol{r}_j}(\boldsymbol{e}_\lambda\cdot\boldsymbol{p}_j)\hat{a}_\lambda + e^{-i\boldsymbol{k}\cdot\boldsymbol{r}_j}(\boldsymbol{e}_\lambda\cdot\boldsymbol{p}_j)\hat{a}_\lambda{}^\dagger\} \qquad (2.12)$$

ここで，$\lambda\equiv(\boldsymbol{k},\gamma)$ は光のモードを示す．γ は光の2つの独立な分極方向を意味する．

2-2 自然放射と誘導放射

第1章でもすでに学んだように，量子光学においては原子系はもちろん，電磁場も量子化して論じねばならない．他方，電磁場と原子系との相互作用を記述するのに半古典論がある．これは，原子系のエネルギー準位は量子論で記述するが，電磁場は古典的な波動として取り扱うものである．**光の吸収**と**誘導放射**は，自然にこの半古典論で定量的にも評価できる．**自然放射**も，半古典論で記述できないことはないが，電磁場を量子化した結果得られた光子という概念を用いて，より自然に理解できるばかりか，光の吸収と誘導放射との関係も統一的に理解できる．当然，Einstein の求めた A 係数，B 係数の量子論による表式も得ることができる．

ハミルトニアン $\mathscr{H}_0$ の固有状態 $\Psi_i=|a\rangle|n_1, n_2, \cdots, n_\lambda, \cdots\rangle$ を始状態として，摂動 $\mathscr{H}_{(1)}'$ がはたらき，終状態 $\Psi_f=|b\rangle|n_1, n_2, \cdots, n_\lambda\mp 1, \cdots\rangle$ に遷移する確率を求めたい．$|a\rangle$ と $|b\rangle$ は始状態および終状態の電子系の固有状態である．全系の波動関数 $\Psi(t)$ の代わりに，相互作用表示

$$\Psi(t) = \exp\left(-\frac{i\mathscr{H}_0 t}{\hbar}\right)\Psi'(t) \qquad (2.13)$$

を用いて，$\Psi'(t)$ に対する方程式に移る．

$$i\hbar\frac{\partial\Psi'}{\partial t} = \tilde{\mathscr{H}}'(t)\Psi' \qquad (2.14)$$

$$\tilde{\mathscr{H}}'(t) = \exp\left(\frac{i\mathscr{H}_0 t}{\hbar}\right)\mathscr{H}_{(1)}' \exp\left(-\frac{i\mathscr{H}_0 t}{\hbar}\right) \tag{2.15}$$

相互作用表示における波動方程式(2.14)の解を，非摂動ハミルトニアン $\mathscr{H}_0$ の固有関数 $\boldsymbol{\Psi}_n$ を用いて，次のように展開する．

$$\Psi'(t) = \sum_n c_n(t)\Psi_n \tag{2.16}$$

初期条件として，$c_i(0)=1$，$n \neq i$ に対しては $c_n(0)=0$ を選ぶ．すなわち，全系は $\mathscr{H}_0$ の固有状態 $\boldsymbol{\Psi}_i$ にあるとする．展開した(2.16)を(2.14)に代入し，左から $\boldsymbol{\Psi}_f{}^*$ をかけて，全座標で積分すると，展開係数 $c_n(t)$ に対する次の微分方程式を得る．

$$i\hbar \dot{c}_f(t) = \sum_n \langle f|\tilde{\mathscr{H}}'(t)|n\rangle c_n(t) \tag{2.17}$$

右辺の $\{c_n(t)\}$ に初期条件 $\{c_i(0)=1,\ 他は 0\}$ を代入すると，

$$c_f(t) = \langle f|\mathscr{H}_{(1)}'|i\rangle \frac{1-e^{i(E_f-E_i)t/\hbar}}{E_f-E_i} \tag{2.18}$$

したがって，毎秒ごとの終状態 $|f\rangle$ への遷移確率 W_{fi} は，

$$\begin{aligned} W_{fi} &= \frac{|c_f(t)|^2}{t} \\ &= \frac{2\pi}{\hbar}\sum_\lambda \left(\frac{e}{m}\right)^2 \frac{\hbar}{2\epsilon_0 V\omega_\lambda}\begin{Bmatrix} n_\lambda \\ n_\lambda+1 \end{Bmatrix} \\ &\quad \times |\langle b|\sum_j e^{\pm i\boldsymbol{k}\cdot\boldsymbol{r}_j}(\boldsymbol{e}_\lambda\cdot\boldsymbol{p}_j)|a\rangle|^2\delta(E_f-E_i) \end{aligned} \tag{2.19}$$

ここで $\{n_\lambda, e^{i\boldsymbol{k}\cdot\boldsymbol{r}_j}\}$ は相互作用ハミルトニアン $\mathscr{H}_{(1)}'$((2.12)式)の第1項に対応し，光吸収の過程に当たる．$\{n_\lambda+1, e^{-i\boldsymbol{k}\cdot\boldsymbol{r}_j}\}$ は第2項からの寄与で光放射の場合を記述している．光吸収の過程においては，電子系始状態 $\boldsymbol{\Psi}_i$ としてエネルギー E_a，終状態 $\boldsymbol{\Psi}_f$ としては，電子系のエネルギー E_b，光子系は $\hbar\omega_\lambda$ の光子が1つ減った状態であるので

$$E_f - E_i = E_b - \hbar\omega_\lambda - E_a \tag{2.20}$$

光子系のエネルギー密度 $\rho(\omega_\lambda)d\omega_\lambda$ は次のように書ける．

$$\rho(\omega_\lambda)d\omega_\lambda = \hbar\omega_\lambda \frac{n_\lambda}{V} d\omega_\lambda \tag{2.21}$$

いま，局在電子系の状態間の遷移を考えるときは，電子の広がりは Bohr 半径 0.5 Å のオーダーである．他方，光の波長 λ が数千 Å よりも長波のときには，波数 $k=2\pi/\lambda$ はきわめて小さく，$\exp(i\boldsymbol{k}\cdot\boldsymbol{r}_j)=1+i\boldsymbol{k}\cdot\boldsymbol{r}_j+\cdots$ と展開して，その第 1 項だけをとればよい．そのとき，(2.19)の電子系の遷移の行列要素は，次のように電気双極子近似で与えられる(2-5 節を参照)．

$$\begin{aligned}\langle b|\boldsymbol{e}_\lambda\cdot\sum_j \boldsymbol{p}_j|a\rangle &= im\omega_{ba}\langle b|\boldsymbol{e}_\lambda\cdot\sum_j \boldsymbol{r}_j|a\rangle \\ &= -\frac{im}{e}\omega_{ba}\boldsymbol{e}_\lambda\cdot\langle b|\boldsymbol{P}|a\rangle \end{aligned}\tag{2.22}$$

ここで，$E_b-E_a\equiv\hbar\omega_{ba}$，$\boldsymbol{P}\equiv -e\sum_j \boldsymbol{r}_j$ は電子系の電気双極子演算子である．したがって，この電気双極子近似のもとでは，光の吸収の遷移確率は次のように書ける．

$$\begin{aligned} W_{fi}{}^{(\mathrm{a})} &\equiv B_{ba}\rho(\omega_{ba}) \\ &= \frac{2\pi}{\hbar^2}\left(\frac{e}{m}\right)^2 \frac{\hbar}{2\epsilon_0 V}\sum_\lambda \frac{n_\lambda}{\omega_\lambda} m^2 \omega_{ba}{}^2 \\ &\quad \times |\langle b|\boldsymbol{e}_\lambda\cdot\sum_j \boldsymbol{r}_j|a\rangle|^2\,\delta(\omega_{ba}-\omega_\lambda) \end{aligned}\tag{2.23}$$

$$= \frac{\pi}{3\epsilon_0\hbar^2}|\boldsymbol{P}_{ba}|^2\rho(\omega_{ba}) \tag{2.24}$$

ここで，電磁場の分極 $\boldsymbol{e}_\lambda$ と電子系の分極方向がランダムであるとして，次のようにおいた．

$$|\langle b|\boldsymbol{e}_\lambda\cdot\boldsymbol{P}|a\rangle|^2 = \frac{1}{3}|\boldsymbol{P}_{ba}|^2$$

その結果，**Einstein の $\boldsymbol{B}$ 係数**は $B_{ba}=\pi|\boldsymbol{P}_{ba}|^2/3\epsilon_0\hbar^2$ と求められた．光吸収の過程では，電子系の始状態 a は，終状態 b より低エネルギー ($E_a<E_b$) としたが，光放射の過程では，始状態を b，終状態を a と入れかえる．その結果，電気双極子近似では，放射の遷移確率は次のように書ける．

$$W_{fi}{}^{(\mathrm{e})} \equiv B_{ab}\rho(\omega_{ba})+A_{ab}$$
$$=\frac{2\pi}{\hbar^2}\left(\frac{e}{m}\right)^2\frac{\hbar}{2\epsilon_0 V}\sum_{\lambda}\frac{n_\lambda+1}{\omega_\lambda}m^2\omega_{ba}{}^2$$
$$\times|\langle a|\boldsymbol{e}_\lambda\cdot\sum_j\boldsymbol{r}_j|b\rangle|^2\delta(\omega_\lambda-\omega_{ba}) \qquad (2.25)$$

$$=\frac{\pi}{3\epsilon_0\hbar^2}|\boldsymbol{P}_{ab}|^2\rho(\omega_{ba})+\frac{\omega_{ba}{}^3}{3\pi\epsilon_0\hbar c^3}|\boldsymbol{P}_{ab}|^2 \qquad (2.26)$$

ここで，モード λ についての和は，以下に述べるように ω_λ についての積分で置き換えた．これらの結果により，$B_{ab}=B_{ba}$，$A_{ab}/B_{ab}=\hbar\omega_{ba}{}^3/\pi^2c^3$ という Einstein の結果を再現できた．

ここで，**自然放射の時定数** A_{ab} を，(2.25)より注意深く求めてみよう．それによって，2-4 節での自然放射の抑制と増強へのヒントを得ることができる．自然放射は(2.25)の $n_\lambda+1$ の 1 の部分からの寄与である．これは，原子系のまわりに光子がない，すなわち $\{n_\lambda=0\}$ の下で，勝手な方向に勝手なモードの光を放出できることを意味する．十分大きな体積 V の下で量子化された光のモード $\lambda\equiv(\boldsymbol{k},\gamma)$ に対しては，λ に関する和は波数ベクトル $\boldsymbol{k}$ の積分で書き直せる．すなわち，

$$\sum_{\lambda}\rightarrow 2\cdot\frac{V}{(2\pi)^3}\int d^3\boldsymbol{k}\ =\frac{V}{\pi^2c^3}\int\omega_\lambda{}^2\,d\omega_\lambda \qquad (2.27)$$

ここで，$\omega_\lambda\equiv ck$，因子 2 は光の 2 つの独立な分極方向の自由度からくる．その結果，自然放射の時定数 A_{ab} は(2.25)で $n_\lambda=0$ として次のように求められる．

$$A_{ab}=\frac{2\pi}{\hbar^2}\frac{\hbar}{2\epsilon_0 V}\frac{V}{\pi^2c^3}\int d\omega_\lambda\frac{\omega_\lambda{}^2}{\omega_\lambda}\omega_{ba}{}^2\frac{1}{3}|\boldsymbol{P}_{ab}|^2\delta(\omega_\lambda-\omega_{ba})=\frac{\omega_{ba}{}^3}{3\pi\epsilon_0\hbar c^3}|\boldsymbol{P}_{ab}|^2 \qquad (2.28)$$

ここで，電磁場のモード $\boldsymbol{k}$ を求めるとき，波長より十分大きい体積 $V\gg\lambda^3$ を考えて輻射場(電磁波モード)を量子化した．その結果，角振動数 ω_λ を連続量のように考えて，(2.27)で，光のモードに関する和を ω_λ に関する積分で近似できた．この点を掘り下げていくと，2-4 節の自然放射の抑制と増強のメカニズムに到達できる．

Einsteinは，光の量子化に伴って現われる自然放射の現象の存在を，輻射場の量子論ができる前に予測し，自然放射による励起状態の寿命を正しく計算することに成功していた．Einsteinは原子系のエネルギー準位の離散性を仮定し，その原子系が壁を形成する空洞内の輻射場を考察した．この輻射場のエネルギー密度$\rho(\omega)$と原子系は熱平衡にあるとして，低いエネルギー準位aにN_a個，高いエネルギー準位bにN_b個の原子が分布しているとする．そのN_a個の原子系の運動は，図2-1の3つの過程よりなる．

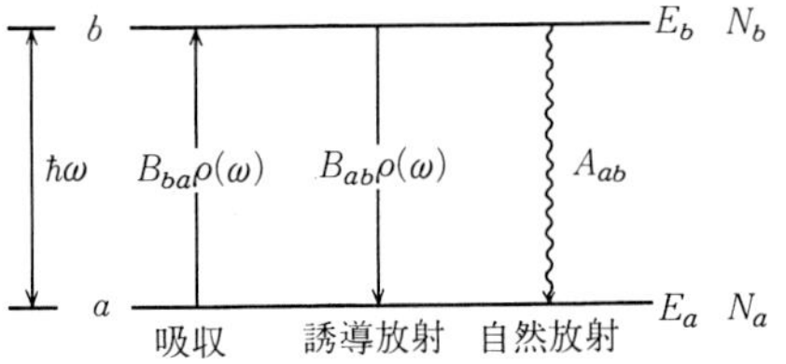

図2-1　EinsteinのA係数とB係数を用いて，電子系(a,b)と輻射場$\rho(\omega)$の熱平衡を記述する図．

$$\frac{dN_a}{dt} = -\frac{dN_b}{dt} = A_{ab}N_b - B_{ba}N_a\rho(\omega) + B_{ab}N_b\rho(\omega) \tag{2.29}$$

ここで，第2項は，低い準位aにある原子が光ωを吸収して，その準位の原子数を減少させることを示し，第3項は，高い準位bの原子が光ωを放出して低い準位aに落ち込みN_aを増大させることを示す．この2つの項だけでは，輻射場と原子系とは熱平衡に達せないので，第1項の自然放射で高い準位bより低い準位aに落ち込む過程をとり入れた．熱平衡状態では(2.29)の時間変化は0とおけるので，

$$\rho(\omega) = \frac{A_{ab}}{(N_a/N_b)B_{ba} - B_{ab}} \tag{2.30}$$

ここで，(a)原子系と輻射場の間では，エネルギー保存則をみたしながらエネルギーのやりとりが行なわれる．すなわち，$E_b - E_a = \hbar\omega$．(b)原子系自体も熱平衡にある．すなわち，$N_b/N_a = \exp[-(E_b - E_a)\beta] = \exp(-\hbar\omega\beta)$．ここで，系の温度は$T$ Kとして，$\beta \equiv 1/k_BT$．(c)温度$T\to\infty$ $(\beta\to 0)$では，$\rho(\omega)\to\infty$，$N_a/N_b\to 1$という物理的要請をみたすためには，$B_{ba} = B_{ab}$であることが(2.30)よりわかる．さらに，(d)$k_BT \gg \hbar\omega$では，輻射場のエネルギー密度$\rho(\omega)$は

Rayleigh-Jeans の公式

$$\rho(\omega) \rightarrow \frac{\omega^2}{\pi^2 c^3} k_{\mathrm{B}} T \tag{2.31}$$

になる．他方，このとき(2.30)は $\rho(\omega) \rightarrow A_{ab} k_{\mathrm{B}} T / B_{ba} \hbar\omega$ となることより，(2.31)と比較して，

$$\frac{A_{ab}}{B_{ba}} = \frac{\hbar\omega^3}{\pi^2 c^3} \tag{2.32}$$

これを(2.30)に代入すると，**Planck の熱放射の公式**

$$\rho(\omega) = \frac{\hbar\omega^3}{\pi^2 c^3} \frac{1}{e^{\hbar\omega\beta} - 1} \tag{2.33}$$

が得られた．Einstein はこのように光の量子論を使わず，物理的考察から，量子論から導いた $B_{ab} = B_{ba}$，$A_{ab}/B_{ab} = \hbar\omega_{ba}{}^3/\pi^2 c^3$ の結果を得たばかりでなく，Planck の熱放射の公式(熱輻射の公式ともよぶ)を導くことに成功した．

この公式を光の量子論を用いて導出しておこう．単位体積あたりの光子 $\hbar\omega$ の状態密度 $N(\omega)$，また温度 T K で熱平衡にある光子 $\hbar\omega$ の熱分布数を $\langle n_\omega \rangle$ とすると，熱輻射エネルギー分布 $\rho(\omega)$ は次のように書ける．

$$\rho(\omega) = N(\omega) \hbar\omega \langle n_\omega \rangle \tag{2.34}$$

ここで，体積 $V \equiv L^3$ の内で，波数ベクトル $\boldsymbol{k}$，エネルギー $\hbar\omega$ をもつ状態密度は単位体積あたり

$$N(\omega) d\omega = \frac{2}{V} \frac{V}{(2\pi)^3} d^3\boldsymbol{k} = \frac{k^2}{\pi^2} dk = \frac{\omega^2}{\pi^2 c^3} d\omega \tag{2.35}$$

となる．ここで，分散関係 $\omega = ck$ に対して，波数ベクトル $\boldsymbol{k}$ は立方体 L^3 に対して周期的境界条件を用いて

$$\boldsymbol{k} = \frac{2\pi}{L}(n_x, n_y, n_z) \qquad (n_x, n_y, n_z = 0, \pm 1, \pm 2, \cdots) \tag{2.36}$$

として，これを連続数と近似する．これは，立方体の 1 辺 L が光の波数 λ に比して十分大きいときにはよい近似となる．この近似が正当化されないとき，2-4 節の自然放射の抑制と増強が起こる．さらに，熱平衡にある光子の平均数

$\langle n_\omega \rangle$ は，モード ω のエネルギー固有値 E_n が $\hbar\omega(n+1/2)$ であることと，この光子が Bose 統計に従うことより，次のように求められる．

$$\langle n_\omega \rangle = \sum_{n=0}^{\infty} n e^{-E_n\beta} \Big/ \sum_{n=0}^{\infty} e^{-E_n\beta} = \frac{1}{e^{\hbar\omega\beta}-1} \tag{2.37}$$

熱輻射場のエネルギー分布 $\rho(\omega)$ は，(2.34)に，(2.35)の $N(\omega)$ と(2.37)の $\langle n_\omega \rangle$ の表式を代入して，次のように，

$$\rho(\omega) = \frac{\omega^2}{\pi^2 c^3}\hbar\omega\frac{1}{e^{\hbar\omega\beta}-1} \tag{2.33}$$

と，Einstein が求めた(2.33)と一致することがわかる．

光吸収(2.24)や誘導放射(2.26)に寄与する輻射場のエネルギー分布 $\rho(\omega)$ は，(2.33)の熱輻射エネルギー分布とはかぎらないで，レーザー光を用いるときには第3章でのべるようなレーザー固有の分布をもつ．(cgs 単位系では自然放射の時定数は $A_{ab}=(4\omega_{ba}{}^3/3\hbar c^3)|\boldsymbol{P}_{ab}|^2$ となり，光吸収および誘導放射を示す B 係数は $B_{ab}=B_{ba}=(4\pi^2/3\hbar^2)|\boldsymbol{P}_{ab}|^2$ となることに注意．)

2-3 スペクトル線の自然幅

自然放射を議論するときには，十分大きな系の中の輻射場の多数のモードを考え，電子励起がこのモードに減衰する寿命を求めた．通常，これらの励起原子はその固有寿命の間に減衰し，不確定性原理によれば，その放射光のエネルギーを測定する際の精度がそれによって制限をうける．具体的にいうと，エネルギー測定を行なう最長の時間はほぼ原子の寿命 τ であり，したがって，準位間のエネルギー差 $\hbar\omega_{ba}$ は

$$\hbar\Delta\omega_{ba} = \frac{\hbar}{\tau} \tag{2.38}$$

だけの不確定性を伴ってしまう．すなわち，自然放射光は完全な単色光ではなく，τ に反比例する線幅をもった周波数スペクトルをもつことがわかる．これが，**スペクトル線の自然幅**とよばれるものである．本節では，そのスペクトル

を導出する．

2準位系 (a, b) を考え，励起状態 b から光子 $\hbar\omega_\lambda$ を放出してよりエネルギーの低い準位 a に遷移する過程を求めよう．前節の(2.17)において，始状態として $|b, n_\lambda=0\rangle \equiv |b0\rangle$，終状態として $|a, n_\lambda=1\rangle \equiv |a\lambda\rangle$ とすると，展開係数 $c_n(t)$ に対して次の方程式を得る．

$$i\hbar \dot{c}_{a\lambda} = \langle a\lambda | \mathscr{H}_{(1)}' | b0\rangle e^{i(\omega_a - \omega_b + \omega_\lambda)t} c_{b0} \tag{2.39}$$

ここで，添字 $a\lambda$ は $|a, n_\lambda=1\rangle$ を，$b0$ は $|b, n_\lambda=0\rangle$ を意味する．逆に，始状態と終状態を入れ変えたものは，

$$i\hbar \dot{c}_{b0} = \sum_\lambda \langle b0 | \mathscr{H}_{(1)}' | a\lambda\rangle e^{i(\omega_b - \omega_a - \omega_\lambda)t} c_{a\lambda} \tag{2.40}$$

初期条件 $c_{b0}(0)=1$, $c_{a\lambda}(0)=0$ に対して，(2.39), (2.40)を解くにあたって，$c_{b0}(t)=\exp(-\gamma t)$ の解を仮定すると，

$$c_{a\lambda}(t) = \langle a\lambda | \mathscr{H}_{(1)}' | b0\rangle \frac{1-e^{i(\omega_\lambda - \omega_0 + i\gamma)t}}{\hbar(\omega_\lambda - \omega_0 + i\gamma)} \tag{2.41}$$

ここで，$\hbar\omega_0 \equiv E_b - E_a$，すなわち，$\omega_0 = \omega_b - \omega_a$．他方，(2.40)からは，その右辺に(2.41)を代入して，次の結果を得る．

$$\begin{aligned} -i\hbar\gamma &= \sum_\lambda |\langle a\lambda | \mathscr{H}_{(1)}' | b0\rangle|^2 \frac{1-e^{i(\omega_0 - \omega_\lambda - i\gamma)t}}{\hbar(\omega_0 - \omega_\lambda - i\gamma)} \\ &\to -\frac{i\pi}{\hbar} \sum_\lambda |\langle a\lambda | \mathscr{H}_{(1)}' | b0\rangle|^2 \delta(\omega_0 - \omega_\lambda) \end{aligned} \tag{2.42}$$

ここで，$\omega_0 t \gg 1$, $\omega_0 \gg \gamma$ となることを考慮して，右辺で $\gamma=0$ とおいた．また実部は無視するが，その効果は本節末で論じる．その結果から，自然放射の寿命 $\tau=1/2\gamma$ は

$$\begin{aligned} 2\gamma &= \frac{2\pi}{\hbar^2} \sum_\lambda |\langle a\lambda | \mathscr{H}_{(1)}' | b0\rangle|^2 \delta(\omega_0 - \omega_\lambda) \\ &= \frac{2\pi}{\hbar^2} \int \frac{d\Omega}{4\pi} |\langle a\lambda_0 | \mathscr{H}_{(1)}' | b0\rangle|^2 N(\omega_0) = A_{ab} \end{aligned} \tag{2.43}$$

と，前節で求めた結果と一致する．

放出される光スペクトル線の強度分布は，$c_{a\lambda}(t)$ の表式(2.41)を用いて，

$$I(\omega)d\omega = \hbar\omega N(\omega)d\omega \int \frac{d\Omega}{4\pi} |c_{a\lambda}(\infty)|^2 = \frac{\gamma}{\pi} \frac{\hbar\omega d\omega}{(\omega-\omega_0)^2+\gamma^2} \quad (2.44)$$

となり，電子系のエネルギー準位差 $E_b-E_a=\hbar\omega_0$ は，$\Delta E=\hbar\gamma$ の精度でしか測定できないことを意味する．(2.44)のスペクトルは，半値幅 2γ の Lorentz 型スペクトル，また 2γ は自然幅とよばれる．現実の原子系，分子系および固体の電子励起による光吸収スペクトル，およびこの励起状態からの発光スペクトルには，この自然放射による自然幅 2γ に加えて，原子間衝突，分子および固体の格子振動などによる幅が重畳される．さらに，原子・分子の Doppler シフトや，固体中では電子の環境の不均一さからくる不均一幅がつけ加わる場合もある．不均一幅や原子・格子振動との衝突などによる均一幅は，とり除いたり，制御する方法が工夫されてきたが，自然放射による幅 2γ は不可欠なものと従来考えられてきた．しかし，次節で論じる自然放射の制御は，その自然幅をも制御できることを示す．

他方，(2.42)右辺の実部は，電子準位が電磁場の零点振動(真空)と相互作用するために生じるエネルギーシフトを表わす．これは **Lamb シフト**(Lamb shift)とよばれる．Dirac の電子論によれば，水素原子の $2S_{1/2}$ と $2P_{1/2}$ のエネルギー準位は縮退しているが，Lamb と Retherford は S 状態のエネルギーが振動数にして 1050 MHz だけ高いことを見いだした．これは電子に対する電磁的相互作用の高次の摂動補正で生じる．そのエネルギー準位のずれが $2S_{1/2}$ と $2P_{1/2}$ で異なるためである．朝永らはこれをくり込み理論を展開して求め，実験を説明することに成功した．

2-4 自然放射の抑制と増強

自然放射の概念が，物質系と輻射場との間の熱平衡状態を実現させるために不可欠なものとして，Einstein によって導入された．この自然放射はきわめて基本的な現象で，各原子の励起状態の自然放射による寿命は，その各原子が本

来備えもった定数であると思われてきた．しかし，自然放射は孤立した原子それ自体のもつ性質ではなく，原子と真空場とが結合した系が示す性質である．この自然放射の最も顕著な性質は，その非可逆性である．これは，放射される光子を受け入れる真空中の輻射モードの状態数が無限に近く存在することからきている．ここで，波長と同程度か，それより小さい共振器を考えると，その輻射場のモードは大幅に変更をうける．この共振器の中に，励起原子を入れると，真空場との結合様式も大幅に変更をうけ，自然放射をいちじるしく抑制したり，逆にいちじるしく増強することが可能になる．本節では，その様子を考察し，いくつかの実験例を紹介する．この自然放射の抑制は，レーザー発振のしきい値をいちじるしく低下させ，1原子メーザーや2光子メーザーも可能となりつつある．

a） Cs原子の自然放射の抑制

距離dで隔てられた2枚の金属よりできた平行平面反射鏡を考える．鏡に平行方向に偏光した電場を考えると，その波長$\lambda>2d$では両金属面上で電磁場の節をつくれなくなり，そのような光のモードは存在できない．したがって，自然放射で出せる電磁波の波長λが，$2d$より大きくなるときにはその放射が禁止され，その励起状態の寿命が無限に長くなると予想される．これをマサチューセッツ工科大学(MIT)のグループは，Cs原子のRydberg状態を用いて実証した．彼らはCs原子の6s電子を，色素レーザーを用いてカスケード的に$n=22$, $|m|=21$の状態に励起し，その$n=21$, $|m|=20$の状態への自然放射による寿命を観測した．高いRydberg状態を用いる理由は2つある．まず，この遷移の波長λは0.45 mmと長いので，その波長と同程度の間隙$d\fallingdotseq\lambda/2$の共振器を作りやすい．第2に，自然放射の寿命$\tau\equiv 1/A_{ab}$は(2.28)からわかるように，その遷移の波長λの3乗に比例し，この遷移に対して450 μsと長く，励起原子の寿命変化を観測しやすいことがその理由である．

実験装置は3つの部分から構成されている．最初の部分では，Cs原子の熱励起されたビームを主量子数$n=22$，方位量子数$l=21$，磁気量子数$|m|=21$の励起状態に，色素レーザーとマイクロ波の多重遷移を用いて励起する．この

状態からの自然放射は，$n=21$，$|m|=20$ の状態にのみ可能である．さらに，鏡面に垂直にかけられた静電場によって決まる量子化軸は鏡面に垂直となるので，$\Delta|m|=-1$ の電子遷移に伴って放出される電磁波は，面内に平行な分極をもつ．このCsの励起原子ビームを第2の部分にとり込む．ここは，間隙 d の2枚の金属板にはさまれた共振器である．$\lambda/2d \fallingdotseq 1$ の付近で，$\lambda/2d<1$ より $\lambda/2d>1$ まで，間隙 d を変えるか，波長 λ を変えると，**自然放射の抑制**が期待できる．彼らは d を一定にし，この2枚の金属板の間に電圧をかけて，Stark効果によって，$n=22$，$|m|=21 \to n=21$，$|m|=20$ の遷移波長 λ を変動させた．幅 6.4 cm，長さ 12.7 cm の2枚の金をコートしたアルミニウムの板よりなる共振器で，間隔 d は

$$d = 230.1\ \mu\text{m} = 1.02 \times \frac{\lambda_0}{2}$$

に選んだ．ここで，$\lambda_0=0.45$ mm は印加電場 $E=0$ での遷移の波長である．2次のStark効果により，$E=2600$ V/cm までかけると，$\Delta\lambda/\lambda_0=0.04$，すなわち，$\lambda/2d=0.98 \sim 1.02$ までスイープできる．したがって，この励起状態 $n=22$，$|m|=21$ にあるCs原子が共振器の長さ $l=12.7$ cm の間を走る間に，$\lambda<2d$ では自然放射を起こし，$\lambda>2d$ ではそれがおさえられることを予測した．この実験装置の第3の部分は，$n=22$，$|m|=21$ にあるCs原子の数を測定す

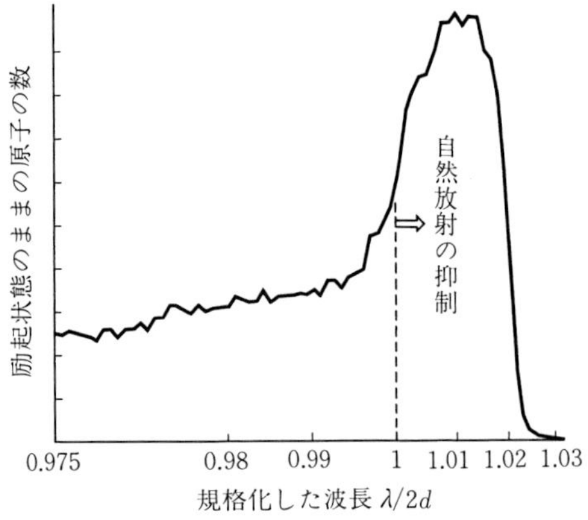

図 2-2 間隔 d の共振器を通過して後，励起状態のままに留まっている原子の数を遷移の波長 λ の関数として示す．遷移のエネルギーは印加電圧を増すとStark効果で長波長側にシフトする（R. G. Hulet, E. S. Hilfer and D. Kleppner: Phys. Rev. Lett. **55** (1985) 2137 による）．

る．その結果，図 2-2 に示す結果を得た．$\lambda/2d<1$ では，第 2 部分の共振器中をCs 原子が走る間に大部分が自然放射してしまうが，$\lambda/2d>1$ では，その自然放射がおさえられ，励起状態 $n=22$, $|m|=21$ のまま第 3 部分に到達するCs 原子が増大する様子がわかる．この解析から，自然放射による寿命は，広い空間中の自然放射の寿命 450 μs の 20 倍以上長くなっていることがわかった．$\lambda/2d>1.02$ で急激に信号が落ちてしまうのは，第 2 部分の共振器に印加するStark 効果を生じさせる電圧が 2600 V/cm を越えたところで，$n=22$, $|m|=21$ の励起 Cs 原子がイオン化して，失われてしまうためで，現在の自然放射の抑制とは無関係な現象である．

b） 共焦点型共振器中での自然放射の増強と抑制

おのおの反射率 R_1 と R_2 をもつ鏡 M_1 と M_2 において，長さ L の共焦点型共振器（図 2-3）の焦点に原子をおく場合を考える．鏡 M_1 と M_2 の直径を $2b$ とする．単位立体角あたりの自然放射の割合 γ は，その波数 $k=2\pi/\lambda$ でのモード密度に比例する．したがって，この共振器では $R=\sqrt{R_1R_2}$, $1-R\ll 1$ として，自由空間での単位立体角あたりの自然放射の割合 γ_{sp} に比して，γ は次式で与えられる*．

$$\frac{\gamma}{\gamma_{sp}}=\frac{1}{1-R}\frac{1}{1+[1/(1-R)]^2\sin^2 kL} \tag{2.45}$$

この式より，たとえ $\lambda\ll L$，すなわち $kL\gg 2\pi$ としても，n を整数として $kL=2n\pi\pm\pi/2$ であれば，単位立体角あたりの自然放射は $\gamma_{inh}=(1-R)\gamma_{sp}\ll\gamma_{sp}$ におさえられ，逆に，$kL=n\pi$ であれば，$\gamma_{enh}=\gamma_{sp}/(1-R)\gg\gamma_{sp}$ に増大する．したがって，$k\Delta L$ が π のオーダーとなるよう L を変動させれば**自然放射の抑制**

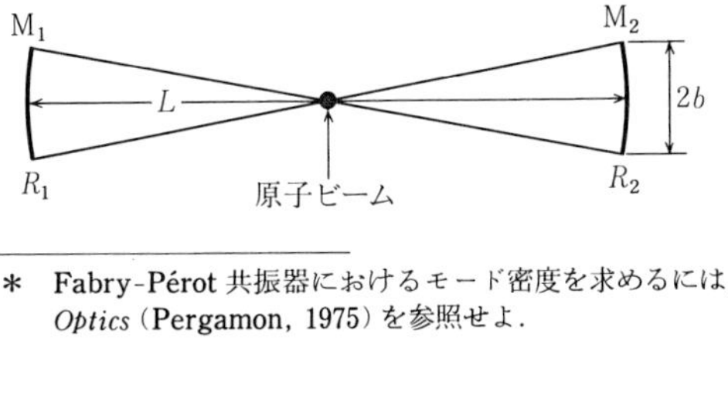

図 2-3 共焦点型共振器の図．共焦点で原子ビームとレーザービームが交差する．自然放射の抑制と増強は L 方向で観測する．

* Fabry-Pérot 共振器におけるモード密度を求めるには，M. Born and E. Wolf: *Principles of Optics* (Pergamon, 1975) を参照せよ．

と増強が交互に観測されるはずである.

Feld らは，図 2-4(a)に示すように，共焦点型共振器の焦点に Yb 原子のビームと連続発振する色素レーザー(556 nm)とを交差するように照射した．この Yb 原子は $^1S_0$-$^3P_1$ の遷移をともなって，四方に自然放射する．自由空間へのこの自然放射の割合 Γ_{sp} は $\Gamma_{sp}=1.1\times10^6\,s^{-1}$ である．ところで，立体角 $\Delta\Omega=8\pi b^2/L^2$ の方向への自然放射は，共振器モードへの放射であり，他の立体角方向には，上記の Γ_{sp} で自然放射される．単位立体角あたりの自然放射の割合 $\gamma_{sp}=(3/8\pi)\Gamma_{sp}$ であるので，全自然放射の割合 Γ は

$$\Gamma=\Gamma_{sp}\left[1+\left(\frac{\gamma}{\gamma_{sp}}-1\right)\frac{3}{8\pi}\Delta\Omega\right] \tag{2.46}$$

である．その結果，最大は $\Gamma_{enh}=\Gamma_{sp}[1+(1-R)^{-1}3\Delta\Omega/8\pi]$，最小は $\Gamma_{inh}=\Gamma_{sp}[1-3\Delta\Omega/8\pi]$ となる．この共振器の長さ $L=5.00$ cm，鏡の直径 $2b=4$ mm，M_1 と M_2 の透過率が $T_1=2.8\pm0.1\%$，$T_2=1.8\pm0.1\%$ のもとで実験が行なわれた．すなわち，$1/(1-R)\fallingdotseq2/(T_1+T_2)=43.5\pm2.0$ の自然放射の増強と抑制が期待される.

実験結果を図 2-5 に示す．図 2-5(a)は，共振器のある場合に，鏡 M_1 の中心(図 2-4(b))から自然放射の光をとり出し，共振器の長さ L は図 2-4(b)の鏡 M_2 の裏にとりつけたピエゾ電気音響素子の振動によって変化させた．共振器モードと発光モードが一致するときに自然放射が増強し，その他の場合は減少している．図 2-5(b)は，ビームストップを入れて，共振器のはたらきを止めたときの自然放射の割合で，ほぼ Γ_{sp} に対応する．これらの解析から，自然放射の抑制は，$\gamma_{sp}/\gamma_{inh}=42$ と $(1-R)^{-1}\fallingdotseq43.5$ とよい一致を得ているが，自然放射の増強のほうは，$\gamma_{enh}/\gamma_{sp}=19$ と理論予測の半分ほどのものとなっている．これは発光スペクトルの Doppler 幅と鏡面での反射の不完全さによるものと思われる．このように，可視域 $\lambda=556$ nm においても，自然放射の抑制と増強とが同時に観測された.

共振器中原子の自然放射の抑制と増強を利用すると，1 原子レーザー(メーザー)，零しきい値レーザーが可能になる.

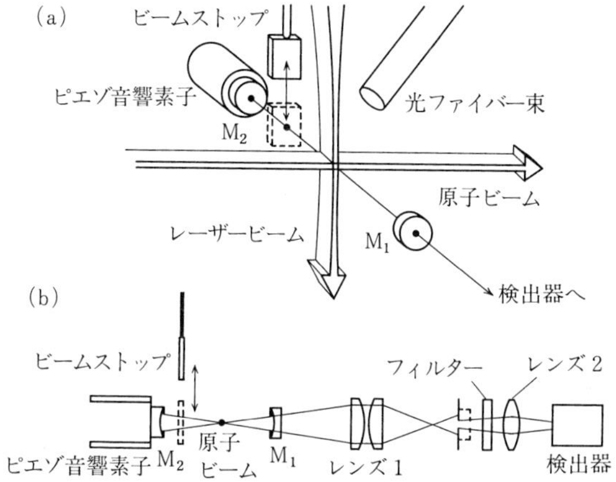

図 2-4 (a) Yb 原子ビームとレーザービームを共焦点で交差させ，共振器の鏡 M_1 方向への Yb 原子系からの自然放射を観測する立体図．(b) 鏡 M_2 の裏にピエゾ音響素子をおき共振器の長さ L を周期的に変動させる．

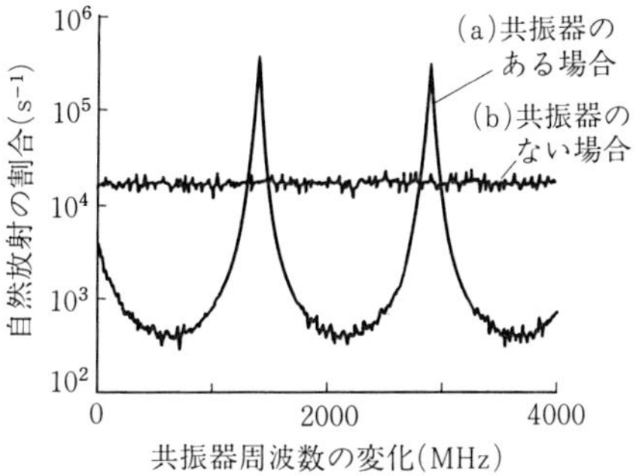

図 2-5 (a) 共振周波数の変化に伴う自然放射の割合の変動．(b) ビームストップで共振器を作動させないとき自然空間への自然放射の割合(D. J. Heinzen, J. J. Childs, J. E. Thomas and M. S. Feld: Phys. Rev. Lett. **58** (1987) 1320 による)．

2-5 光学遷移における選択則

電磁場と電子系との相互作用は(2.12)で与えられる．したがって，電子状態 $|a\rangle$ から $|b\rangle$ への遷移の行列要素は次式のようになる．

$$\langle b|\frac{e}{m}\sum_j e^{\pm i\boldsymbol{k}\cdot\boldsymbol{r}_j}(\boldsymbol{e}_\lambda\cdot\boldsymbol{p}_j)|a\rangle \qquad (2.47)$$

電子系の波動関数の広がり r_j に比して光の波長 λ の方が，一般には3桁ほど大きいので，(2.47)の $e^{\pm i\boldsymbol{k}\cdot\boldsymbol{r}_j}$ を次のように展開できる．

$$e^{\pm i\boldsymbol{k}\cdot\boldsymbol{r}_j} = 1 \pm i\boldsymbol{k}\cdot\boldsymbol{r}_j - \frac{1}{2}(\boldsymbol{k}\cdot\boldsymbol{r}_j)^2 + \cdots \tag{2.48}$$

この第1項の寄与のみを考えると，(2.22)の電気双極子近似になる．すなわち，

$$\langle b|\frac{e}{m}\sum_j(\boldsymbol{e}_\lambda\cdot\boldsymbol{p}_j)|a\rangle = -i\omega_{ba}\,\boldsymbol{e}_\lambda\cdot\langle b|\boldsymbol{P}|a\rangle \tag{2.49}$$

ここで，$\boldsymbol{P} = -e\sum_j \boldsymbol{r}_j$ は電子系の電気双極子を意味するので，この(2.48)の展開した第1項のみをとる近似を**電気双極子遷移の近似**という．ここで，まず(2.49)の表式を導いておこう．一般に N 電子系のハミルトニアン $\mathscr{H}$ は次式で与えられる．

$$\mathscr{H} = \sum_j \frac{1}{2m}\boldsymbol{p}_j{}^2 + V(\boldsymbol{r}_1, \boldsymbol{r}_2, \cdots, \boldsymbol{r}_N) \tag{2.50}$$

ここで，$\boldsymbol{r}_j$ とこの $\mathscr{H}$ との交換関係をとると，ポテンシャル $\mathcal{V}$ とは可換であるので，

$$\begin{aligned}[\mathscr{H}, x_j] \equiv \mathscr{H}x_j - x_j\mathscr{H} &= \frac{1}{2m}(\boldsymbol{p}_j{}^2 x_j - x_j \boldsymbol{p}_j{}^2) = -\frac{\hbar^2}{2m}\left(\frac{\partial^2}{\partial x_j{}^2}x_j - x_j\frac{\partial^2}{\partial x_j{}^2}\right) \\ &= -\frac{\hbar^2}{m}\frac{\partial}{\partial x_j} = -i\frac{\hbar}{m}p_{jx}\end{aligned} \tag{2.51}$$

これを y_j, z_j に対しても繰り返すと，次の表式を得る．

$$\boldsymbol{p}_j = i\frac{m}{\hbar}(\mathscr{H}\boldsymbol{r}_j - \boldsymbol{r}_j\mathscr{H}) \tag{2.52}$$

この表式を(2.49)に代入し，$\mathscr{H}|a\rangle = E_a|a\rangle$, $\langle b|\mathscr{H} = E_b\langle b|$ の関係式を使うと，(2.49)が証明される．

$$\begin{aligned}\langle b|\frac{e}{m}\sum_j(\boldsymbol{e}_\lambda\cdot\boldsymbol{p}_j)|a\rangle &= i\frac{e}{\hbar}(E_b - E_a)\langle b|\boldsymbol{e}_\lambda\cdot\sum_j\boldsymbol{r}_j|a\rangle \\ &= -i\omega_{ba}\langle b|\boldsymbol{e}_\lambda\cdot\boldsymbol{P}|a\rangle\end{aligned} \tag{2.49}$$

この(2.49)が有限なとき，これを**電気双極子遷移が許容される**といい，0のと

き，**禁止遷移**とよぶ．

始状態 $|a\rangle$ と終状態 $|b\rangle$ の方位量子数 l と l'，磁気量子数 m と m' の間には次の選択則が成立する．

$$\begin{aligned} l' = l \pm 1, \quad m' &= m \qquad (\boldsymbol{e}_\lambda /\!/ z：\text{量子化軸}) \\ m' &= m \pm 1 \qquad (\boldsymbol{e}_\lambda \perp z) \end{aligned} \tag{2.53}$$

電気双極子演算子 $\boldsymbol{P}$ はスピンを含まないので，この光学遷移ではスピン状態は保存される．選択則(2.53)を証明しよう．

多電子系の光学遷移も1電子の双極子 $-e\boldsymbol{r}$ による遷移の和で書けるので，1電子状態間の遷移として(2.53)を確かめよう．角運動量の z 成分 $M_z \equiv xp_y - yp_x$ を用いると，次の等式が得られる．

$$M_z z - z M_z = 0 \tag{2.54}$$

ここで，M_z を対角化する表示 $\langle b|M_z|a\rangle = (m_z)_a \delta_{ab}$ に対して，(2.54)の状態 $|a\rangle$ と $|b\rangle$ の間の行列要素を求めると，

$$\{(m_z)_b - (m_z)_a\}\langle b|z|a\rangle = 0 \tag{2.55}$$

したがって，電場の分極 $\boldsymbol{e}_\lambda$ が z 軸(量子化軸)に平行のときには，(2.55)より，電気双極子遷移が許されるためには，すなわち，$-e\langle b|z|a\rangle \neq 0$ のためには，$(m_z)_b = (m_z)_a$ であることが必要である．その結果，$\hbar m' \equiv (m_z)_b = (m_z)_a \equiv \hbar m$ となり，(2.53)の上段の選択則が証明された．

電場の分極 $\boldsymbol{e}_\lambda$ が量子化軸に垂直な面内にあるときには，

$$[M_z, x] = i\hbar y, \qquad [M_z, y] = -i\hbar x \tag{2.56}$$

を用いて，次の関係式を得る．

$$[M_z, [M_z, y]] = i\hbar(-i\hbar)y = \hbar^2 y \tag{2.57}$$

この両辺の状態 $|a\rangle$ と $|b\rangle$ での期待値を求めると，

$$[\{(m_z)_b - (m_z)_a\}^2 - \hbar^2] y_{ba} = 0 \tag{2.58}$$

すなわち，電気双極子遷移が許容されるためには $y_{ba} \neq 0$ であり，そのためには

$$\begin{aligned} \hbar \Delta m \equiv \Delta m_z &\equiv (m_z)_b - (m_z)_a \\ &= \hbar(m' - m) = \pm\hbar \end{aligned} \tag{2.59}$$

が必要である．電場の分極 $\boldsymbol{e}_\lambda$ が x 軸に平行なときにも(2.59)と同じ選択則が求まり，(2.53)の下段が証明された．

次に，方位量子数に対する選択則 $\Delta l \equiv l'-l=\pm 1$ を求めよう．角運動量の2乗 $\Theta \equiv M_x{}^2+M_y{}^2+M_z{}^2$ に対する次の交換関係を考察する．

$$[\Theta,[\Theta,z]] = -2i\hbar[\Theta, yM_x-xM_y+i\hbar z] = 2\hbar^2(z\Theta+\Theta z) \qquad (2.60)$$

ここで，$xM_x+yM_y+zM_z=\boldsymbol{r}\cdot\boldsymbol{M}=\boldsymbol{r}\cdot(\boldsymbol{r}\times\boldsymbol{p})=0$ を使った．(2.60)の両辺の $|a\rangle$ と $|b\rangle$ の状態間の行列要素を求めると，

$$\begin{aligned}\{l_b{}^2(l_b+1)^2-2l_b l_a(l_b+1)(l_a+1)+l_a{}^2(l_a+1)^2 \\ -2l_b(l_b+1)-2l_a(l_a+1)\}z_{ba} = 0\end{aligned} \qquad (2.61)$$

輻射場の分極方向 $\boldsymbol{e}_\lambda$ が量子化軸と平行のとき，$z_{ba}\neq 0$ と許容遷移であるためには，(2.61)の中括弧が0でなければならない．これは次のように因数分解できる．

$$(l_b+l_a)(l_b+l_a+2)(l_b-l_a+1)(l_b-l_a-1) = 0 \qquad (2.62)$$

ここで，方位量子数 $l_a, l_b \geqq 0$ であり，$l_a=l_b=0$ は禁止遷移であることは明白であるので，選択則は

$$\begin{aligned}\Delta l &\equiv l_b-l_a \\ &= l'-l = \pm 1\end{aligned} \qquad (2.63)$$

と求められた．

円偏光輻射を用いた分光は，結晶の磁気的性質をはじめ，より多彩な物性に関する情報を提供する場合があるので，その光吸収と放射に関する選択則を調べよう．量子化軸 $+z$ 方向に進む時計まわりの円偏光(e_x-ie_y)によって励起される電子の遷移は，双極子モーメント$(x+iy)$の期待値がその選択則を与えるので，次の交換関係を調べる．

$$[M_z, x+iy] = \hbar(x+iy) \qquad (2.64)$$

状態 $|a\rangle$ と $|b\rangle$ の間でこの両辺の期待値をとると，

$$[(m_z)_b-(m_z)_a-\hbar]\langle b|(x+iy)|a\rangle = 0 \qquad (2.65)$$

この円偏光による遷移が許容される，すなわち $\langle b|(x+iy)|a\rangle\neq 0$ であるためには，

$$\hbar\Delta m \equiv \Delta m_z = (m_z)_b-(m_z)_a$$
$$= \hbar(m'-m) = \hbar \qquad (2.66)$$

時計まわり円偏光による光吸収は，磁気量子数 m は1つ大きい電子状態に遷移し，光放射は，m が1つ小さい状態にのみ遷移できる．反時計まわり円偏光に対しては，光吸収と光放射で Δm の符号が逆になる．このことは，円偏光輻射が物質に対し回転の力として作用し，物質に角運動量を与えることを意味する．したがって，選択則は全系で角運動量が保存されることより出てくる要請でもある．この円偏光に対する角運動量の保存則は前節 a)項 “Cs 原子の自然放射の抑制” の実験で有効に使われている．

電気双極子遷移が禁制のとき，すなわち，$\langle b|-e\boldsymbol{r}|a\rangle=0$ のときには，exp $(\pm i\boldsymbol{k}\cdot\boldsymbol{r})$ の展開(2.48)の第2項まで考慮する必要がある．そのとき，(2.47)の行列要素は1電子遷移に対しては

$$\pm i\frac{e}{m}\langle b|(\boldsymbol{k}\cdot\boldsymbol{r})(\boldsymbol{e}_\lambda\cdot\boldsymbol{p})|a\rangle = \pm i\frac{2\pi e}{m\lambda}\langle b|\boldsymbol{r_k}\cdot\boldsymbol{p_A}|a\rangle \qquad (2.67)$$

ここで，$\boldsymbol{r_k}$ は電子座標の $\boldsymbol{k}$ 方向の成分，$\boldsymbol{p_A}$ は運動量演算子のベクトルポテンシャル $\boldsymbol{A}$ 方向の成分を表わす．この(2.67)の $\boldsymbol{r_k}\cdot\boldsymbol{p_A}$ の項を次のように書き直してみる．

$$\boldsymbol{r_k}\cdot\boldsymbol{p_A} = \frac{1}{2}(\boldsymbol{r_k}\cdot\boldsymbol{p_A}-\boldsymbol{r_A}\cdot\boldsymbol{p_k})+\frac{1}{2}(\boldsymbol{r_k}\cdot\boldsymbol{p_A}+\boldsymbol{r_A}\cdot\boldsymbol{p_k}) \qquad (2.68)$$

輻射場の波数ベクトル $\boldsymbol{k}$ と $\boldsymbol{A}$ とは直交しているので，その方向をそれぞれ x 軸および y 軸にとると，(2.68)は次のようになる．

$$\boldsymbol{r_k}\cdot\boldsymbol{p_A} = \frac{1}{2}(xp_y-yp_x)+\frac{1}{2}(xp_y+yp_x) \qquad (2.69)$$

この第1項の括弧内は z 軸まわりの角運動量を表わしており，これに $e/2m$ をかけたものは磁気双極子モーメントの z 成分を表わしている．したがって，この量を状態 $|a\rangle$ と $|b\rangle$ の間でとった行列要素が有限になる遷移を**磁気双極子遷移**とよぶ．他方，(2.69)の第2項は，上と同じ座標軸にとると，

$$\frac{1}{2}(xp_y+yp_x)=\frac{m}{2}(x\dot{y}+y\dot{x})=\frac{m}{2}\frac{d}{dt}(xy)$$

となり，電気的 4 重極子能率テンソルの 1 成分の時間微分に比例する量となる．この量を状態 $|a\rangle$ と $|b\rangle$ の間でとった行列要素が有限となる遷移を**電気 4 重極子遷移**とよぶ．とくに，Cu_2O 結晶の最低エネルギーの励起子はこの電気 4 重極子遷移を示し，その多様な興味ある光学的特性が調べられている．電気双極子遷移が最も強い光吸収スペクトルを示し，また，励起状態からは最も速い発光寿命を示す．しかし，初めてレーザー発振に成功したルビー $Cr:Al_2O_3$ の準位は，電気双極子の禁制遷移であった．この辺の事情は第 4 章 4-3 節 a）項で議論される．

3

光の統計的性質

レーザー光は，時間的および空間的にコヒーレントな電磁波といわれる．**光のコヒーレンスの度合**(degree of optical coherency)は，時間，空間の2つの点での電磁波間の相関の大きさで定量的に記述できる．3-1節では，コヒーレンスの度合を記述する光子の1次および2次の相関関数を定義する．これらの相関関数の物理的意味を理解するために，熱輻射，コヒーレント光および光子数状態の光(光子数スクイーズド状態にある光)の1次および2次の相関関数を計算する．**1次の相関関数**は，Youngの実験における2つのピンホールあるいは2つのスリットを通過した光が作る干渉縞の鮮明さを表わし，**2次の相関関数**は，Hanbury-BrownとTwissの異なる時刻における光強度の相関を測るものである．この2次の相関には輻射場の量子的性格が反映される．熱輻射のようにカオティックな光は**バンチング**(bunching)する傾向があるのに対して，光子数スクイーズド状態の光は**アンチバンチング**(antibunching)する．すなわち，なるべく等間隔になって光子が飛来する傾向がある．コヒーレント光はその境界に位置するものであることもわかる．

3-2節では，ある一定の時間内に計数される光子数の分布，すなわち，光子計数分布を求める．この分布と2次の光子相関関数の測定から，輻射場のコヒーレンス時間(相関時間) τ_c を知ることができる．第4章では，レーザー発振のプロセスの数学的表現を与える．このレーザー発振の下で得られる光子の統計的性質を明らかにすることによって，反転分布の強さを増すとともに，カオティックな光からコヒーレントな光にどのように変わっていくかがわかる．

3-1 光のコヒーレンスと光子相関関数

光の干渉実験で観測される光ビームの性質は，コヒーレンスの概念を用いて表わされる．空間または時間の2点における光を1つの時空点で重ね合わせて**干渉効果**が生ずるとき，この2つの光はコヒーレントであるという．Young の干渉実験のように，2つのスリットあるいはピンホールからの光による干渉効果は，用いる光ビームの1次のコヒーレンスに支配され，2つの時空点での光の場の間の1次の相関関数によって記述できる．他方，Hanbury-Brown と Twiss の実験では，光の強度ゆらぎそのものが測定でき，これは2つの時空点での光の場の間の2次の相関関数で記述される．それに対応して，2次のコヒーレンスの概念が導入され，それには光の量子論的性格が反映される．本節では，特に，レーザー光として得られるコヒーレントな光と熱輻射の特徴が，これらの1次および2次のコヒーレンスと相関関数にいかに反映されるかに注目したい．

Young の実験から解説しよう．図3-1の点光源から出た光はレンズで平行光線になって，スクリーン1に作られた2つのスリット $\boldsymbol{r}_1$ と $\boldsymbol{r}_2$ を通過して，

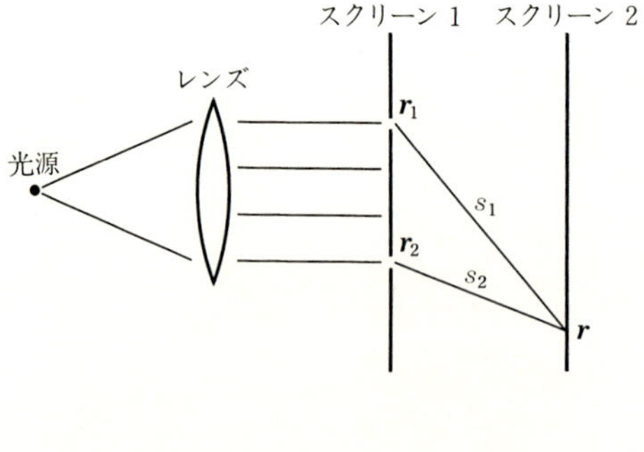

図3-1 Young の干渉縞を観測する実験の概念図．

スクリーン2上に干渉縞を形成する．スクリーン2上の位置 $\boldsymbol{r}$ における時刻 t での輻射場 $\boldsymbol{E}(\boldsymbol{r}t)$ は，t より前の $t_1=t-s_1/c$ と $t_2=t-s_2/c$ の時刻に2つのスリット $\boldsymbol{r}_1$ と $\boldsymbol{r}_2$ を通過した輻射場 $\boldsymbol{E}(\boldsymbol{r}_1t_1)$ と $\boldsymbol{E}(\boldsymbol{r}_2t_2)$ の1次の重ね合わせで表わされる．

$$\boldsymbol{E}(\boldsymbol{r}t) = u_1\boldsymbol{E}(\boldsymbol{r}_1t_1)+u_2\boldsymbol{E}(\boldsymbol{r}_2t_2) \tag{3.1}$$

ここで，s_1, s_2 は2つのスリットから観測点 $\boldsymbol{r}$ までの距離，c は光速，u_1, u_2 はそれぞれ s_1, s_2 に反比例し，スリットの大きさや形状に依存する量である．スリットから放射される波は，入射波に対して位相が $\pi/2$ だけ異なるので，u_1 と u_2 は純虚数に選ぶ．位置 $\boldsymbol{r}$ における光の強度 $I(\boldsymbol{r}t)$ は

$$\begin{aligned} I(\boldsymbol{r}t) &= \epsilon_0 c|\boldsymbol{E}(\boldsymbol{r}t)|^2 \\ &= \epsilon_0 c\{|u_1|^2|\boldsymbol{E}(\boldsymbol{r}_1t_1)|^2+|u_2|^2|\boldsymbol{E}(\boldsymbol{r}_2t_2)|^2 \\ &\quad +2u_1^*u_2\,\mathrm{Re}[\boldsymbol{E}^*(\boldsymbol{r}_1t_1)\boldsymbol{E}(\boldsymbol{r}_2t_2)]\} \end{aligned} \tag{3.2}$$

となる．観測時間は一般には光のコヒーレンス時間 τ_c に比べてずっと長い．したがって，定常光を光源として用いるときには，(3.2)の長時間平均したものが観測される．エルゴード理論からこの平均は，光源で発生した輻射場に対して，統計分布についての集団平均としても求められる．Young の実験において干渉効果をもたらすのは，(3.2)の最後の項であるので，干渉効果は次の**1次の相関関数**で記述される．

$$\langle\boldsymbol{E}^*(\boldsymbol{r}_1t_1)\boldsymbol{E}(\boldsymbol{r}_2t_2)\rangle = \lim_{T\to\infty}\frac{1}{T}\int_0^T\boldsymbol{E}^*(\boldsymbol{r}_1t_1)\boldsymbol{E}(\boldsymbol{r}_2t_1+t_{21})\,dt_1 \tag{3.3}$$

ただし，$t_{21}\equiv t_2-t_1$．さらに，2つの時空点 $(\boldsymbol{r}_1t_1)$ と $(\boldsymbol{r}_2t_2)$ での輻射場の間の**1次のコヒーレンスの度合**を示す関数 $g^{(1)}(\boldsymbol{r}_1t_1, \boldsymbol{r}_2t_2)$ を，(3.3)の1次の相関関数を用いて，次のように定義する．

$$g^{(1)}(\boldsymbol{r}_1t_1, \boldsymbol{r}_2t_2) \equiv g_{12}^{(1)} = \frac{|\langle\boldsymbol{E}^*(\boldsymbol{r}_1t_1)\boldsymbol{E}(\boldsymbol{r}_2t_2)\rangle|}{\{\langle|\boldsymbol{E}(\boldsymbol{r}_1t_1)|^2\rangle\langle|\boldsymbol{E}(\boldsymbol{r}_2t_2)|^2\rangle\}^{1/2}} \tag{3.4}$$

2つの時空点の光は，$g_{12}^{(1)}=1$ のとき，1次のコヒーレンスをもつという．$g_{12}^{(1)}=0$ のとき，1次のコヒーレンスがないという．また，$g_{12}^{(1)}$ がその中間の値を示すとき，その2つの時空点の光は部分的に1次のコヒーレンスがある

という．古典的な電磁波，あるいはレーザー光は，本節a)項で示すように，$g_{12}{}^{(1)}=1$で1次のコヒーレンスがある．さらに，熱輻射から1つの空洞モードを選び，他のモードからの寄与をフィルターで除去したとする．そのとき，その選ばれた1つのモードはランダムな強度ゆらぎを受けているが，空洞中の対になったすべての時空点からの光は，本節b)項で求めるように，1次のコヒーレンス$g_{12}{}^{(1)}=1$を示す．光のコヒーレンス時間τ_cは，スペクトル幅2γをもつLorentz型の分布をもつ光では，$\tau_c=1/\gamma$で与えられる．Youngの実験は，$|t_1-t_2-(s_1-s_2)/c|\ll\tau_c$が満たされるときに成り立つ1次のコヒーレンスを有効に利用した干渉効果を測定したものである．他方，レーザーは，次節で示すように，熱輻射のもつコヒーレンスの特性と古典的電磁波のもつコヒーレンスとの間で，そのコヒーレント特性をいろいろと変えることができる．この差を明らかにするのが高次のコヒーレンスである．

Hanbury-BrownとTwissの実験は，2次のコヒーレンスを測定するもので，それによって光のもつ量子光学的特性を測定可能にしている．この実験は，得られた結果のためだけでなく，量子光学の研究における新しい分野を開いたがゆえに重要である．実験の概要を図3-2に示す．水銀灯からの435.8 nmの発光線を選び，他の成分をフィルターで除去する．このビームを半メッキした鏡で2つのビームに等分割し，おのおのの強度を光電子増倍管によって測定し，この2つの検知器の出力のゆらぎの積をコリレーターで測定・増幅する．この積を長時間にわたって観測し，それを積分したものが後で定義する2

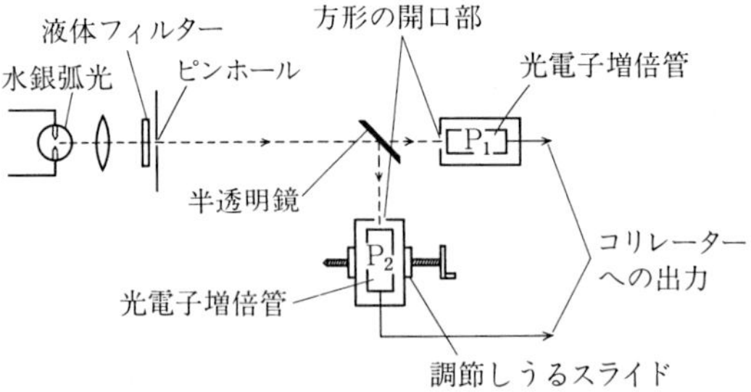

図3-2 Hanbury-BrownとTwissによる強度の干渉実験．

次のコヒーレンスを与える．第2の光電子増倍管の位置を動かすことによって，分割された2つのビームを観測する時間間隔を変える．すなわち，観測量は次式のように書ける．

$$\langle\{I(\boldsymbol{r}t_1)-I\}\{I(\boldsymbol{r}t_2)-I\}\rangle = \langle I(\boldsymbol{r}t_1)I(\boldsymbol{r}t_2)\rangle - I^2 \tag{3.5}$$

ここで，$I=\langle I(\boldsymbol{r}t)\rangle$，また，角括弧 $\langle\cdots\rangle$ は光子状態での集団平均を意味するが，エルゴード理論によって(3.3)のような時間平均でおきかえることもできる．

2次の強度相関関数を一般に

$$\langle I(\boldsymbol{r}_1t_1)I(\boldsymbol{r}_2t_2)\rangle = \left(\frac{\epsilon_0 c}{2}\right)^2\langle \boldsymbol{E}^*(\boldsymbol{r}_1t_1)\boldsymbol{E}^*(\boldsymbol{r}_2t_2)\boldsymbol{E}(\boldsymbol{r}_2t_2)\boldsymbol{E}(\boldsymbol{r}_1t_1)\rangle$$

と定義すると，(3.5)は同一点 $\boldsymbol{r}_1=\boldsymbol{r}_2$ の特別の場合である．2時空点 $(\boldsymbol{r}_1t_1)$ と $(\boldsymbol{r}_2t_2)$ での輻射場の間の**2次のコヒーレンスの度合**は，次式で定義する．

$$g^{(2)}(\boldsymbol{r}_1t_1, \boldsymbol{r}_2t_2; \boldsymbol{r}_2t_2, \boldsymbol{r}_1t_1) = \frac{\langle \boldsymbol{E}^*(\boldsymbol{r}_1t_1)\boldsymbol{E}^*(\boldsymbol{r}_2t_2)\boldsymbol{E}(\boldsymbol{r}_2t_2)\boldsymbol{E}(\boldsymbol{r}_1t_1)\rangle}{\langle|\boldsymbol{E}(\boldsymbol{r}_1t_1)|^2\rangle\langle|\boldsymbol{E}(\boldsymbol{r}_2t_2)|^2\rangle} \tag{3.6}$$

以下これを $g_{12}{}^{(2)}$ と略記し，角括弧 $\langle\cdots\rangle$ は前と同様に集団平均を意味する．もし，同時に $g_{12}{}^{(1)}=1$ で $g_{12}{}^{(2)}=1$ のとき，2時空点での光は2次のコヒーレンスをもつという．

1次および2次の相関関数の表式中の電場 $\boldsymbol{E}^*$, $\boldsymbol{E}$ を量子論においては演算子 $\hat{\boldsymbol{E}}^-$, $\hat{\boldsymbol{E}}^+$ でおきかえねばならない．ここで，$\hat{\boldsymbol{E}}^+$ と $\hat{\boldsymbol{E}}^-$ は(1.38)の第1項と第2項で，

$$\begin{aligned}\hat{\boldsymbol{E}}^+ &= i\sqrt{\frac{1}{2V}}\sum_\lambda \boldsymbol{e}_\lambda\sqrt{\frac{\hbar\omega_\lambda}{\epsilon_0}}e^{i\boldsymbol{k}\cdot\boldsymbol{r}}\hat{a}_\lambda \\ \hat{\boldsymbol{E}}^- &= -i\sqrt{\frac{1}{2V}}\sum_\lambda \boldsymbol{e}_\lambda\sqrt{\frac{\hbar\omega_\lambda}{\epsilon_0}}e^{-i\boldsymbol{k}\cdot\boldsymbol{r}}\hat{a}_\lambda{}^\dagger\end{aligned} \tag{3.7}$$

量子論においては，$\langle\cdots\rangle$ の表記は，次の項a), b), c) で実行されるように，光子系が純粋状態にあれば，その量子状態での期待値をとることを意味し，混合状態であれば，さらにその統計平均をとることを意味する．すなわち，$\langle\cdots\rangle=\mathrm{Tr}[\rho(\cdots)]$.

光子の消滅演算子を含む $\hat{\boldsymbol{E}}^+$ が生成演算子を含む $\hat{\boldsymbol{E}}^-$ より右側にくるよう

な配列をノーマルオーダーという．1次および2次の相関関数は光子演算子のノーマルオーダーで定義されている．それは，光子の検出器は光子の消滅を伴い，しかも光子が検出器の位置に存在する場合だけ応答しうることに対応している．すなわち，コヒーレンスの度合を与える1次または2次の相関関数は，光子を1個または2個消滅できる確率振幅のおのおのの絶対値の2乗に対応している．いよいよ，光のコヒーレント状態，熱輻射，光子数状態での1次および2次のコヒーレンスを計算しよう．

a) コヒーレント状態

単一モードのコヒーレント状態 $|\alpha\rangle$ においては，

$$\begin{aligned}\langle\hat{\boldsymbol{E}}^-(\boldsymbol{r}_1t_1)\hat{\boldsymbol{E}}^+(\boldsymbol{r}_2t_2)\rangle &\equiv \left(\frac{\hbar\omega}{2\epsilon_0 V}\right)e^{i\omega(t_1-t_2)-i\boldsymbol{k}\cdot(\boldsymbol{r}_1-\boldsymbol{r}_2)}\langle\alpha|\hat{a}^\dagger\hat{a}|\alpha\rangle \\ &= \frac{\hbar\omega}{2\epsilon_0 V}|\alpha|^2 e^{i\omega(t_1-t_2)-i\boldsymbol{k}\cdot(\boldsymbol{r}_1-\boldsymbol{r}_2)}\end{aligned} \tag{3.8}$$

を(3.4)の分母・分子に代入すると，$g_{12}{}^{(1)}=1$ であることがわかる．さらに，

$$\langle\hat{\boldsymbol{E}}^-(\boldsymbol{r}_1t_1)\hat{\boldsymbol{E}}^-(\boldsymbol{r}_2t_2)\hat{\boldsymbol{E}}^+(\boldsymbol{r}_2t_2)\hat{\boldsymbol{E}}^+(\boldsymbol{r}_1t_1)\rangle = \left(\frac{\hbar\omega}{2\epsilon_0 V}\right)^2|\alpha|^4 \tag{3.9}$$

この結果と(3.8)を $g_{12}{}^{(2)}$ の表式(3.6)に代入すると，$g_{12}{}^{(2)}=1$ を得る．より一般に，量子論的な n 次のコヒーレンスの度合は，次のように定義できる．

$$\begin{aligned}&g^{(n)}(\boldsymbol{r}_1t_1,\cdots,\boldsymbol{r}_nt_n;\boldsymbol{r}_{n+1}t_{n+1},\cdots,\boldsymbol{r}_{2n}t_{2n}) \\ &\quad= \frac{|\langle\hat{\boldsymbol{E}}^-(\boldsymbol{r}_1t_1)\cdots\hat{\boldsymbol{E}}^-(\boldsymbol{r}_nt_n)\hat{\boldsymbol{E}}^+(\boldsymbol{r}_{n+1}t_{n+1})\cdots\hat{\boldsymbol{E}}^+(\boldsymbol{r}_{2n}t_{2n})\rangle|}{\{\langle\hat{\boldsymbol{E}}^-(\boldsymbol{r}_1t_1)\hat{\boldsymbol{E}}^+(\boldsymbol{r}_1t_1)\rangle\cdots\langle\hat{\boldsymbol{E}}^-(\boldsymbol{r}_{2n}t_{2n})\hat{\boldsymbol{E}}^+(\boldsymbol{r}_{2n}t_{2n})\rangle\}^{1/2}}\end{aligned} \tag{3.10}$$

(3.4)と(3.6)で定義した1次および2次のコヒーレンスの度合は，この一般的な定義の特別な場合である．そのとき，コヒーレント状態 $|\alpha\rangle$ は，$g^{(n)}=1$ ($n \geqq 1$) となり任意の高次のコヒーレンスをもつことがわかる．

次に，多モードのコヒーレント状態

$$|\{\alpha_{\boldsymbol{k}}\}\rangle \equiv |\alpha_1\rangle|\alpha_2\rangle\cdots|\alpha_{\boldsymbol{k}}\rangle\cdots$$

のコヒーレンスの度合を求めよう．$\hat{\boldsymbol{E}}^+$ の定義とコヒーレント状態の性質

$$a_{\boldsymbol{k}'}|\{\alpha_{\boldsymbol{k}}\}\rangle = \alpha_{\boldsymbol{k}'}|\{\alpha_{\boldsymbol{k}}\}\rangle$$

より，$|\{\alpha_{\boldsymbol{k}}\}\rangle$ は，次のように $\hat{\boldsymbol{E}}^{+}$ の固有状態であることがわかる．

$$\hat{\boldsymbol{E}}^{+}(\boldsymbol{r}t)|\{\alpha_{\boldsymbol{k}}\}\rangle = \boldsymbol{\varepsilon}(\boldsymbol{r}t)|\{\alpha_{\boldsymbol{k}}\}\rangle \tag{3.11}$$

$$\boldsymbol{\varepsilon}(\boldsymbol{r}t) = i\sum_{\boldsymbol{k}} \sqrt{\frac{\hbar\omega_{\boldsymbol{k}}}{2\epsilon_0 V}}\boldsymbol{e}_{\varepsilon\boldsymbol{k}}\alpha_{\boldsymbol{k}} \exp[-i(\omega_{\boldsymbol{k}}t-\boldsymbol{k}\cdot\boldsymbol{r})]$$

したがって，(3.10)の n 次のコヒーレンスの度合を評価すると，やはり分母と分子が等しくなることがわかり，すべての n に対して，

$$g^{(n)}(\boldsymbol{r}_1t_1, \cdots, \boldsymbol{r}_nt_n; \boldsymbol{r}_{n+1}t_{n+1}, \cdots, \boldsymbol{r}_{2n}t_{2n}) = 1 \tag{3.12}$$

このように，量子論的コヒーレント状態 $|\{\alpha_{\boldsymbol{k}}\}\rangle$ は，すべての次数でコヒーレントであることがわかる．したがって，この量子論的コヒーレント状態は，どのような複雑な干渉実験においても，古典的な電磁波と同一の干渉縞と，輻射場の相関を与える．このような性質をそなえているので，$|\{\alpha_{\boldsymbol{k}}\}\rangle$ をコヒーレント状態とよぶのである．

b） 熱輻射状態

温度 T における単一モード $\hbar\omega$ の熱輻射状態の密度演算子 $\hat{\rho}$ を，光子数状態 $|n\rangle$ を使って展開すると次のように書ける．

$$\begin{aligned}\hat{\rho} &= \sum_{n=0}^{\infty} P_n|n\rangle\langle n| \\ &= \{1-\exp(-\beta\hbar\omega)\}\sum_{n=0}^{\infty}\exp(-\beta n\hbar\omega)|n\rangle\langle n| \end{aligned}\tag{3.13}$$

ここで，$\beta\equiv 1/k_{\mathrm{B}}T$，考えているモードが n 個励起されて，固有エネルギー $E_n=\hbar\omega(n+1/2)$ をもつ確率 P_n は Boltzmann 因子を用いて，

$$\begin{aligned}P_n &= \frac{\exp(-\beta E_n)}{\sum_{n=0}^{\infty}\exp(-\beta E_n)} = \frac{\exp(-\beta n\hbar\omega)}{\sum_{n=0}^{\infty}\exp(-\beta n\hbar\omega)} \\ &= \exp(-\beta n\hbar\omega)\{1-\exp(-\beta\hbar\omega)\}\end{aligned}\tag{3.14}$$

と求めた．さらに，熱励起されている光子 $\hbar\omega$ の平均数

$$\bar{n} = \langle n\rangle \equiv \mathrm{Tr}(\hat{\rho}\hat{a}^{\dagger}\hat{a}) = \frac{1}{\exp(\hbar\omega\beta)-1} \tag{3.15}$$

を用いて，密度演算子 $\hat{\rho}$ を次のように書き直せる．

$$\hat{\rho} = \sum_{n=0}^{\infty} \frac{\bar{n}^n}{(1+\bar{n})^{1+n}} |n\rangle\langle n| \tag{3.16}$$

全輻射モードの熱励起に対しては，各モードは互いに独立であることを考慮すれば，密度演算子 $\hat{\rho}$ は次のように与えられる．

$$\hat{\rho} = \sum_{\{n_{\boldsymbol{k}}\}} P_{\{n_{\boldsymbol{k}}\}} |\{n_{\boldsymbol{k}}\}\rangle\langle\{n_{\boldsymbol{k}}\}| \tag{3.17}$$

ここで $\{n_{\boldsymbol{k}}\}$ は，$(n_{\boldsymbol{k}_1}, n_{\boldsymbol{k}_2}, \cdots)$ の多モード光子数状態を示す．

$$P_{\{n_{\boldsymbol{k}}\}} = \prod_{\boldsymbol{k}} \frac{(\bar{n}_{\boldsymbol{k}})^{n_{\boldsymbol{k}}}}{(1+\bar{n}_{\boldsymbol{k}})^{1+n_{\boldsymbol{k}}}} \tag{3.18}$$

この状態に対する 1 次のコヒーレンスの度合 $g_{12}{}^{(1)}$ を求めよう．まず(3.4)の分子は，

$$\begin{aligned}\langle \boldsymbol{E}^*(\boldsymbol{r}_1 t_1)\boldsymbol{E}(\boldsymbol{r}_2 t_2)\rangle &= \mathrm{Tr}\{\hat{\rho}\boldsymbol{E}^*(\boldsymbol{r}_1 t_1)\boldsymbol{E}(\boldsymbol{r}_2 t_2)\} \\ &= \sum_{\{n_{\boldsymbol{k}}\}} P_{\{n_{\boldsymbol{k}}\}} \frac{\hbar\omega_{\boldsymbol{k}}}{2\epsilon_0 V} n_{\boldsymbol{k}} e^{i\omega_{\boldsymbol{k}}(t_1-t_2)-i\boldsymbol{k}\cdot(\boldsymbol{r}_1-\boldsymbol{r}_2)} \\ &= \sum_{\boldsymbol{k}} \frac{\hbar\omega_{\boldsymbol{k}}}{2\epsilon_0 V} \bar{n}_{\boldsymbol{k}} e^{i\omega_{\boldsymbol{k}}\tau}\end{aligned} \tag{3.19}$$

ここで，$\tau \equiv t_1 - t_2 - \boldsymbol{k}\cdot(\boldsymbol{r}_1 - \boldsymbol{r}_2)/\omega_{\boldsymbol{k}}$．この結果を，$g_{12}{}^{(1)}$ の表式(3.4)の分母・分子に代入すると，

$$g_{12}{}^{(1)} = \frac{\left|\sum_{\boldsymbol{k}} \bar{n}_{\boldsymbol{k}}\omega_{\boldsymbol{k}} \exp(i\omega_{\boldsymbol{k}}\tau)\right|}{\sum_{\boldsymbol{k}} \bar{n}_{\boldsymbol{k}}\omega_{\boldsymbol{k}}} \tag{3.20}$$

ここで，(3.17)の Bose 分布に従う光子ビームにフィルターをかけて，半値幅 2γ の Lorentz 型の振動数分布

$$\bar{n}_{\boldsymbol{k}}\omega_{\boldsymbol{k}} \propto \frac{\gamma}{(\omega_0 - \omega_{\boldsymbol{k}})^2 + \gamma^2} \tag{3.21}$$

を取り出す．この分布関数を $g_{12}{}^{(1)}$ の表式(3.20)に代入し，$\boldsymbol{k}$ についての和を積分でおきかえ，$\omega_0 \gg \gamma$ の近似を行なうと

$$g_{12}^{(1)} = \exp(-\gamma|\tau|) \tag{3.22}$$

と計算できる．また光子ビームのうち次の Gauss 型の振動数分布

$$\bar{n}_{\boldsymbol{k}}\,\omega_{\boldsymbol{k}} \propto \exp\left[-\frac{(\omega_{\boldsymbol{k}}-\omega_0)^2}{2\delta^2}\right] \tag{3.23}$$

をもつ部分を取り出すときには，やはりこれを(3.20)に代入し，同様の計算を行なうと

$$g_{12}^{(1)} = \exp\left(-\frac{1}{2}\delta^2\tau^2\right) \tag{3.24}$$

となる．1次のコヒーレンスの度合 $g_{12}^{(1)}$ を $\tau \equiv t_1 - t_2 - \boldsymbol{k}\cdot(\boldsymbol{r}_1 - \boldsymbol{r}_2)/\omega_{\boldsymbol{k}}$ の関数として図 3-3 に示す．

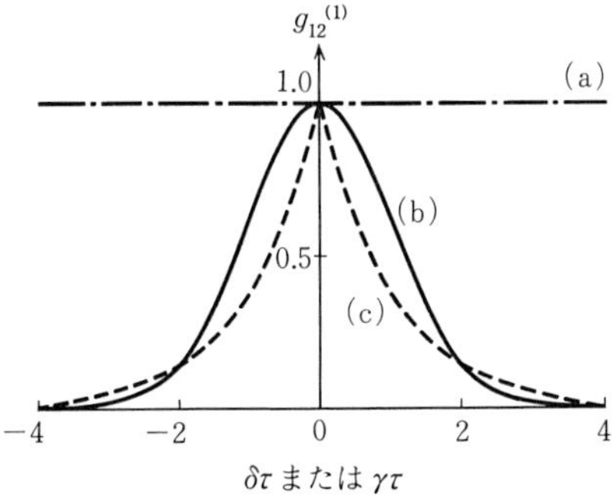

図 3-3　1次のコヒーレンスの度合 $g_{12}^{(1)}(\tau)$ を (a) 古典的安定波，(b) 根平均2乗幅 δ の Gauss 型振動数分布をもつカオティック光，(c) 半値幅 2γ の Lorentz 型振動数分布をもつカオティック光に対して $\tau \equiv t_1 - t_2 - (z_1 - z_2)/c$ の関数として示す．また $z_i \equiv \boldsymbol{k}\cdot\boldsymbol{r}_i/|\boldsymbol{k}|$．

2次のコヒーレンスの度合 $g_{12}^{(2)}$ ((3.6)式)を計算しよう．電場を基準モードの Fourier 和で表わす．

$$\hat{\boldsymbol{E}}^{+}(\boldsymbol{r}t) = \sum_{\boldsymbol{k}} \hat{\boldsymbol{E}}_{\boldsymbol{k}}^{+} e^{i\boldsymbol{k}\cdot\boldsymbol{r}-i\omega_{\boldsymbol{k}}t} \tag{3.25}$$

これを $g_{12}^{(2)}$ の表式(3.6)の分子に代入すると，

$$\begin{aligned}
&\langle \hat{\boldsymbol{E}}^{-}(\boldsymbol{r}_1 t_1)\hat{\boldsymbol{E}}^{-}(\boldsymbol{r}_2 t_2)\hat{\boldsymbol{E}}^{+}(\boldsymbol{r}_2 t_2)\hat{\boldsymbol{E}}^{+}(\boldsymbol{r}_1 t_1)\rangle \\
&= \sum_{\boldsymbol{k}_1\boldsymbol{k}_2\boldsymbol{k}_3\boldsymbol{k}_4} \langle \hat{\boldsymbol{E}}_{\boldsymbol{k}_1}^{-}\hat{\boldsymbol{E}}_{\boldsymbol{k}_2}^{-}\hat{\boldsymbol{E}}_{\boldsymbol{k}_3}^{+}\hat{\boldsymbol{E}}_{\boldsymbol{k}_4}^{+}\rangle \exp[i(-\boldsymbol{k}_1\cdot\boldsymbol{r}_1 + i\omega_1 t_1 \\
&\quad -i\boldsymbol{k}_2\cdot\boldsymbol{r}_2 + i\omega_2 t_2 + i\boldsymbol{k}_3\cdot\boldsymbol{r}_2 - i\omega_3 t_2 + i\boldsymbol{k}_4\cdot\boldsymbol{r}_1 - i\omega_4 t_1)]
\end{aligned} \tag{3.26}$$

ここで，任意の電場演算子 X に対して

$$\langle X\rangle = \sum_{\boldsymbol{k}} \sum_{\{n_{\boldsymbol{k}}\}} P_{\{n_{\boldsymbol{k}}\}} |\{n_{\boldsymbol{k}}\}\rangle\langle\{n_{\boldsymbol{k}}\}| X \qquad (3.27)$$

であるので，(3.26)に有限の寄与を与えるのは，

$$(\boldsymbol{k}_1 = \boldsymbol{k}_3,\ \boldsymbol{k}_2 = \boldsymbol{k}_4) \quad \text{か} \quad (\boldsymbol{k}_1 = \boldsymbol{k}_4,\ \boldsymbol{k}_2 = \boldsymbol{k}_3)$$

の2つの場合である．後者では(3.26)の位相因子は1，前者では $\exp(i\omega_1\tau)\cdot\exp(-i\omega_2\tau)$ の位相因子をもつので，2次のコヒーレンスの度合 $g_{12}{}^{(2)}$ は

$$g_{12}{}^{(2)} = \frac{\left|\sum_{\boldsymbol{k}} \bar{n}_{\boldsymbol{k}}\omega_{\boldsymbol{k}} \exp(i\omega_{\boldsymbol{k}}\tau)\right|^2}{\left(\sum_{\boldsymbol{k}} \bar{n}_{\boldsymbol{k}}\omega_{\boldsymbol{k}}\right)^2} + 1 = (g_{12}{}^{(1)})^2 + 1 \qquad (3.28)$$

これは1-4節でのべたように，熱輻射の2次のコヒーレンスは $\tau=0$ で $g_{12}{}^{(2)}=2$ となり**バンチング**を示していることが確認できた．すなわち，熱輻射光の場合には，時刻 t_1 で1光子を観測するとき，τ だけ後の $t_2=t_1+\tau$ に他の光子を観測する確率 $g_{12}{}^{(2)}(\tau)$ が，$\tau<\tau_c$ のときには1より大きいことを意味する．すなわち，光子は τ_c の内で束になって飛来する傾向がある．他方，a) 項でのべたように，コヒーレント光は $g_{12}{}^{(1)}=1$，$g_{12}{}^{(2)}=1$，…，$g^{(n)}=1$ となる．

これら2次のコヒーレンスの度合 $g_{12}{}^{(2)}$ をレーザー光と Gauss 型の振動数分布をもつ光に対して測定した実験を紹介しよう．Hanbury-Brown と Twiss の実験のように，時間 τ だけ離れた2つの短い観測時間 δt_1 および δt_2 内に計数される光子の数 m_1 と m_2 の間の相関を測定する．2つの時間 δt_1，δt_2 が等しい長さで，かつ τ およびコヒーレンス時間 τ_c に比べて短ければ，$\langle m_1 m_2\rangle$ という相関は，同一位置ではあるが，異なる時刻における光の2次のコヒーレンスの度合 $g_{12}{}^{(2)}$ (3.6)を与える．すなわち，短い観測時間 $\delta t_1=\delta t_2$ の間に計数される光子の平均数を $\bar{m}$ とすると，

$$g_{12}{}^{(2)}(\tau) = \frac{\langle m_1 m_2\rangle}{\bar{m}^2} \qquad (3.29)$$

Arecchi らは，レーザーの単色光に対しては a) 項の結果と一致して $g_{12}{}^{(2)}(\tau)=1$ を図3-4に示すように観測した．次に，このレーザー光を回転するすりガラスに通すことによって，Gauss 型の振動数分布をもつ光源を得る．この光

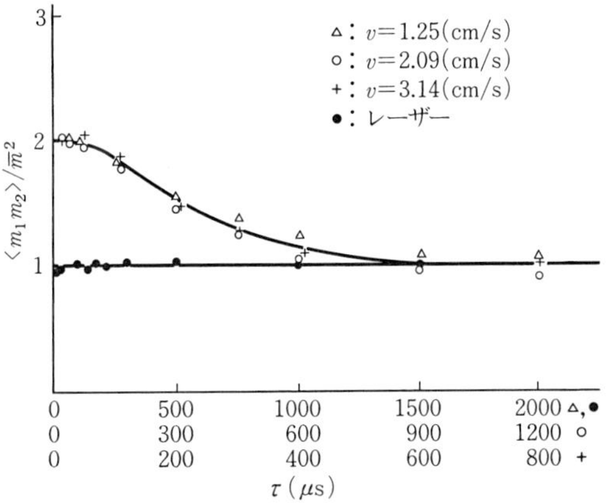

図 3-4 2次のコヒーレンスの度合 $g_{12}^{(2)}(\tau)=\langle m_1 m_2\rangle/\bar{m}^2$ を，レーザー光とカオティックな光に対して，時間差 τ の関数として示す．●印はレーザー光，それ以外の点は，すりガラスを図中の移動速度 v になるよう回転させて生じたカオティックな光を用いた相関関数の測定値．実線は理論曲線（F. T. Arecchi, E. Gatti and A. Sona: Phys. Lett. **20** (1966) 27 による）．

に対する2次のコヒーレンスの度合 $g_{12}^{(2)}(\tau)$ を測定すると，やはり図 3-4 に示されているように，$\tau \ll \tau_c$ では $g_{12}^{(2)}(\tau)\to 2$ に，逆に，$\tau \gg \tau_c$ では $g_{12}^{(2)}(\tau)\to 1$ に漸近する様子が理論結果とよい一致をもって得られた．

3次以上のコヒーレンスの度合はどのような物理現象で遭遇するのであろうか．たとえば，第6章の非線形光学応答で記述する3倍高調波の発生を考えよう．これは光ビームから3個の光子の同時吸収に伴って，その入射ビームの3倍高調波の光子1個を放出する過程である．この割合は入射ビームの**3次のコヒーレンスの度合** $g^{(3)}$ に比例して起きる．したがって，**3倍高調波**の強度は入射ビームの3次のコヒーレンスの度合を与える．

c) 光子数状態とアンチバンチング

単一モード $\hbar\omega$ の光子数固有状態 $|n\rangle$ では，(3.4)と(3.6)に対して，

$$\langle \boldsymbol{E}^*(\boldsymbol{r}_1 t_1)\boldsymbol{E}(\boldsymbol{r}_2 t_2)\rangle = \langle n|\boldsymbol{E}^*(\boldsymbol{r}_1 t_1)\boldsymbol{E}(\boldsymbol{r}_2 t_2)|n\rangle = \frac{\hbar\omega}{2\epsilon_0 V} n \exp(i\omega\tau) \tag{3.30}$$

$$\langle n|\boldsymbol{E}^*(\boldsymbol{r}_1 t_1)\boldsymbol{E}^*(\boldsymbol{r}_2 t_2)\boldsymbol{E}(\boldsymbol{r}_2 t_2)\boldsymbol{E}(\boldsymbol{r}_1 t_1)|n\rangle = \left(\frac{\hbar\omega}{2\epsilon_0 V}\right)^2 n(n-1) \tag{3.31}$$

これらの結果を $g_{12}^{(1)}$ と $g_{12}^{(2)}$ の表式(3.4)と(3.6)に代入すると，

$$g_{12}^{(1)}=1,\qquad g_{12}^{(2)}=\frac{n-1}{n}=1-\frac{1}{n}\qquad (n\geqq 1)$$
$$\qquad\qquad\qquad =0 \qquad\qquad\qquad (n=0) \tag{3.32}$$

となる．もし，明確な光子数をもった光ビームが用意され，この光ビームを用いて，Hanbury-Brown と Twiss の実験を行なうならば，$g_{12}^{(2)}-1=-1/n<0$ の相関が記録されることになる．これが光の**アンチバンチング**であり，量子力学特有な現象である．また，これは1-4節でのべた**光子数スクイーズド状態**の1つの現われである．すなわち，光子数スクイーズド状態では，1つの光子がある時刻 t_1 で観測されると，その後 τ_c 以内の間には他の光子は飛来しにくいという性質をもつ．

一般に任意の単一モードの光ビームに対しては，電場の相関関数(3.30)と(3.31)に現われる n と $n(n-1)$ をその状態での期待値 $\bar{n}$ と $(\overline{n^2}-\bar{n})$ でおきかえられるので，

$$g_{12}^{(1)}=1,\qquad g_{12}^{(2)}=\frac{\overline{n^2}-\bar{n}}{\bar{n}^2} \tag{3.33}$$

となることがわかる．次節でのべるように，光子数の Poisson 分布では，光子数の分散は $(\Delta n)^2\equiv\overline{n^2}-\bar{n}^2=\bar{n}$ となるので(3.33)より，$g_{12}^{(2)}-1=0$ となる．他方，Poisson 分布よりも光子数に関して広い分布をもつ**スーパー Poisson 分布**では，光子数の分散は $(\Delta n)^2\equiv\overline{n^2}-\bar{n}^2>\bar{n}$ であるので，$g_{12}^{(2)}-1>0$，また，Poisson 分布よりも光子数についての狭い分布である**サブ Poisson 分布**では，$(\Delta n)^2\equiv\overline{n^2}-\bar{n}^2<\bar{n}$ で，$g_{12}^{(2)}-1<0$ である．これが光子数スクイーズド状態であり，コヒーレント状態が $g_{12}^{(2)}-1=0$ と，バンチング状態とアンチバンチング状態の境界をなしていることがわかる．

3-2 光子計数分布

観測時間 T の間に計数される光子の数 m の統計的な分布 $P_m(T)$ が，**光子計数分布**である．本節においては，光源のどのような情報が，光子計数の結果に

反映されるかを調べよう．

光ビームを光電管に入射し，光電子放射を起こさせて，入射した光子の数を計測することができる．光電管の前面のシャッターを時間 T だけ開いて，計数した光子数 m を記録する．この実験を繰り返し行なって，確率分布 $P_m(T)$ を求める．測定される光ビームは定常的であると仮定する．光電子放出の割合はビーム強度 $I(t)$ に比例し，このビーム強度は量子論的な電場演算子(3.7)の2つの積 $\hat{\boldsymbol{E}}^{-}\hat{\boldsymbol{E}}^{+}$ の平均値によって決まる．ここでは電磁場の入射強度として周期平均をとった古典的強度 $I(t)$ を用いる．光ビームが光電管中の原子に電子を放出させる確率を $p(t)dt$ とすると，光電子を t と $t+dt$ の間に $p(t)dt$ だけ計数する．dt は，光電子放射の遷移確率の理論があてはまるほど十分長いが，その間に2つ以上の原子からの光電子が到達する確率は無視できるほど十分短いと仮定すると，$p(t)$ は光ビームの強度 $I(t)$ に比例するので，

$$p(t)dt = \zeta I(t)dt \tag{3.34}$$

と書ける．ここで，ζ は，光電管の効率を表わし，光電子放射の行列要素，光電管中のイオン化しうる原子密度などに依存する量である．

t から $t+T$ までの時間内に m 個の光子が計数される確率を $P_m(t, T)$ としよう．求める量 $P_m(T)$ は，$P_m(t, T)$ を測定開始時間 t について平均をとることによって求まる．$t+t'$ を図3-5に示すように，t と $t+T$ の間の時刻に選ぶ．m 個の光子が t と $t+t'+dt'$ の間に計数される確率は定義によって

$$P_m(t, t'+dt') \tag{3.35}$$

と書ける．ところで，この確率は次の2つの寄与の和よりなる．(1) m 個の光子が t と $t+t'$ の間で計数され，次の dt' の間には計数がない確率

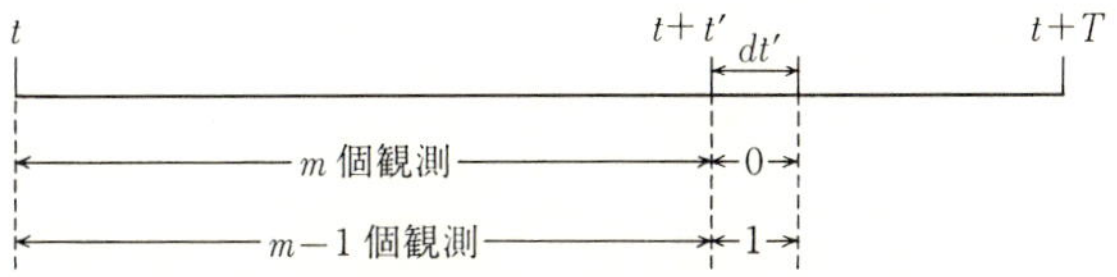

図3-5 光子計数関数 $P_m(t, T)$ を求めるための図．t から $t+t'+dt'$ までに m 個の光子を観測する確率を求める．

$$P_m(t, t')\{1-p(t')dt'\} \tag{3.36}$$

と，(2) $m-1$ 個の光子が t と $t+t'$ の間で計数され，他の 1 個の光子が次の dt' の間に計数される確率

$$P_{m-1}(t, t')p(t')dt' \tag{3.37}$$

とである．dt' の間に 2 個以上の光子が計数される確率は無視できるとする．(3.35)は(3.36)と(3.37)の和に等しいとし，dt' について展開すると，

$$\frac{dP_m(t, t')}{dt'} = \zeta I(t')\{P_{m-1}(t, t')-P_m(t, t')\} \tag{3.38}$$

すなわち，異なる m の値に対する確率 $P_m(t, t')$ は一連の微分方程式の鎖で結ばれている．

その鎖の最初の方程式は，$m=0$ で，P_{m-1} の項はないので，

$$\frac{dP_0(t, t')}{dt'} = -\zeta I(t')P_0(t, t') \tag{3.39}$$

光子が 1 つも観測されない確率 $P_0(t, t')$ は，時間間隔 $t'=0$ では当然 1 つも観測されるべきでないので，初期条件

$$P_0(t, 0) = 1 \tag{3.40}$$

を与える．初期条件(3.40)を用いて，(3.39)を解くと

$$P_0(t, T) = \exp\left[-\zeta\int_t^{t+T} I(t')\,dt'\right] \tag{3.41}$$

ここで，$I(t, T) \equiv \int_t^{t+T} I(t')\,dt'/T$ を導入し，初期条件 $P_m(t, 0)=0$ ($m \neq 0$) を用いて，微分方程式(3.38)を解くと，

$$P_m(t, T) = \frac{\{\zeta I(t, T)T\}^m}{m!}\exp\{-\zeta I(t, T)T\} \tag{3.42}$$

この結果は数学的帰納法によっても証明できる．

測定開始時刻 t での平均は統計的集団平均でもおきかえられるので

$$P_m(T) \equiv \langle P_m(t, T)\rangle = \left\langle\frac{\{\zeta I(t, T)T\}^m}{m!}\exp\{-\zeta I(t, T)T\}\right\rangle \tag{3.43}$$

入射光強度 $I(t)$ が時刻 t に依存しないときには，$I(t, T)$ も t と T に独立な

定数となる．その結果，光子計数分布 $P_m(T)$ は，$\bar{m}=\zeta I(t,T)T$ を定数とおいて，

$$P_m(T) = \frac{\bar{m}^m}{m!}\exp(-\bar{m}) \tag{3.44}$$

なる Poisson 分布となる．このとき，分布の平均値 $\bar{m}$ のまわりの光子計数のゆらぎの大きさは，分布の標準偏差 $\varDelta m$ あるいは分散 $(\varDelta m)^2$ によって与えられる．Poisson 分布(3.44)の分散は，$(\varDelta m)^2=\bar{m}$ となる．これは，**粒子ゆらぎ**とよばれ，光ビームから光子のエネルギーの整数倍でしかエネルギーを取り出せないことからきている．古典的な電磁波，あるいは量子力学的コヒーレント状態の光もこの分布に従う．

コヒーレント光の対極にあるのがカオティック光である．気体放電ランプや熱空洞とフィラメントからの光がその例で，ランダムな電場振幅と位相の変調をうけている．スペクトルの Doppler 広がりや衝突による広がりが不規則なゆらぎの時間尺度を決める．この特有の時間を，光ビームのコヒーレンス時間 τ_c とよび，大きさはビームの振動数の広がりの逆数程度である．熱輻射では平均振動数にほぼ等しい振動数の広がりをもつが，気体放電ランプなどでは振動数の広がりは平均振動数に比べて小さい．しかし，これらの光源から出た光ビームが，同じような統計的特徴をもつカオティック光である．この熱輻射に対して，そのコヒーレンス時間 τ_c に比して十分長い観測時間 T $(T\gg\tau_c)$ の下では，$I(t,T)$ は t に依存しなくなり，Poisson 分布(3.44)に従う．

逆に，カオティック光の光子計数を，計数時間 T がコヒーレンス時間 τ_c に比べて短い場合$(T\ll\tau_c)$について考えよう．このとき，瞬間強度 $I(t)$ は 1 つの計数時間内では事実上定数と考えられるので，$I(t,T)=I(t)$ $(T\ll\tau_c)$ と近似できる．他方，カオティック光の瞬間強度は確率分布

$$p[I(t)] = \frac{1}{I}\exp\left[-\frac{I(t)}{I}\right]$$

をもつ．ここで I は平均入射強度であり，この確率分布はランダムな電場振幅と位相変調を確率過程の理論に適用して求められる．

定常光源に対してエルゴード仮説を用いると，光子計数分布 $P_m(T)$ は次の確率分布での平均でおきかえられる．

$$P_m(T) = \frac{1}{I}\int dI(t)\exp\left[-\frac{I(t)}{I}\right]\frac{\{\zeta I(t)T\}^m}{m!}\exp[-\zeta I(t)T] \qquad (3.45\text{a})$$

$$= \frac{\bar{m}^m}{(1+\bar{m})^{m+1}} \qquad (3.45\text{b})$$

ただし，$\bar{m}=\zeta IT$．これは熱輻射をフィルターで選びだした単一モードに対する光子分布と同じであるが，単一モードとは限らず，どのようなカオティックな光にも $T\ll\tau_c$ の範囲であてはまる結果である．

一般の光の状態に対しては，分布の分散は，

$$(\varDelta m)^2 = \sum_{m=0}^{\infty} m^2P_m(T)-\left\{\sum_{m=0}^{\infty} mP_m(T)\right\}^2 \qquad (3.46\text{a})$$

$$= \bar{m}+\zeta^2T^2\{\langle I(t)^2\rangle - I^2\} \qquad (3.46\text{b})$$

と書ける．ここで，(3.45a)を用いると

$$\bar{m} = \sum_{m=0}^{\infty} mP_m(T) = \langle \xi I(t)T\rangle = \xi IT$$

$$\overline{m^2} = \sum_{m=0}^{\infty} m^2P_m(T) = \langle\{\xi I(t)T\}^2\rangle + \langle \xi I(t)T\rangle$$

が得られ，これを(3.46a)に代入して(3.46b)を得た．第1項は，Poisson 分布のときに特有の**粒子ゆらぎ**であるのに対し，第2項は，瞬間強度の不規則な変化から生じる**波動ゆらぎ**として知られているものである．

光子計数分布の量子力学的な表現は，Kelley と Kleiner によって導かれ，(3.43)の古典的記述に対応して，

$$P_m(T) = \mathrm{Tr}\left[\rho \mathrm{N}\frac{\{\zeta \hat{I}(T)T\}^m}{m!}\exp\{-\zeta\hat{I}(T)T\}\right] \qquad (3.47)$$

ここで，

$$\hat{I}(T) = \frac{1}{T}\int_0^T 2\epsilon_0 c\hat{\boldsymbol{E}}^-(\boldsymbol{r}t)\hat{\boldsymbol{E}}^+(\boldsymbol{r}t)\,dt \qquad (3.48)$$

であり，$\boldsymbol{r}$ は検知器の位置ベクトル，N はその右側にある電場演算子 $\hat{\boldsymbol{E}}^-$ と $\hat{\boldsymbol{E}}^+$ をノーマルオーダーに配列することを指示する演算子である．これは検出過程が光子の消滅を伴って行なわれることの現われである．光子計数分布のこの量子力学的表現(3.47)を用いて，いろいろの場合の分布を求めよう．

コヒーレント状態 $|\{\alpha_{\boldsymbol{k}}\}\rangle$ に対する計算では，$\hat{\boldsymbol{E}}^+(\boldsymbol{r}t)$ はその固有値(3.11)で，また $\hat{\boldsymbol{E}}^-(\boldsymbol{r}t)$ はその複素共役でおきかえることができるので，(3.44)と同じ Poisson 分布を与える．次に光ビームが単一モードでできている場合を考える．そのとき，$\hat{\boldsymbol{E}}^-(\boldsymbol{r}_1t_1)\hat{\boldsymbol{E}}^+(\boldsymbol{r}_1t_1)=(\hbar\omega/2\epsilon_0V)\hat{n}$ とおけるので，光子計数分布(3.47)は次のような簡単な表現になる．

$$P_m(T) = \mathrm{Tr}\left\{\rho\mathrm{N}\frac{(\xi\hat{a}^\dagger\hat{a})^m}{m!}\exp(-\xi\hat{a}^\dagger\hat{a})\right\} \tag{3.49}$$

ここで，$\xi=\zeta c\hbar\omega T/V$ で，検知器の効率の 1 つの尺度を示し，検知器の量子効率とよぶ．まず，密度演算子 ρ を光子数状態 $|n\rangle$ で展開する．

$$\rho = \sum_{n=0}^{\infty} P_n|n\rangle\langle n| \tag{3.50}$$

これを(3.49)に代入し，$\exp(-\xi\hat{a}^\dagger\hat{a})$ を展開し，N によってノーマルオーダーに配列すると，次の表式を得る．

$$\begin{aligned} P_m(T) &= \sum_{n=0}^{\infty} P_n\frac{\xi^m}{m!}\langle n|\sum_{l=0}^{\infty}(-1)^l\frac{\xi^l}{l!}(\hat{a}^\dagger)^{m+l}\hat{a}^{m+l}|n\rangle \\ &= \sum_{n=0}^{\infty} P_n\frac{\xi^m}{m!}\sum_{l=0}^{n-m}(-1)^l\frac{\xi^l}{l!}\frac{n!}{(n-m-l)!} \\ &= \sum_{n=m}^{\infty} P_n\frac{n!}{m!(n-m)!}\xi^m(1-\xi)^{n-m} \end{aligned} \tag{3.51}$$

各項は 2 項分布に従い，次のような物理的な意味をもつ．計数時間 T の間に光子が検知される確率が ξ である場合に，m 個の光子が計数される確率は $(\xi)^m$ で，$n-m$ 個の光子が検知をまぬがれる確率は $(1-\xi)^{n-m}$ である．また ${}_nC_m=n!/\{m!(n-m)!\}$ の因子は n 個のうちどの m 個の光子が計数されるかは問わないことよりきている．

単一モードのコヒーレント光 $|\alpha\rangle$ を考えると，$|\alpha|^2=\bar{n}$ として，

$$P_n = \langle n|\rho|n\rangle = \frac{|\alpha|^{2n}}{n!}\exp(-|\alpha|^2) = \frac{\bar{n}^n}{n!}\exp(-\bar{n}) \tag{3.52}$$

これを(3.51)に代入すると

$$\begin{aligned} P_m(T) &= \sum_{n=m}^{\infty}\frac{\bar{n}^n}{n!}e^{-\bar{n}}\frac{n!}{m!(n-m)!}\xi^m(1-\xi)^{n-m} \\ &= \frac{(\xi\bar{n})^m}{m!}\exp(-\bar{n})\left[\sum_{n=m}^{\infty}\frac{\{\bar{n}(1-\xi)\}^{n-m}}{(n-m)!}\right] \\ &= \frac{(\xi\bar{n})^m}{m!}\exp(-\xi\bar{n}) \end{aligned} \tag{3.53}$$

すなわち，この場合も平均値 $\xi\bar{n}$ の Poisson 分布となる．

熱輻射などカオティックな光にフィルターをかけて得られる単一モードの光ビームに対しては，光子数状態 $|n\rangle$ での対角行列要素 P_n は，(3.16)からもわかるように，$\bar{n}\equiv\sum_{n=0}^{\infty}nP_n$ を用いて，

$$P_n = \frac{\bar{n}^n}{(1+\bar{n})^{1+n}} \tag{3.54}$$

これを(3.51)の $P_m(T)$ の表式に代入すると，

$$\begin{aligned} P_m(T) &= \sum_{n=m}^{\infty}\frac{\bar{n}^n}{(1+\bar{n})^{1+n}}\frac{n!}{m!(n-m)!}\xi^m(1-\xi)^{n-m} \\ &= \frac{(\xi\bar{n})^m}{(1+\bar{n})^{m+1}}\sum_{n=m}^{\infty}\left\{\frac{\bar{n}(1-\xi)}{1+\bar{n}}\right\}^{n-m}\frac{n!}{m!(n-m)!} \end{aligned} \tag{3.55}$$

ここで，公式

$$\frac{1}{(1-x)^{p+1}} = \sum_{n=0}^{\infty}\frac{(n+p)!}{n!p!}x^n \tag{3.56}$$

において，$x=1-(1+\xi\bar{n})/(1+\bar{n})$ を代入すると，(3.55)は次のようにまとめられる．

$$P_m(T) = \frac{(\xi\bar{n})^m}{(1+\xi\bar{n})^{1+m}} \tag{3.57}$$

この場合も，平均数 $\xi\bar{n}$ をもつ(3.54)と同型の分布をもつことがわかった．

計数時間 T がコヒーレンス時間 τ_c と同じ程度の場合には，光子計数分布は

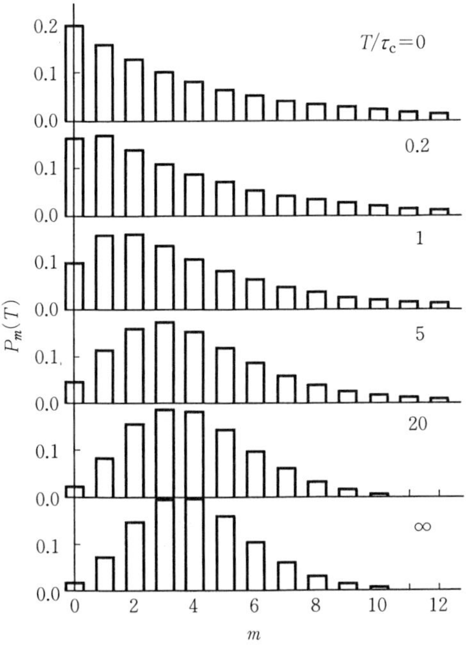

図 3-6 カオティック光の光子計数分布 $P_m(T)$．$T/\tau_c=0$ の $P_m(T)=\{\bar{m}/(1+\bar{m})\}^m$ から，$T/\tau_c\to\infty$ で Poisson 分布への移り変わりを $\bar{m}=4$ のときにみる(E. Jakeman and E. R. Pike: J. Phys. A **136** (1968) 316 による)．

τ_c に敏感である．図 3-6 に示すように，$T\ll\tau_c$ の(3.45)の分布から，$T\gg\tau_c$ の Poisson 分布(3.44)にのり移って行く様子がわかる．カオティックな光の $P_m(T)$ の測定と理論曲線とを比較して，コヒーレンス時間 τ_c を決めることができる．回折格子を使う分光法では，10^{10} Hz またはそれ以上の幅のスペクトル線を分解でき，Fabry-Pérot 干渉分光法では，10^7 Hz から 10^{12} Hz の範囲にある幅をもったスペクトル線に対して使用される．

本節で紹介した強度ゆらぎ分光法では，最短の計数時間 T は検知器の分解時間によって制限をうける．最も速いものは 10^{-9} s 程度の分解能をもつので，コヒーレンス時間 τ_c は 10^8 Hz より低い範囲の $2\gamma=\tau_c{}^{-1}$ の線幅に対して観測可能となる．これは，スペクトル分解で決まる線幅と相補的な手段となることがわかる．

4 レーザー発振

レーザー光は，**高い輝度**をもつ上に，**単色性**と**指向性**に優れた光源であり，時間的および空間的にも**干渉性**の高い，すなわち，コヒーレントな光である．レーザー光は，注目する2準位間で高エネルギー準位の分布が低エネルギー側よりも多く分布するという**反転分布**のもとで，電磁波の誘導放射により，注目するモードを増幅・発振させて得られる．4-1節では，物質系を2準位の集まりとしてモデル化し，共振器中の電磁波モードが2準位系の反転分布と相互作用する結果，増幅・発振する様子を記述する．発振モードの光子数が，2準位系の反転分布の関数として2次相転移的に増大する様子がわかる．また，レーザー発振のしきい値の上下で，その光子の統計的性質を調べ，第3章で得られた結果から，いかにカオティックな光からコヒーレントな光に変化するかを理解できる．しきい値の上では，発振モードの光子数が飛躍的に増大することより，レーザー光の第1の性質である輝度の高さの背景が理解できる．4-2節では，レーザー光の位相ゆらぎを論じる．発振モードの光子数$\bar{n}$が1より圧倒的に大きいコヒーレント状態では，位相ゆらぎによる位相の拡散はきわめて遅いことがわかる．位相の拡散係数がレーザー光のスペクトル幅を決めるが，位相拡散時間を60 s以上にもでき，そのときにはそれより短い時間内では位相も一定の古典的理想波としてふるまうことがわかる．これから，レーザー光の第2，第3の性質である単色性と高い指向性も説明される．4-3節では，現実のレーザーとして，レーザー発振がはじめて実現された**ルビーレーザー**と，周波数可変固体レーザーとして最近注目されている**Ti:サファイア**と**アレキサンドライト**のレーザーを解説する．

4-1 レーザー光と統計的性質

レーザーは，その強度が大きいばかりでなく，時間的および空間的にコヒーレントな光源である．そのことは，Fourier変換すればわかるように，単色性と指向性にすぐれた光であることを示している．本節では，第1に，原子系と輻射場の間の相互作用の結果，このようなレーザー光がどのようなからくりで発振するのかを明らかにする．第2に，このレーザー発振から得られる光はどのような統計的性質を示すのかも調べたい．すなわち，第1章でのべたコヒーレント状態に，ポンピングを増すとともにいかに接近していくかを知りたい．また，このレーザー光が第3章で紹介したどのような光子数統計を示すのか，またどのような光子相関を示すかも知りたい．

2準位電子系と電磁波との相互作用は，第2章で学んだように3つの素過程をひきおこす．これを図4-1に示す．ある1つのモードを選び，その電磁波のモードによって励起準位 b にある電子が誘導放射を伴って電子準位 a に落ちつつ，そのモードの電磁波が増幅される．この図4-1(c)の過程が(a)の自然放射と(b)の光吸収に打ち勝つとき，その電磁波モードが発振する．この事実

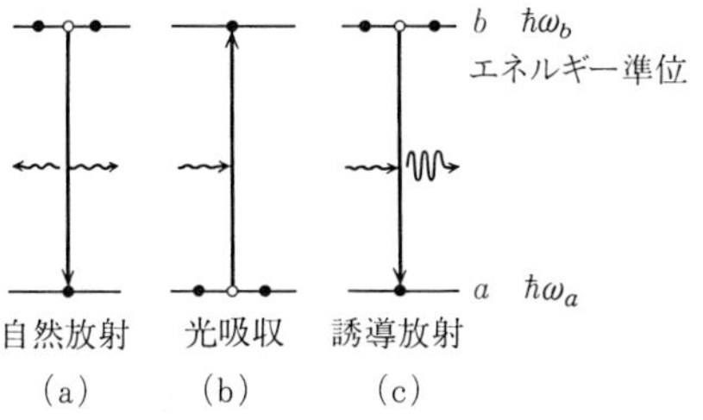

図4-1 エネルギー準位 a, b とその間の電子遷移に伴う電磁波の(a)自然放射，(b)光吸収，(c)誘導放射．

を配慮して，Light Amplification by Stimulated Emission of Radiation の頭文字をあつめたのが LASER(レーザー)である．

まず，誘導放射が光吸収に勝つために，図 4-1 のエネルギー準位 a, b 間に電子分布の反転を形成せねばならない．すなわち，熱平衡状態においては原子系は低エネルギー準位 a により多く分布している(図 4-1(b))．そのときには光吸収が誘導放射に打ち勝つ．逆に，高エネルギー準位 b により多く分布をもつという**反転分布**を実現できれば，誘導放射の方が強く起こる．

さて，この反転分布を作る過程にはいろいろあるが，図 4-2 の 3 準位原子系で基底準位 c にある電子を高エネルギー準位 b に光励起し続けるのが 1 つの方法であって，こうすれば準位 a と b の間では図 4-1(c)に示した反転分布が実現できる．そこで，エネルギー差 $\hbar\omega_b-\hbar\omega_a\equiv\hbar\omega_{ba}$ に相当する電磁波に注目して，いかに，高エネルギー準位 b から a 準位への誘導放射を a と c 準位への自然放射に打ち勝たせるかが次の問題になる．

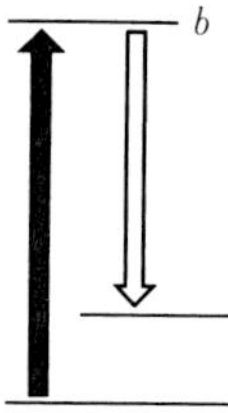

図 4-2 レーザー発振の 3 準位モデル．基底準位 c にある電子を励起準位 b にポンピングすることにより，準位 a, b 間で反転分布を得る．

第 2 章でのべた Einstein の A, B 係数を用いると，この条件は $B\rho(\omega)>A$ と書ける．ここで $\rho(\omega)$ は角周波数 ω の輻射場(電磁波)のエネルギー密度である．第 2 章 2-4 節でのべた通り，波長に比して十分大きな系では A, B は原子に固有な定数である*．したがって，$B\rho(\omega)>A$ をみたすためには，輻射場のエネルギー密度を上げる工夫が必要となる．そのため，上記の 3 準位系の特性をもつレーザー媒質を図 4-3(a)または(b)に示すような Fabry-Pérot 共振器

* 光の波長程度か，それ以下のサイズの共振器を考えると，自然放射の抑制や増強が起こり，A, B は原子固有な定数にはならない．このことは第 2 章 2-4 節“自然放射の抑制と増強”でみてきた．

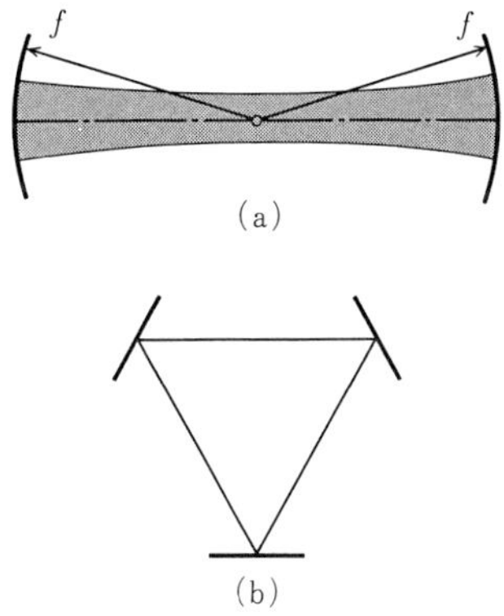

図 4-3 レーザー共振器の例.（a）2つの共焦点ミラーを用いたFabry-Pérot共振器と,（b）リング共振器. また, 鏡を4つ用いたリング共振器も用いられる.

かリング共振器の中に挿入する. そのとき, 誘導放射された注目する電磁波モードは, 高い反射率をもつ鏡で反射されレーザー媒質にフィードバックがかかり, この電磁波モードは共振器中に蓄積される. さらに, 周波数領域および波数ベクトル空間に一様に分布していた輻射モードは, 周波数領域でも離散化され, また指向性, すなわち, 波数ベクトルも選択されて少数の輻射モードに輻射エネルギーを集めることができる. その結果, そのモードへの誘導放射を有効に起こすことが可能になる. 具体的なレーザー媒質と, その発振例は4-3節で議論することにして, 本節では, そのレーザー発振の機構とレーザー光の特性を調べよう.

原子系と輻射場の間の非線形な相互作用の結果として, レーザー発振が可能となるので, 両系の運動を同時に追求せねばならない. 原子・分子ガスレーザー, 液体および固体レーザー共通に, レーザー媒質としては3準位電子系を考える. レーザーを駆動するのは, 外部からの励起状態 b への原子のポンピングである. 実際のポンピングは, 外部からの光ビームか電気放電を使って行なわれる. 定常的に準位 b に毎秒ポンピングされる割合を rN とする. ここで N は関与する全原子数である. 高い準位 b と低い準位 a にある原子数 N_b と N_a, および考えている電磁波モードの光子数 n の分布 P_n は, 電子・電磁波間の相互作用に加えて, ポンピングの割合 r とその電磁波モードの減衰率 C によって決まる. 1つの鏡面からレーザービームを定常的に透過率 T で取り出すと,

それによる減衰率 C は $C=(c/2L)T$ と与えられる．$2L$ は共振器の1往復の距離である．またレーザー媒質が発振周波数 ω で $\alpha(\omega)$ の吸収係数をもつときは，C に $\alpha(\omega)c$ の寄与が加算される．電子系の緩和定数は，準位 a および b から基底準位 c への自然放射の割合で，これは $2\gamma_a \doteqdot 2\gamma_b$ で $3\times10^7\,\mathrm{s}^{-1}$ のオーダーである．他方，ガスレーザーにおける光子の共振器中での損失の割合 C は $C\doteqdot10^6\,\mathrm{s}^{-1}$ のオーダーである．したがって，原子系(電子系)の緩和定数は，輻射場に比して1桁か2桁大きい．その結果，レーザー系を構成する原子部分の運動は，光子部分の運動に常に追随できる．すなわち，原子系と光子系との結合を断熱的に切り離すことが可能になる．したがって，計算を2段階に分けて行なうことができる．

まず第1段階として，定常的な光子数分布 P_n を仮定し，その輻射場での原子系の運動を求める．原子系自身の運動も密度行列の非対角成分 ρ_{ab}，ρ_{ba} に比例する電気分極と，対角成分 ρ_{aa} と ρ_{bb} の分布とに対する運動方程式よりなるが，それらは次のように書ける．

$$\dot{\rho}_{ba}=-(i\omega_{ba}+\gamma_{ba})\rho_{ba}-\frac{i}{\hbar}\mathcal{H}_{ba}'(t)(\rho_{bb}-\rho_{aa}) \tag{4.1a}$$

$$\dot{\rho}_{bb}=rP_n-\frac{i}{\hbar}(\mathcal{H}_{ba}'\rho_{ab}-\rho_{ba}\mathcal{H}_{ab}')-2\gamma_b\rho_{bb} \tag{4.1b}$$

$$\dot{\rho}_{aa}=\frac{i}{\hbar}(\rho_{ab}\mathcal{H}_{ba}'-\mathcal{H}_{ab}'\rho_{ba})-2\gamma_a\rho_{aa} \tag{4.1c}$$

ここで，$\mathcal{H}'$ は(2.12)の電子系と輻射場の1次の相互作用ハミルトニアンである．励起状態 b は rP_n の割合でポンピングされるとする．n は系の中の関与するモードの光子数である．一般に非対角成分 ρ_{ba} の横緩和定数 $\gamma_{ba}=1/T_2$ は，対角成分の縦緩和定数$(2\gamma_a, 2\gamma_b)$に比して3桁ほど大きい．したがって，非対角成分を断熱近似によって，

$$\rho_{ba}=\frac{\mathcal{H}_{ba}'(t)(\rho_{bb}-\rho_{aa})}{\hbar(\omega-\omega_{ba}+i\gamma_{ba})} \tag{4.2}$$

と求め，(4.1b)と(4.1c)に代入して，対角成分の運動にくり込むことができ

る．この第1段階で，光子数 n の関数として求めた原子系の分布 $R_n{}^a \equiv \rho_{aa}(n)$ と $R_n{}^b \equiv \rho_{bb}(n)$ を，光子系の運動方程式に代入して，光子系の分布 P_n を求めるのが第2段階である．光子の運動は，この原子との相互作用と共振器での光子の損失によって決まる．ここで，$R_n{}^a\,(R_n{}^b)$ は共振器中に，考えているモードの光子が n 個存在し，かつ1つの原子が状態 $a\,(b)$ にある確率である．したがって，$NR_n{}^a/P_n$ は n 個の光子が存在するときの状態 a にある平均の原子数である．光子数 n に関係なく，状態 $a\,(b)$ の電子状態にある確率は

$$\sum_n R_n{}^{a(b)} = \frac{N_{a(b)}}{N}$$

$R_n{}^b$ と $R_{n+1}{}^a$ の時間変化を追おう．この2つの状態はエネルギーがほぼ等しく，光子のやりとりで次のように結びつく．

$$\frac{dR_n{}^b}{dt} = rP_n - 2\gamma_b R_n{}^b + R_{n+1}{}^a g(n+1) - R_n{}^b g(n+1) \qquad (4.3\text{a})$$

$$\frac{dR_{n+1}{}^a}{dt} = -2\gamma_a R_{n+1}{}^a - R_{n+1}{}^a g(n+1) + R_n{}^b g(n+1) \qquad (4.3\text{b})$$

ここで，ポンピングは b 状態にいる原子数を rP_n の割合で増大することを意味する．また，g は，(4.2)において共鳴条件 $\omega_{ba}=\omega$ と，横緩和定数 γ_{ba} において純位相緩和を無視するときの表式 $\gamma_{ba}=\gamma_b+\gamma_a$ を用いると，(4.2)より次のように求められる．

$$g = \frac{e^2\omega_{ba}|\boldsymbol{r}_{ab}|^2}{3\epsilon_0 V\hbar(\gamma_a+\gamma_b)} \qquad (4.4)$$

ここで，分極方向の平均を(2.24)のようにとった．いま時間の長さを，縦緩和時間 $T_1 \equiv 1/\gamma_b$，$1/\gamma_a \sim 10^{-8}$ s に比して十分長いが，輻射モードの減衰時間 $\sim 10^{-6}$ s に比べると短くなるようにとると，その時間内では，原子系はその瞬間の光子分布と平衡にある．(4.3a),(4.3b)の右辺を0とおくことによって，次の準定常解を得る．

$$R_n{}^b = \frac{rP_n\{g(n+1)+2\gamma_a\}}{4\gamma_a\gamma_b + 2(\gamma_a+\gamma_b)g(n+1)} \qquad (4.5)$$

$$R_{n+1}{}^{a} = \frac{rP_n g(n+1)}{4\gamma_a\gamma_b + 2(\gamma_a+\gamma_b)g(n+1)} \qquad (4.6)$$

また，準定常状態では(4.3a)と(4.3b)との和から

$$rP_n = 2\gamma_b R_n{}^{b} + 2\gamma_a R_{n+1}{}^{a} \qquad (4.7)$$

さらに，n についての和をとると

$$rN = 2\gamma_b N_b + 2\gamma_a N_a \qquad (4.8)$$

となり，第3準位 c から b 準位に毎秒くみ上げる数 rN と，b 準位または a 準位から c 準位に減衰する割合とがつり合うように，N_a と N_b が決まることを意味している．ここで，$\beta \equiv 2\gamma_a\gamma_b/(\gamma_a+\gamma_b)g$ を導入する．$V=2\times10^{-5}\,\mathrm{m}^3$ の体積に $N=2\times10^{20}$ の原子総数が含まれる場合を想定し，注目する2準位間の遷移周波数 $\omega_{ba}\sim3\times10^{15}\,\mathrm{Hz}$ のときには $g\sim0.5\,\mathrm{s}^{-1}$ となり，$\beta\sim3\times10^{7}$ を得る．したがって，$\beta\gg n$ では(4.5)と(4.6)の分母で，第2項 $2(\gamma_a+\gamma_b)g(n+1)$ は第1項 $4\gamma_a\gamma_b$ に比して無視できるので，

$$R_n{}^{b} \doteqdot \frac{rP_n}{2\gamma_b} \qquad (n\ll\beta) \qquad (4.9)$$

$$R_{n+1}{}^{a} \doteqdot \frac{rP_n g(n+1)}{4\gamma_a\gamma_b} \doteqdot R_n{}^{b}\,\frac{g(n+1)}{2\gamma_a} \qquad (4.10)$$

逆に，$n\gg\beta$ では，

$$R_n{}^{b} \doteqdot R_{n+1}{}^{a} \doteqdot \frac{rP_n}{2(\gamma_a+\gamma_b)} \qquad (n\gg\beta) \qquad (4.11)$$

となり，原子系の a, b 準位の分布が等しくなり，飽和効果を表わす．

さて，第2段階の計算に移ろう．$R_n{}^{b}$ と $R_{n+1}{}^{a}$ の表式(4.5),(4.6)と光子数分布 P_n のはしご間のダイナミックスを表わす図4-4より，P_n のレート方程式は次式のようになる．

$$\frac{dP_n}{dt} = -\frac{A\beta P_n(n+1)}{\beta+n+1} + \frac{A\beta P_{n-1}n}{\beta+n} - CnP_n + C(n+1)P_{n+1} \qquad (4.12)$$

ここで，$A\equiv Nrg/2\gamma_b$．(4.12)の最後の2項は，$(n+1)$光子状態から1光子を失って n 光子状態になる割合 $C(n+1)P_{n+1}$ と，n 光子状態から $(n-1)$光子

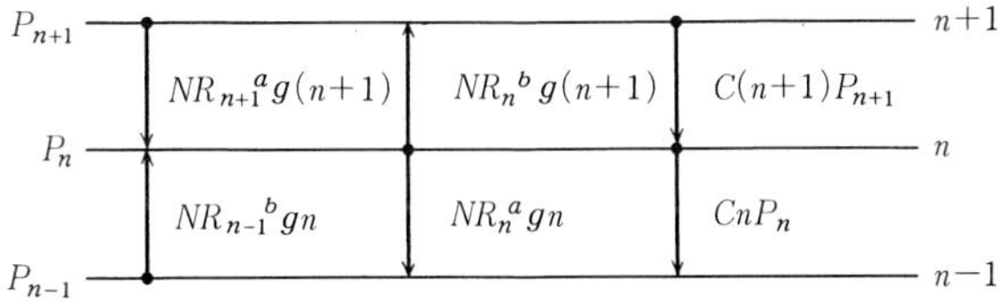

図 4-4 原子遷移と共振器の損失 C による，光子数分布 P_n の増減を表わす．R_n^a と R_n^b には(4.5),(4.6)の結果を代入する．

状態に遷移して P_n が減じる割合 $-CnP_n$ とよりなる．光子数分布 P_n の定常状態は(4.12)からも求まるが，図 4-4 における次のようなつり合いの式からより簡単に求められる．いま，図 4-4 の光子数のはしごで，n と $(n-1)$準位間でつり合いが成り立っているためには

$$NR_{n-1}{}^b gn - NR_n{}^a gn - CnP_n = 0 \tag{4.13}$$

ここに，$R_n{}^b$ と $R_{n+1}{}^a$ の表式(4.5),(4.6)を代入し，$A \equiv Nrg/2\gamma_b$ と $\beta \equiv 2\gamma_a\gamma_b/(\gamma_a+\gamma_b)g$ を用いると，次の漸化式が得られる．

$$P_n = \frac{A\beta}{C(n+\beta)}P_{n-1} = \left(\frac{A\beta}{C}\right)^n \frac{\beta!}{(n+\beta)!}P_0 \tag{4.14}$$

ここで，光子が共振器の中に存在しない確率 P_0 は，次の規格化条件より求められる．

$$\sum_n P_n = P_0 \sum_n \left(\frac{A\beta}{C}\right)^n \frac{\beta!}{(n+\beta)!} = 1 \tag{4.15}$$

この(4.15)の和は合流型超幾何関数 $F(a,b;x)$ を用いて書き表わせる．

$$F\left(1, 1+\beta; \frac{A\beta}{C}\right)P_0 = 1 \tag{4.16}$$

ここで，

$$F(a,b;x) = \sum_n \frac{(a+n-1)!(b-1)!}{(b+n-1)!(a-1)!}\frac{x^n}{n!} \tag{4.17}$$

したがって，

$$P_n = \left(\frac{A\beta}{C}\right)^n \frac{\beta!}{(n+\beta)!F(1, 1+\beta; A\beta/C)} \tag{4.18}$$

光子数分布 P_n を使ってレーザー発振を特徴づける量を求めることができる．第1に，考えている電磁波モードに属する光子数 $\bar{n}$ を，ポンピング rN の関数として求めることができる．

$$\bar{n} = \sum_{n=0}^{\infty} nP_n = \sum_{n=1}^{\infty}(n+\beta-\beta)\left(\frac{A\beta}{C}\right)^n \frac{\beta!}{(n+\beta)!}P_0 = \frac{A\beta}{C}-\beta(1-P_0) \tag{4.19}$$

ポンピングの割合 rN は，平均光子数 $\bar{n}$ の表式(4.19)には $A/C\equiv rNg/(2\gamma_b C)$ のかたちで入る．したがって，平均光子数 $\bar{n}$ を A/C の関数として，すなわち規格化されたポンピングの割合 rN の関数として，プロットすると，$\beta=3\times 10^7$ の場合には図4-5のように求められる．この図より，$A/C=1$ をしきい値として，平均光子数 $\bar{n}$ が極端に鋭く立ち上がることがわかる．$A/C>1$ の単一モード光子数 $\bar{n}$ の増大した状態がレーザー発振である．これが，レーザー発振が2次の相転移として理解される一端でもある．

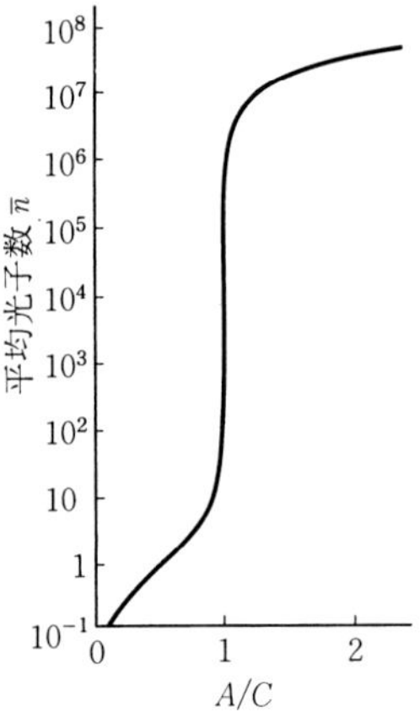

図4-5 ポンピングの割合 A/C の関数としてのレーザーモードの平均光子数 $\bar{n}$．パラメーター $\beta\equiv 2\gamma_a\gamma_b/(\gamma_a+\gamma_b)g$ として，$\beta=3\times 10^7$ を選ぶ (R. Loudon: *The Quantum Theory of Light* (Oxford Univ. Press, 1973)による)．

次にレーザー発振のしきい値 $A/C=1$ の上下における単一モードの光子の統計分布を具体的に調べよう．

a) レーザー発振のしきい値以下の光子状態 $A/C<1$

$A/C<1$ では，合流型超幾何関数(4.16)と(4.17)において，$b>x$ となる．このとき，(4.17)で $x=by$ とおき，$b=1+\beta\gg 1$ として b^{-1} での展開公式*，

$$F(a,b;by)=\frac{1}{(1-y)^a}\left\{1-\frac{a(a+1)}{2b}\left(\frac{y}{1-y}\right)^2+O(|b|^{-2})\right\} \quad (4.20)$$

を使うと，

$$F\left(1,1+\beta;\frac{A\beta}{C}\right)=\frac{1}{1-(A/C)}\left[1-\frac{A/C}{\beta\{1-(A/C)\}^2}+O(\beta^{-2})\right] \quad (4.21)$$

これを(4.16)に代入して P_0 を求め，この P_0 を(4.19)に代入し，β^{-2} の項を無視すると，考えているモードの平均光子数 $\bar{n}$ は

$$\bar{n}=\frac{A/C}{1-(A/C)} \qquad (A/C<1) \quad (4.22)$$

Stirling の公式 $(n+\beta)!\fallingdotseq\beta^n\beta!\ (\beta\gg n)$，および合流型超幾何関数の展開公式(4.21)を P_n の表式(4.18)に代入すると，

$$P_n=\left(\frac{A}{C}\right)^n\left(1-\frac{A}{C}\right)=\frac{\bar{n}^n}{(1+\bar{n})^{n+1}} \qquad (A/C<1) \quad (4.23)$$

となり，熱輻射などと同じカオティックな光子分布を与えることがわかる．すなわち，レーザー発振のしきい値以下ではカオティックな性格をもつ光が共振器中に数少なく($\bar{n}\sim A/C$)存在していることがわかった．

b) レーザー発振のしきい値より上の光子状態 $A/C>1$

この場合には，P_0((4.16)式)を求めるための合流型超幾何関数(4.17)は，$x\equiv A\beta/C\ (>b\equiv 1+\beta)$ に対する展開公式**

$$F(a,b;x)=\frac{\Gamma(b)}{\Gamma(a)}e^x x^{a-b}\{1+O(|x|^{-1})\} \quad (4.24)$$

を用いて，次の展開式を得る．

$$F\left(1,1+\beta;\frac{A\beta}{C}\right)=\beta!\exp\left(\frac{A\beta}{C}\right)\left(\frac{A\beta}{C}\right)^{-\beta}\left\{1+O\left(\frac{C}{A\beta}\right)\right\} \quad (4.25)$$

この値は1よりはるかに大きく，(4.16)より $P_0\ll 1$．したがって，(4.19)で

---

*, ** たとえば，おのおの，L. S. Slater: *Confluent Hypergeometric Functions* (Cambridge Univ. Press, 1960) p. 66(*)と p. 60(**)を参照.

$P_0 \fallingdotseq 0$ とおくと，レーザー発振モードの平均光子数は

$$\bar{n} = \beta\left(\frac{A}{C} - 1\right) \tag{4.26}$$

また光子数分布 P_n は，(4.25)を(4.18)に代入して，

$$\begin{aligned} P_n &= \left(\frac{A\beta}{C}\right)^{n+\beta} \frac{\exp(-A\beta/C)}{(n+\beta)!} \\ &= \frac{(\bar{n}+\beta)^{n+\beta}\exp(-\bar{n}-\beta)}{(n+\beta)!} \end{aligned} \tag{4.27}$$

特に，$A/C \gg 2$ では $\bar{n} \gg \beta$ となるので

$$P_n = \frac{\bar{n}^n \exp(-\bar{n})}{n!} \qquad (A/C \gg 2) \tag{4.28}$$

と，コヒーレント光に対する光子数分布，すなわち Poisson 分布を与えることがわかる．

次に 2 次の相関関数 $g_{12}{}^{(2)}(\tau)$ の $\tau=0$ での値を求めよう．$g_{12}{}^{(2)}(0)$ は単一モードの輻射場に対しては，次のように書き直せる．

$$g_{12}{}^{(2)}(0) = \frac{\mathrm{Tr}\{\rho(\hat{a}^\dagger)^2\hat{a}^2\}}{\{\mathrm{Tr}(\rho\hat{a}^\dagger\hat{a})\}^2} \tag{4.29}$$

この式に

$$\rho = \sum_{n=0}^{\infty} P_n |n\rangle\langle n| \tag{4.30}$$

として，レーザー発振のしきい値以下($A/C<1$)では，P_n として(4.23)を，しきい値の上($A/C>1$)では，(4.27)を用いると，2 次の相関関数 $g_{12}{}^{(2)}(0)$ は，次のように求められる．

$$g_{12}{}^{(2)}(0) = \frac{\sum_n \left(\frac{A}{C}\right)^n \left(1-\frac{A}{C}\right)\langle n|(\hat{a}^\dagger)^2\hat{a}^2|n\rangle}{\left\{\sum_n \left(\frac{A}{C}\right)^n \left(1-\frac{A}{C}\right)\langle n|\hat{a}^\dagger\hat{a}|n\rangle\right\}^2} \tag{4.31}$$

$$= \frac{2(A/C)^2/\{1-(A/C)\}^2}{(A/C)^2/\{1-(A/C)\}^2} = 2 \qquad (A/C<1) \tag{4.32}$$

$$g_{12}^{(2)}(0)=\frac{1}{\bar{n}^2}\sum_{n=0}^{\infty}\frac{(\bar{n}+\beta)^{n+\beta}\exp\{-(\bar{n}+\beta)\}}{(n+\beta)!}\langle n|(\hat{a}^{\dagger})^2\hat{a}^2|n\rangle$$

$$=\frac{1}{\bar{n}^2}\exp\{-(\bar{n}+\beta)\}\sum_{n=2}^{\infty}\frac{n(n-1)(\bar{n}+\beta)^{n+\beta}}{(n+\beta)!}$$

$$=1+\frac{\beta}{\bar{n}^2}\qquad (A/C>1) \tag{4.33}$$

これらの結果によって，しきい値以下$(A/C<1)$では，$g_{12}^{(2)}(0)-1=1>0$ の光子のバンチング状態を示し，これはカオティックな光の特徴を示している．他方，しきい値の上$(A/C>1)$では，レーザー発振モードの平均光子数 $\bar{n}\equiv\beta(A/C-1)$ の増大とともに，$g_{12}^{(2)}(0)-1=\beta/\bar{n}^2\to 0$ となり，発振光は限りなくコヒーレント状態に接近していくことがわかる．

ここで，実験の結果と比較してみよう．光子の2次のコヒーレンスの度合 $g_{12}^{(2)}(0)$ を共振器中の平均光子数 $\bar{n}$ の関数として測ったものを，光子数分布(4.18)より求まった理論値と比較したものが図4-6である．横軸はポンピングの割合 r を変えるとともに変化する光子数平均 $\bar{n}$ を，発振のしきい値$(A/C=1)$での光子数平均 $\bar{n}_{\rm th}$ で規格化したものである．縦軸は2次のコヒーレンスの度合 $g_{12}^{(2)}(0)-1$ である．本節a)項，b)項で行なった $A/C<1$ $(\bar{n}/\bar{n}_{\rm th}<1)$ と $A/C>1$ $(\bar{n}/\bar{n}_{\rm th}>1)$ での結果ばかりか，しきい値$(A/C=1)$付近での2次の相関関数 $g_{12}^{(2)}(0)$ の示すインコヒーレント光からコヒーレント光への移り変わりに対して，実験と理論の一致がよいことがわかる．

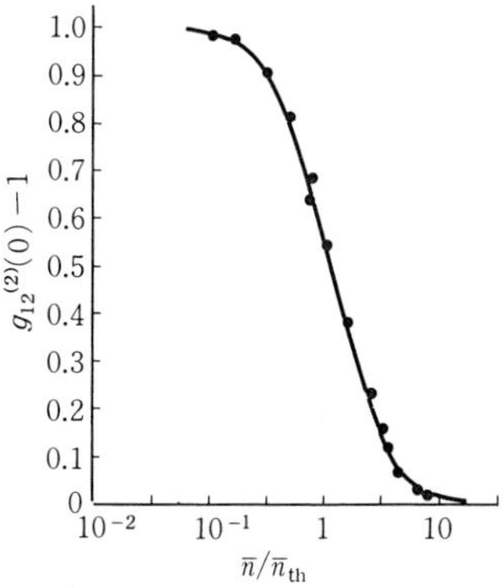

図4-6 2次のコヒーレンスの度合 $g_{12}^{(2)}(0)-1$ を平均光子数 $\bar{n}$ の関数として示す．実線は理論曲線，黒点は観測値(F. T. Arecchi, *et al.*: Phys. Letters **25** A (1967) 59による)．

本節の結論として，レーザー光は輝度の高い光源であるという第1の特性が理解できる．すなわち，1モードあたりの光子数 $\bar{n}$ が発振のしきい値以上できわめて大きくなるのである．この事実は，図4-5と $\bar{n}=\beta(A/C-1)$ の $A/C>2$ での表式(4.26)からわかった．またその領域では，$g_{12}{}^{(2)}-1$ で表わされる光子数のゆらぎがきわめて小さいコヒーレントな光となることもわかった．次に，レーザー光の第2，第3の特性である単色性と指向性のよいことはどのように示せるか？ これは次節のテーマである．

4-2 レーザー光の位相ゆらぎ

レーザーの発振現象は，たとえば強磁性相転移のような**2次の相転移**に非常に類似していることは図4-5からもわかる．このときのオーダーパラメーターはレーザー発振に寄与するモードの光子数 $\bar{n}$ である．また，レーザーにおけるポンピングの割合が，強磁性相転移における温度の役割を担う．高いエネルギー準位 b の分布が，低い準位 a の分布より大きくなるという反転分布は，**負の温度**の概念を導入してとらえられる．そのとき，ポンピングを強めて反転分布の度合を大きくすることは，負の温度の絶対値を大きくすることである．したがって，強磁性体はCurie温度 T_{C} 以下で秩序相が出現するように，しきい値の反転分布 $A/C=1$ より高い反転分布，すなわちより低い負の温度でレーザー発振という秩序相が実現される．

さて，等方的なHeisenberg強磁性体の場合には，磁気モーメントのそろう方向は系のハミルトニアンによっては決まらず，どの方向でも同等の可能性がある．しかし，どの方向でも等価であるにもかかわらず，強磁性状態が観測できるのは，観測時間に比べてはるかにゆっくりとしか磁化が別の方向に向いた状態に拡散していかないためである．レーザービームの電場は，すべての位相が同等であるにもかかわらず，与えられた位相から非常にゆっくりとしか拡散していかないという点においても，Heisenberg強磁性体に似た性質をもっている．

前節のレーザー発振の議論においては，レーザー発振の状態の密度行列 ρ を，光子数状態 $|n\rangle\langle n|$ で展開した．すなわち，

$$\rho = \sum_n P_n |n\rangle\langle n| \tag{4.34}$$

このとき，$P_n = \langle n|\rho|n\rangle$ と光子数の対角成分のみで光子系の状態が記述され，電場の位相成分の情報が欠落していた．他方，電場 $\boldsymbol{E}$ の表式(1.38)は光子の生成・消滅演算子 $\hat{a}_\lambda{}^\dagger$ と $\hat{a}_\lambda$ の 1 次結合で書かれているので，$\langle n\pm1|\rho|n\rangle$ の密度行列の非対角成分が，電場の全情報を記述するには不可欠である．本節では，輻射場の位相の運動まで記述できるように前節の議論を拡張する．その結果，レーザー発振のしきい値より上では位相拡散を抑制することが可能になることがわかる．さらに，そのためにレーザーの発振スペクトル幅はきわめて鋭くなり，ついには共振器の単一モードの発振が可能になる．このことがレーザーの第 2 の性質である高い単色性と第 3 の指向性の向上をもたらす．

ここでは計算の詳細は他書にゆずり，論理の流れと結果を追っていこう．光子系(a)と原子系(B)の結合した系の密度行列 $\rho_{\mathrm{aB}}(t)$ は，初期条件が

$$\rho_{\mathrm{aB}}(0) = \rho_{\mathrm{a}}(0)\times\rho_{\mathrm{B}}(0) \tag{4.35}$$

の直積で記述できるものとする．光子・原子相互作用 $\mathcal{V}_{\mathrm{aB}}$ は

$$\mathcal{V}_{\mathrm{aB}} = \hbar g \sum_i \sigma_i \hat{a}^\dagger + \mathrm{h.c.} \tag{4.36}$$

ここで，σ_i は i 番目の原子を励起状態 b より低エネルギー状態 a に遷移させる演算子であり，その Hermite 共役 $\sigma_i{}^\dagger$ は逆の過程の演算子である．密度行列 $\rho_{\mathrm{aB}}(t)$ の運動を，この相互作用の 4 次摂動までとり入れて求め，光子モード $\hat{a}$ と $\hat{a}^\dagger$ の光子系の密度行列 $\rho(t)$ として

$$\rho(t) = \mathrm{Tr}_{\mathrm{B}}\rho_{\mathrm{aB}}(t) \tag{4.37}$$

の運動方程式に還元すると次のようになる．

$$\begin{aligned}\dot{\rho}(t) = &-\frac{1}{2}A(\rho\hat{a}\hat{a}^\dagger - \hat{a}^\dagger\rho\hat{a}) - \frac{1}{2}C(\rho\hat{a}^\dagger\hat{a} - \hat{a}\rho\hat{a}^\dagger) \\ &+\frac{1}{8}B[\rho(\hat{a}\hat{a}^\dagger)^2 + 3\hat{a}\hat{a}^\dagger\rho\hat{a}\hat{a}^\dagger - 4\hat{a}^\dagger\rho\hat{a}\hat{a}^\dagger\hat{a}] + \mathrm{h.c.}\end{aligned} \tag{4.38}$$

ここで，係数 A と C は前節と同じものであり，$B\equiv C/\beta$ である．

次に，この光子系の密度行列 $\rho(t)$ をこの光子モードのコヒーレント状態 $|\alpha\rangle$ を用いて展開する．

$$\rho(t)=\int d^2\alpha\, P(\alpha,t)|\alpha\rangle\langle\alpha| \tag{4.39}$$

このコヒーレント状態 $|\alpha\rangle$ は，$\langle\alpha|\hat{a}|\alpha\rangle=\alpha$ と光子数に関して非対角成分の情報，すなわち位相情報も含んでいる．この表式を(4.38)に代入すると，次の光子状態 $P(\alpha,t)$ に対する Fokker-Planck 方程式を得る*.

$$\frac{\partial}{\partial t}P(\alpha,t)=-\frac{1}{2}\left\{\frac{\partial}{\partial\alpha}[(A-C-B|\alpha|^2)\alpha P]+\mathrm{c.c.}\right\}+A\frac{\partial^2 P}{\partial\alpha\partial\alpha^*} \tag{4.40}$$

ここで，コヒーレント状態を記述する複素数 α と α^* を極座標 (r,θ) を使って表わす．すなわち $\alpha=r\exp(i\theta)$，$\alpha^*=r\exp(-i\theta)$．そのとき，Fokker-Planck 方程式(4.40)は次のように書き直せる．

$$\frac{\partial}{\partial t}P(r,\theta,t)=-\frac{1}{2r}\frac{\partial}{\partial r}[r^2(A-C-Br^2)P(r,\theta,t)]$$
$$+\left(\frac{A}{4r^2}\frac{\partial^2}{\partial\theta^2}+\frac{A}{4r}\frac{\partial}{\partial r}r\frac{\partial}{\partial r}\right)P(r,\theta,t) \tag{4.41}$$

次の無次元量 T, R, a を用いてこの方程式を書き直す．

$$T\equiv\sqrt{\frac{AB}{8}}t,\qquad R\equiv\sqrt[4]{\frac{2B}{A}}r,\qquad a\equiv\sqrt{\frac{2B}{A}}\left(\frac{A-C}{B}\right)$$

$$\frac{\partial P}{\partial T}=-\frac{1}{R}\frac{\partial}{\partial R}\{R^2(a-R^2)P\}+\frac{1}{R}\frac{\partial}{\partial R}\left(R\frac{\partial P}{\partial R}\right)+\frac{1}{R^2}\frac{\partial^2}{\partial\theta^2}P \tag{4.42}$$

ここで，変数分離形の解を仮定すると，θ 依存性は m を整数として $e^{im\theta}$ となる．$m=0$ の定常解は，次のように積分できる．

$$P(R)=\frac{N}{2\pi}\exp\left(-\frac{1}{4}R^4+\frac{1}{2}aR^2\right) \tag{4.43}$$

---

* 導出には，たとえば，M. Sargent Ⅲ *et al.*: *Laser Physics* (Addison-Wesley, 1974)，邦訳では，霜田光一，岩澤宏，神谷武志訳：レーザー物理（丸善，1978）p. 291 を参照.

ただし，規格化定数 N は，

$$\frac{1}{N}=\int_0^\infty R\exp\left(-\frac{1}{4}R^4+\frac{a}{2}R^2\right)dR \tag{4.44}$$

光子分布関数 $P(R)$ は，$R^2=\sqrt{2B/A}n$ の関係からもわかるように，前節の光子数分布 P_n((4.18)式)における離散量 n を連続変数 R を用いて記述したものであり，$n\gg 1$ では両者は一致する．この定常解を用いて光子数分布 $P_m(T)$，2 次の相関関数 $g_{12}{}^{(2)}(0)$ を計算することができる．光子分布は，$a\gg 1$ に対して(4.43)から $R^2=\sqrt{2B/A}\bar{n}=a$，すなわち，$\bar{n}=(A-C)/B=\beta(A/C-1)$ を中心に，幅 $\Delta n=\sqrt{A/B}=\sqrt{A\beta/C}$ をもつ Gauss 分布となる．

(4.42)の微分方程式の解として，R 依存性は(4.43)の解を代入し，θ 依存性は $m=\pm 1$ を採用して，$P(\theta,t)\sim\exp(\pm i\theta)$ を(4.42)に代入すると，

$$\frac{\partial}{\partial t}P(\theta,t)=\frac{A}{4\bar{n}}\frac{\partial^2}{\partial\theta^2}P(\theta,t)=-\frac{A}{4\bar{n}}P(\theta,t) \tag{4.45}$$

ここで，位相 θ の拡散係数 $D=A/2\bar{n}$ を用いると，

$$P(\theta,t)=\exp\left(-\frac{1}{2}Dt\right) \tag{4.46}$$

密度行列(4.39)と(3.11)を用いて，電場振幅 $E(t)$ の期待値を求めると，

$$\begin{aligned}\langle E(t)\rangle \equiv \mathrm{Tr}\{\rho(t)E(t)\} &= \frac{1}{2}\varepsilon\langle ae^{-i\omega t}\rho(t)\rangle+\mathrm{c.c.}\\ &=\langle E(0)\rangle\sin\omega t\exp\left(-\frac{1}{2}Dt\right)\end{aligned} \tag{4.47}$$

この Fourier 変換をとると，レーザー光のスペクトル分布を得ることができる．

$$\begin{aligned}|E(\Omega)|^2 &= \left|\int_0^\infty dt\,e^{i\Omega t}\langle E(0)\rangle\sin\omega t\exp\left(-\frac{1}{2}Dt\right)\right|^2\\ &\fallingdotseq |\langle E(0)\rangle|^2\frac{1}{(\Omega-\omega)^2+(D/2)^2}\end{aligned} \tag{4.48}$$

ここで，反共鳴項を無視した．レーザー光のスペクトル幅は，しきい条件より上の $A/C>2$ では，$D/2=A/4\bar{n}<10^{-7}$ であるので，きわめて小さくなる．特

に $\bar{n}\gg 1$ となり，そのスペクトル幅 $D/2$ が共振器のモード間隔 $2\pi c/L$ より小さくなれば，単一モードでの発振が可能となる．ここで，L は共振器の長さである．その結果として，そのときにはレーザー光の単色性と指向性が保証される．いま，共振器の減衰率 C として，$C\sim A\sim 10^6\,\mathrm{s}^{-1}$ にとり，光子数の平均 $\bar{n}$ として 3×10^7 にとれば，位相拡散の速さ $D/2(=A/4\bar{n})$ は 60 s のオーダーとなる．位相拡散の速さ $D/2$ は，誘導放射の割合 A，あるいは共振器の減衰率 C に比して 10^7 倍も遅いことがわかる．したがって，その 60 s より短い時間内では位相は固定しているようにふるまう．これが，レーザー光が古典的な理想電磁波としてふるまう理由である．

4-3 レーザーの実例

a) ルビーレーザー

Maiman が 1960 年に初めてレーザー発振に成功したのが，ルビーレーザーである．ルビーは Cr^{3+} イオンを 0.01～0.03 モル% の濃度で，サファイア Al_2O_3 結晶に溶かしたものである．Al_2O_3 結晶に 0.5% 程度の Cr_2O_3 を含む赤色の宝石ルビーに比して，0.01～0.03 モル% の Cr^{3+} イオンを含むものは色がうすくピンクルビーとよばれる．Cr^{3+} イオンは Al^{3+} と置換して入る．この Cr^{3+} イオンは 6 個の最近接 O^{2-} イオンが形成する正 8 面体構造の中心に位置し，立方場を感じる．Cr^{3+} イオンの価電子 $(3d)^3$ が占める 3d 準位はこの結晶場のために図 4-7 のように e_g と t_{2g} に分裂する．この 3d 電子軌道 $t_{2g}(\xi,\eta,\zeta)$ は xy, yz, zx の方向依存性をもち，$e_g(u,v)$ は $2z^2-x^2-y^2$ と $\sqrt{3}(x^2-y^2)$ の依存性をもつ波動関数で記述される．e_g 軌道の 3d 電子のほうが O^{2-} イオンの方向に

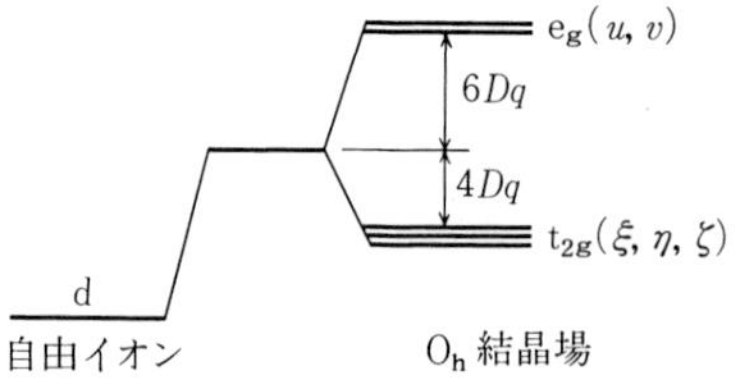

図 4-7 自由イオンの d 準位の O_h 結晶場による分裂．

張り出しているので，より強い斥力を感じ，逆に t_{2g} 軌道の 3d 電子はそれを避けるように分布するので図 4-7 に示すように，t_{2g} 軌道が低いエネルギー準位を形成する．その t_{2g} 軌道を 3 個の 3d 電子が占める．その基底状態は Hund の規則により $^4A_2$ の多重項をなす．

励起準位には，t_{2g} 軌道の 1 つまたは 2 つの t_{2g} 電子を e_g 軌道に励起した $(t_{2g})^2e_g$ または $t_{2g}(e_g)^2$ の電子配置構造より形成されるものと，t_{2g} 軌道の 1 電子を t_{2g} の他の軌道に遷移させてできるものとがある．これら 3d 電子間の相互作用を対角化することによって作られた $(3d)^3$ 電子系の多重項 ^2E, $^2T_1$, $^2T_2$, $^4T_2$（以上は $(t_{2g})^3$ の電子配置より作られる）と $^4T_1$, $^2A_1$, …（$(t_{2g})^2e_g$ より作られる）のエネルギーを結晶場の強さ $10Dq$ の関数として求めたものが図 4-8 で，田辺-菅野チャートとよばれる．Cr^{3+}: Al_2O_3 の結晶場を電子間相互作用の 1 つの行列要素 B で規格化した $10Dq/B$ の値は 2.5 で，図 4-8 に示すように，基底状態 $^4A_2$ に対して，励起準位はエネルギーの低いほうから ^2E, $^2T_1$, $^4T_2$, $^2T_2$, $^4T_1[(t_{2g})^2e_g]$, $^2A_1[(t_{2g})^2e_g]$, … となることがわかる．

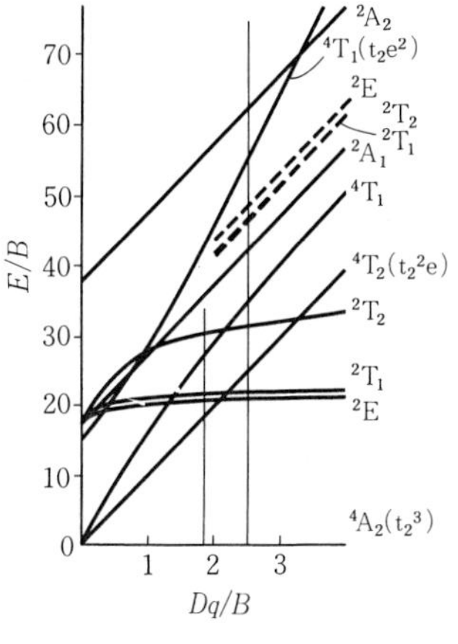

図 4-8 Cr^{3+} イオンなど $(3d)^3$ 電子系の多重項 ^{2S+1}L の O_h 結晶場 $10Dq$ によるエネルギー準位の変化を示す（上村，菅野，田辺：配位子場理論とその応用（裳華房，1969）による）．

たとえば，三須らが観測した，Cr^{3+}: Al_2O_3 の光吸収スペクトルを図 4-9 に示す．^2E, $^2T_1$, $^2T_2$ の準位は，弱くそして鋭い線スペクトルを形成し，$^4T_2$ と $^4T_1[(t_{2g})^2e_g]$ の準位は，強くそして幅広い吸収線となることがわかる．格子振動が Cr^{3+} イオンと O^{2-} イオン間の距離を変えるのに伴って，結晶場 $10Dq$

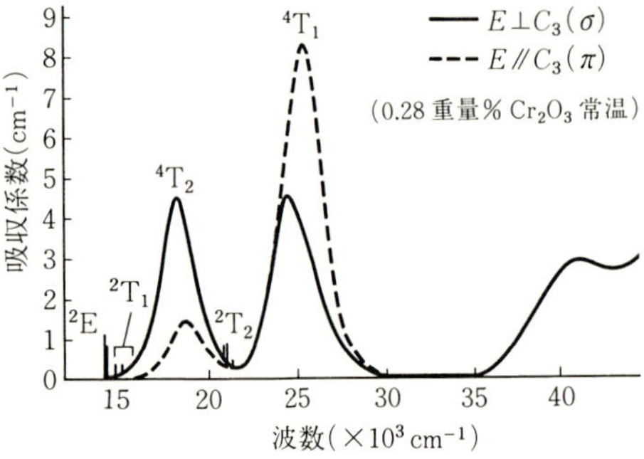

図 4-9 ルビーの吸収曲線(三須明氏による). 波数 35000 cm^{-1} より短波長側は自然光による吸収曲線. 線状吸収は σ スペクトルのみ示してあるが, 強さ, 幅などについては定性的である(出典は図 4-8 と同じ).

が変動する. 田辺-菅野チャート(図 4-8)より, ^2E, $^2T_1$, $^2T_2$ のエネルギー準位は結晶場 $10Dq$ 依存性が $10Dq/B=2.5$ の付近で弱いので, 格子振動による幅がつきにくいのに対して, $^4T_2$ と $^4T_1$ の準位は強い $10Dq$ 依存性をもち, 格子振動による幅が大きくなることがわかる.

多重項の記号 $^{2S+1}L_n$ は, 原子・イオンに対しては多電子系の合成軌道角運動量 L と合成スピンの大きさ S を記述する. ここでは, L に代わって立方晶 O_h 群の既約表現 A_1, A_2, E, T_1, T_2 を用いて記す. 鋭い $^4A_2 \to {}^2E$, $^2T_1$, $^2T_2$ の遷移は合成スピン S を変える遷移であるのに対して, 幅広い $^4A_2 \to {}^4T_1$, $^4T_2$ の遷移は合成スピンを変えずにすむ遷移である. $^4A_2 \to {}^2E$, $^2T_1$, $^2T_2$ の吸収曲線が鋭く, 弱いのは, 上にのべたように格子振動による幅がつきにくく, さらに 1 つの 3d 電子のスピンを反転する過程を 1 次余計に含む高次の遷移によるものだからである. これらのエネルギー準位と格子振動によるそのエネルギー変化の様子を, 図 4-10 で模式的に示す. 本来 $(t_{2g})^3$ 内の遷移にしろ, $(t_{2g})^3 \to (t_{2g})^2e_g$ の遷移にしろ, 2-5 節で示したパリティ禁制の遷移, すなわち, 最低次の過程では電気双極子遷移は禁制である. ここでは, これらの光吸収にともなう電子遷移の機構を明らかにしよう.

Cr^{3+} イオンには最近接イオン O^{2-} の作る立方対称の場 O_h に加えて, 第 2 近接イオン Al^{3+} が作る 3 回軸対称性 C_3 をもつ結晶場がはたらく. この結晶場は Cr^{3+} の点での反転対称性を破るはたらきがあるので, t_{2g} または e_g の準位にはパリティの異なるエネルギー準位を入りまじらせる. その結果, $^4A_2 \to$

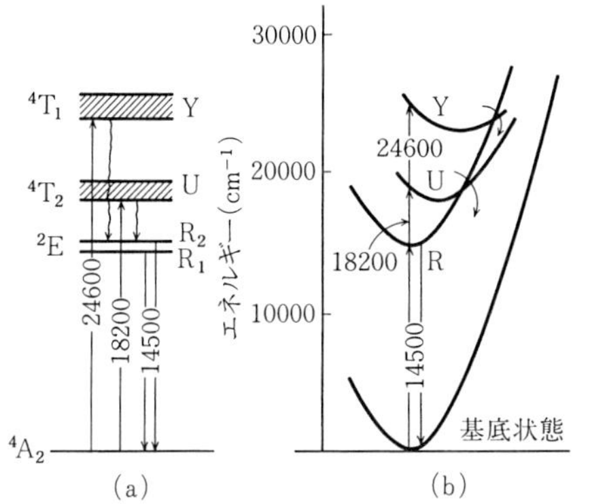

図 4-10 ルビー中のCr^{3+}イオンのエネルギー準位(a)と配位座標曲線(b). 光吸収係数の強い$^4T_1$と$^4T_2$準位が励起され, ^2E (R_1, R_2) 準位に速く緩和して, ^2Eと$^4A_2$準位間で反転分布が実現する.

$^4T_2$, $^4T_1$への電気双極子遷移が, その結晶場の摂動を通して可能となる. その遷移の振動子強度は

$$f \sim f_{\text{allowed}}\left(\frac{\langle \mathcal{V}_{\text{odd}} \rangle}{\varDelta E}\right)^2 \sim 10^{-4} \tag{4.49}$$

と見積もれる. 結晶場の大きさ$\langle \mathcal{V}_{\text{odd}} \rangle \sim 10^3\ \text{cm}^{-1}$, 入りまじる許容遷移の準位とのエネルギー差$\varDelta E$として, $\varDelta E \sim 10^5\ \text{cm}^{-1}$を用いた. また, 電気双極子許容遷移の振動子強度f_{allowed}は1のオーダーである. また, $^4A_2 \rightarrow {}^2E$, $^2T_1$, $^2T_2$への遷移には, 3回軸対称性をもつ結晶場$\mathcal{V}_{\text{odd}}$による摂動に加えて, 3d電子のスピンを反転させるスピン-軌道相互作用$\mathcal{H}_{\text{so}}$の摂動を必要とする. そのため, この振動子強度は

$$f \sim f_{\text{allowed}}\left(\frac{\langle \mathcal{V}_{\text{odd}} \rangle}{\varDelta E}\right)^2 \left(\frac{\langle \mathcal{H}_{\text{so}} \rangle}{\varDelta E_0}\right)^2 \sim 10^{-7} \tag{4.50}$$

と評価できる. ここで, $\langle \mathcal{H}_{\text{so}} \rangle \sim 100\ \text{cm}^{-1}$, $\varDelta E_0 \sim$数千cm^{-1}と仮定した. 他方, $\mathcal{V}_{\text{odd}}$の結晶場によって, 最低励起準位^2EはR_1, R_2の2本に分裂する. また, 最低準位R_1は, 振動子強度もきわめて小さく(10^{-7}), したがって発光寿命は室温で3 ms, 77 Kで4.3 msときわめて長い.

Cr^{3+}: Al_2O_3の舞台装置がほぼ理解できたので, この舞台でいかにレーザー発振が可能になるか, その原理を示そう. 反転分布を$^4A_2$とR_1の間で作るためには, 直径1 cm, 長さ10 cm程度のロッド型のルビー結晶Cr^{3+}: Al_2O_3に

キセノンフラッシュランプを照射して，基底状態 $^4A_2$ から強い吸収係数をもつ $^4T_2$ と $^4T_1$ 準位に励起させる．図 4-10 に示すように，フラッシュランプの 18200 cm^{-1}, 24600 cm^{-1} 付近の光成分が吸収されて，この準位が励起される．この励起は，最低励起準位 R_1 の寿命数 ms より 3 桁速い数 μs で R_1 準位に緩和し，励起が蓄積される．その結果，$^4A_2$ 準位と R_1 準位の間に反転分布が形成され，14500 cm^{-1}(波長 λ_0=6943 Å)に半値幅 20 cm^{-1} の発光線を示す．4-1 節で示したように，このレーザー媒質を Fabry-Pérot 共振器中に挿入し，上記の発光をフィードバックすることによってレーザー発振を行なう．パルス発振では出力 10 J 程度のレーザー光が得られる．また次章のように，Q スイッチをかけることにより尖頭出力 100 MW の光パルスが得られている．

b) Ti：サファイアとアレキサンドライトレーザー

クリソベリル結晶 $BeAl_2O_4$ は酸化ベリリウム BeO と酸化アルミニウム Al_2O_3 とを 1 対 1 の比率で合成して得られる．この結晶に Cr^{3+} イオンが Al^{3+} と置換してドープされたものがアレキサンドライト(alexandrite)である．1833 年，ロシアのウラル地方で発見され，当時の皇帝 Alexander にちなんで命名された宝石で，昼の太陽光の下では緑色に，電灯の下では暗赤色にと色を変えるので有名である．このことより波長可変固体レーザーとなる．ルビーと異なる点は，母体の Al_2O_3 が $BeAl_2O_4$ に変わったことである．電子準位はルビーと同じ Cr^{3+} の $(3d)^3$ 電子系のものであるが，その母体変化の結果，Cr^{3+} に与える結晶場の大きさ Dq/B が，2.5 から 1.9 と減少する．そのため 図 4-8 からわかるように，最低励起準位は $^4T_2[(t_{2g})^2e_g]$ に変わる．基底状態 $^4A_2$ と励起状態 $^4T_2$ の間の遷移は，振動子強度が ^2E に比して 3 桁大きくなるとともに，遷移のエネルギーが Dq に比例して増大する．そのため，Cr^{3+} のまわりの O^{2-} イオンの格子変動に伴って，結晶場の大きさ $10Dq$ も変動するので遷移エネルギーも幅広くなる．発光スペクトルを図 4-11 に示す．確かに $^4T_2$ 準位からの発光スペクトルは幅広く，他方 ^2E 準位は図 4-8 からもわかるように，その固有エネルギーは Dq にほとんど依存しないので，鋭い発光線である．低エネルギー側の幅広い発光を示す $^4T_2$ 準位に対して，12500～14000 cm^{-1} での発振が可

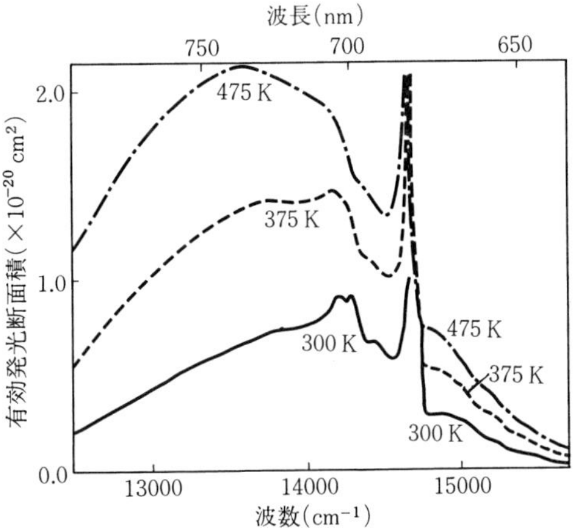

図 4-11 アレキサンドライトの Cr^{3+} イオン準位からの発光スペクトル．鋭い発光線は ^2E からの発光，長波長側の幅広い発光は $^4T_2$ からの発光である(J. C. Walling, *et al.*: IEEE QE-16(1980) 1302による)．

能である．発振波長を選ぶには，共振器の中にレーザー媒質に加えて波長選択能力のある回折格子や発振波長幅をせばめる能力のあるエタロン板を挿入し，それらを制御して 7000～8000 Å 間で 1 J のパルスレーザー出力を得た．このときレーザー媒質 Cr^{3+}:$BeAl_2O_4$ は 150 J のフラッシュランプで照射された．第 2 の特長は Nd:YAG に比しては，発振のしきい値は高いかわりに，大きな出力を簡単に得られるという点である．

Ti^{3+}:Al_2O_3 も，周波数可変固体レーザー媒質としてすでに実用化されている．Ti^{3+} は，$(3d)^1$ と 1 電子系が 8 面体配置の O^{2-} イオンの作る O_h の結晶場の中におかれた系である．したがって，その光学遷移は $t_{2g} \to e_g$ の遷移，すなわち $^2T_2 \to {}^2E$ の遷移で，励起エネルギーは $10Dq$ と結晶場の大きさに比例する．しかも，スピン許容遷移でその振動子強度 f は，(4.49)のようにルビーに比して，比較的大きい．そのため発光寿命は 3 μs と短く，高いポンピングを必要とする．遷移エネルギーが $10Dq$ と，結晶場に強く依存するため幅広く，図 4-12 に示すように，幅広い吸収スペクトルを示す．その発光スペクトルも，図 4-13 に示すように，幅広く 7000 Å～1 μm の波長域にわたって，増幅が得られる．特に，半導体レーザーは 1 μm の波長をもつので，その増幅には適した物質である．

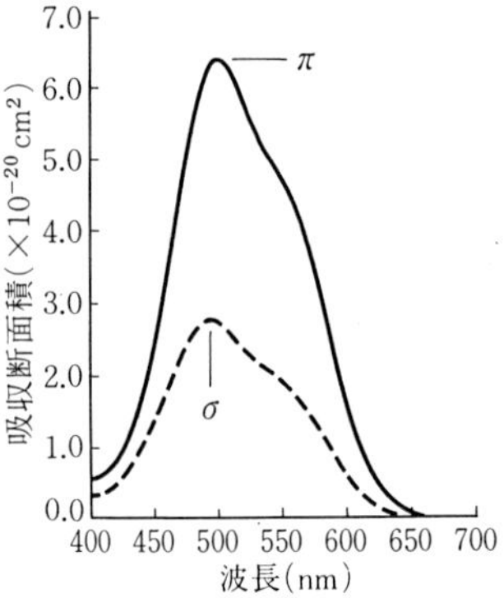

図 4-12 Ti : Al_2O_3 の $^2T_2 \rightarrow {}^2E$ の遷移による光吸収スペクトル (P. F. Moulton: J. Opt. Soc. Am. **B3** (1986) 125 による).

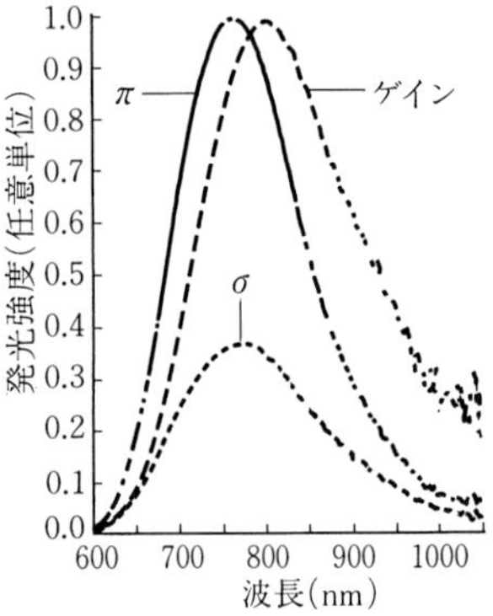

図 4-13 Ti : Al_2O_3 の発光スペクトル. 分極依存性とゲインも示してある(出典は図 4-12 と同じ).

このb)項で扱った $Ti^{3+}:Al_2O_3$ と $Cr^{3+}:BeAl_2O_4$ のレーザー媒質は広帯域の発光スペクトルを示す. この広い波長域で発振可能であるという特性は次章の短パルスレーザーの発生には不可欠の特性である. いかに, この特性を使って短パルスを得るかは次章に譲る.

c) X 線レーザーへの道

コヒーレントなレーザー光は, 波長の長い光ほど発振しやすく, 赤外光, 可視光, 近紫外光までは実現されている. X 線領域のレーザー発振のむずかしさは, 第1には, 第2章で求めた自然放射の確率 A ((2.28)式)が振動数の3乗に比例して増大するためである. そのために, 励起準位の寿命がきわめて短くなる. 一方, レーザー発振を可能にするためには, まず関与する準位間で反転分布を実現する必要がある. 寿命の短い励起準位に励起を蓄積して反転分布を作るには, 強力なポンプ入力を必要とする. その必要入力は角振動数 ω の4乗に比例して増大する. さらに, レーザー発振は反転分布下での誘導放射でひき起こされるので, 強い自然放射に打ち勝つ誘導放射を実現するむずかしさもある. 第2の困難は, 反射鏡の問題である. 可視域では誘電体多層膜により, 容易に100% の反射鏡が得られる. しかし, X 線領域ではほとんどの物質は屈折率が1近くなり，光の干渉を用いた反射鏡は不可能となる．これらの困難にもかかわらず，レーザー発振の短波長化は図4-14に示すように進んできた．ここには，第6章でのべる高調波発生によるコヒーレント光の短波長化も同時に示してある．

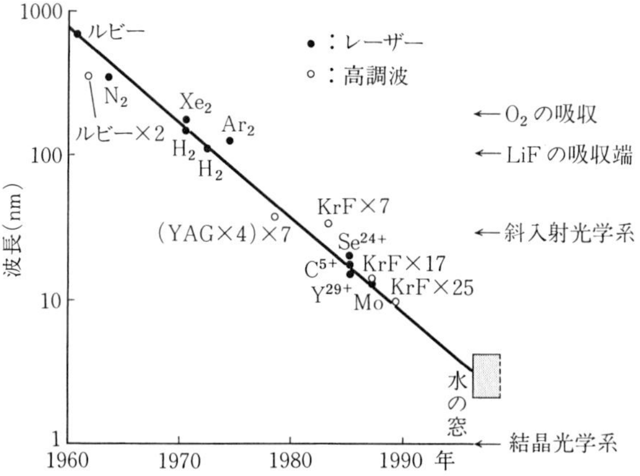

図4-14 ルビーレーザーの発明以来30年間のレーザー発振波長の短波長化の歴史．○印はルビー，YAG，KrFレーザーの高次の高調波による．他は反転分布によって発振したレーザーを示す(渡部俊太郎：パリティ 5，No.9 (1990) 28による)．

まず，波長20 nm付近の軟X線レーザーを紹介しよう．高温高密度プラズマ中で，Se^{24+}イオンを作る．Se^{24+}はNe原子と同様の電子構造$(1s)^2(2s)^2(2p)^6$をもつ．このイオンと電子の衝突により2pの1電子は3s状態より3p準位により有効に遷移し，3p準位と3s準位間に反転分布が実現する．さらに3p電子は基底状態の2pへの遷移は禁制であり，また3s準位から2p準位への遷移は0.5 psと最も速い．このような状況のもとで，ポリビニル薄膜にSeを蒸着したターゲットに，Nd:YAGレーザーの倍高調波の波長0.53 μm，TW cm^{-2}のレーザー光を照射することによって，$^1D_2\,[(1s)^2(2s)^2(2p)^5\,3p] \rightarrow {}^1P_1\,[(1s)^2(2s)^2(2p)^5\,3s]$の遷移による209.6 Åの波長と$^3P_2\,[(1s)^2(2s)^2(2p)^5\,3p] \rightarrow {}^3P_1\,[(1s)^2(2s)^2(2p)^5\,3s]$の遷移による206.3 Åの波長において，出力24

MW(効率 10^{-5})で，広がり角 11 mrad，パルス幅 200 ps のレーザー光を得ている．さらに，Eu^{35+} と Y^{42+} の Ni 様のイオンを用いて，レーザーには至ってないが，5 nm での利得を観測している．他方，完全に電離した原子が電子と再結合する過程で生じる反転分布を用いたレーザー発振もあり，C^{5+} では，18.2 nm の X 線レーザーを得ている．

また，高次の高調波の発生によって短波長レーザーを得る努力も進められている．これについては第 6 章でふれたい．

d) その他のレーザー

このほかに，He-Ne の原子レーザーは最も広く用いられている気体レーザーである．特に Ne 原子の $(2p)^5 5s \rightarrow (2p)^5 3p$ の遷移を用いた 633 nm の赤色光のレーザーは応用上からも重要である．図 4-15 に示すように，高速電子との衝突によって励起された準安定状態 1s 2s $^1S_0^*$(20.6 eV)にある He 原子と基底状態にある Ne 原子間の衝突により，Ne 原子は 3S[$(2p)^5 5s$] 状態に励起され

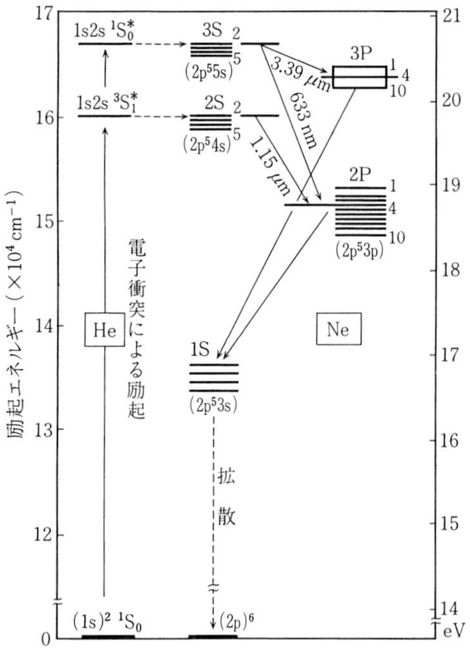

図 4-15 He-Ne レーザーに関連する He および Ne のエネルギー準位. Ne $(2p^5 5s) \rightarrow (2p^5 3p)$ の遷移が 633 nm のレーザー発振を与える.

る．この 3S 状態と 2P [$(2p)^5 3p$] 状態間に反転分布が用意され，633 nm のレーザー発振が実現される．

分子ガスレーザーとしては，CO_2 レーザーが有名である．これは，CO_2 分子の振動準位 00°1 から 10°0 準位への波長 10.6 μm と 00°1 から 02°0 への 9.6 μm の波長の遠赤外レーザーが効率の高い発振を与える．

色素などの π 電子系を含む有機化合物の溶液は，可視域付近に効率の高い発光を示す．この発光を利用したレーザー発振は，スペクトル幅の広い蛍光バンドを使っていることと色素材料の種類が非常に豊富であることのために，紫外域から近赤外域にかけて発振波長を自由に選ぶことができる波長可変レーザーとしてきわめて有用なレーザーとなっている．

固体レーザーとしては，本節で解説したルビー，アレキサンドライトおよび Ti:サファイアレーザーに加えて，半導体レーザーが欠かせない．半導体レーザーは電流注入によって反転分布をつくり，したがって小型で安価に，しかも良質のレーザー光が得られるという点で工業上重要なものである．さらに，最近は自由電子レーザーの研究も進展しつつある．

5 光のダイナミックス

レーザー光は，物質系の励起状態からの誘導放射を最も有効に活かして得られるコヒーレントな光源である．一方，このレーザー光と非線形光学材料との相互作用を利用することによって，短パルスを得たり，光ファイバーの中を**ソリトン波**(soliton wave)として伝播させることもできる．他方，**超放射**(superradiance)，**超蛍光**(superfluorescence)は，物質系の励起エネルギーをコヒーレントな自然放射として取り出したものである．超放射，超蛍光においては，関与する原子数 N の 2 乗(N^2)に比例する強大なピーク強度をもち，パルス幅が N に反比例($1/N$)するような短いパルスとなって発光する．本章では，これらの対照的な 2 つの光パルスの特徴を論じる．5-1 節においては，色素レーザーや Ti:サファイアレーザーのように発振帯域の広いレーザー光を Q スイッチ(5-1 a)項)やモード同期(5-1 b)項)させて，短パルスを得ることを示す．5-1 c)項では，光ファイバーのような光の群速度の分散と光 Kerr 効果とを利用することによって，**パルス圧縮**(pulse compression)を行なったり，また光ソリトン波として伝播させる様子を学ぶ．

5-2 節においては，超放射の重要な実験事実を 5-2 a)項で整理し，5-2 b)項でこの超放射・超蛍光の理論を展開する．ここで，超放射と超蛍光の 2 つの言葉の違いを明らかにしておこう．超放射は多くの原子(分子)の電気双極子が位相をそろえて自然放射する現象を一般に指す．完全反転分布の系では初めは電気双極子は一切なく，最初の自然放射から電気分極が成長する様子が重要となる．この完全反転分布から超放射が起こる過程を特に超蛍光とよぶ．5-2 c)項では，5-2 b)項で展開した半古典論の近似では説明できない自然放射の量子ゆらぎの巨視的な出現と超放射パルスの伝播効果を解説する．5-2 d)項では，**励起子の超放射**を半導体微結晶 CuCl:NaCl を例にとって紹介する．

5-1 超短光パルスと光ソリトン

レーザー光と普通の光とを区別するのは，コヒーレンスの度合，すなわち可干渉性の度合である．レーザー光は，時間的にも空間的にも位相がそろっているという意味でコヒーレントである．このコヒーレントなレーザー光を用いて，6 fs (fs$=10^{-15}$ s) の超短光パルスが得られている．この光パルスの尖頭値(ピーク値)はきわめて大きくなり，強大な電磁場のエネルギーをきわめて短い時間内に集中できる．この超短光パルスの発生はそれ自体の面白さに加えて，素励起の緩和現象や非線形光学現象のダイナミックスを研究するには不可欠な技術でもある．

a) $\boldsymbol{Q}$ スイッチ

短パルスを発生する最も簡便な方法は，**$\boldsymbol{Q}$ スイッチ**法である．たとえば，Fabry-Pérot 共振器中でのレーザー発振を考える．一方の反射鏡の反射率 $R_1=1$，他方の反射率 $R_2=1-T<1$ とする．定常発振の場合には，この有限の透過率 T によってレーザー出力を取り出している．この出力結合による振幅減衰率 κ_T は

$$\kappa_T \equiv \frac{cT}{4L} \equiv \frac{\omega}{2Q} \tag{5.1}$$

によって透過率 T と結びつき，また共振器の Q 値を定義する．ここで，L は共振器の長さ，ω はレーザー光の角周波数である．またこの κ_T は前章 4-1 節

で定義したレーザー発振モードの減衰率 C の一部を形成する．レーザーの発振しきい値は，4-1節で導入したポンピングの割合に比例する量 A が減衰率 C に等しくなる条件 $A=C$ より与えられた．発振が起こると，反転分布を食ってレーザーモードが成長する．そこで，初めにレーザー共振器の Q 値を低くしておく，たとえば透過率 T を1に等しくしておくと，減衰率 $C'(\gg C)$ が大きくなり，系はレーザー発振のしきい値以下 $A<C'$ におさえられている．同時に反転分布 $\Delta N\equiv N_b-N_a$ は大きく成長する．そこで，急激に Q 値を大きくすると，発振条件を大きく越えるので，励起準位に蓄えられていたエネルギーがレーザー光として短時間にとり出せる．これが Q スイッチレーザーによる光パルス発生の原理である．たとえば，体積約 10 cm^3 のルビーや Nd ガラスをフラッシュランプで励起し，共振器の鏡の一方を毎秒400回転して Q スイッチを実行すると，尖頭値 10～100 MW で，パルス幅 10～50 ns のパルスが得られる．共振器を構成する鏡の一方を光軸に垂直な軸のまわりに回転させると，回転の一瞬においてのみ反射率は約1.0となり($T\fallingdotseq 0$)，(5.1)式より高い Q 値をもつ．その他の回転角のときには，共振器にフィードバックがかからず，Q 値は低くおさえられている．この間に，ポンピングにより反転分布が蓄積される．

Q スイッチの第2の方法は，発振周波数に一致した吸収スペクトルをもつ可飽和吸収体を共振器の中に挿入するものである．このとき，吸収体がないときにくらべて発振のしきい値が高くなるので，十分大きな反転分布でレーザー発振が可能となるように吸収体の光学密度を選んでおく．定常励起(CW ポンピング)の下では時間とともに反転分布が増大し，ひとたび発振が始まると光吸収が飽和して光吸収が減少し，発光成分が増大する．このように，可飽和吸収体は，レーザー発振を助けるように正のフィードバックがはたらき，短パルスとして物質系に貯えられたエネルギーをとり出せる．飽和過程が十分急速に起こるときには，巨大パルスが得られる．

b) モード同期

短い光パルスを得る第2の方法がモード同期である．Fabry-Pérot 共振器の光の固有モードの波数 k_n と角周波数 ω_n は次式で与えられる．

$$k_n = \frac{n\pi}{L}, \qquad \omega_n = \frac{n\pi c}{L} = ck_n \qquad (n=1,2,3,\cdots) \tag{5.2}$$

この共振器の内部に，レーザー媒質に加えて角周波数 ω_{mod} の振幅変調器を挿入する．たとえば，超音波光変調器が用いられる．その変調度を M とすると角周波数 ω_n のレーザーモードは，次のように変調を受ける．

$$\begin{aligned} E_n \cos\omega_n t &\to E_n(1+M\cos\omega_{\mathrm{mod}}t)\cos\omega_n t \\ &= E_n\cos\omega_n t + \frac{ME_n}{2}\{\cos(\omega_n-\omega_{\mathrm{mod}})t + \cos(\omega_n+\omega_{\mathrm{mod}})t\} \end{aligned} \tag{5.3}$$

その結果 ω_n の上下に側帯波 $\omega_n \pm \omega_{\mathrm{mod}}$ を伴う．レーザー媒質の3次の非線形分極過程を通して，側帯波 $\omega_n \pm \omega_{\mathrm{mod}}$ と $\omega_{n\pm1}$ モードとは互いに周波数上で引き込むようにはたらく．特に，変調周波数 ω_{mod} がモード間隔 $\pi c/L$ に等しいときにはモード同期を起こす．すなわち，モード同期をかけないときには，媒質の分散効果などにより不当間隔で発振していた各モードは，周波数間隔 ω_{mod} で等間隔に並び，位相もそろえられる．これが**モード同期**である．その結果，全電場 $E(t)$ の時間依存性は

$$\begin{aligned} E(t) &= \sum_n E_n\cos(\omega_0+n\omega_{\mathrm{mod}})t \doteqdot \sum_{n=-N}^{N} E_0\cos(\omega_0+n\omega_{\mathrm{mod}})t \\ &= E_0\frac{\sin\left\{\left(N+\frac{1}{2}\right)\omega_{\mathrm{mod}}t\right\}}{\sin\left(\frac{1}{2}\omega_{\mathrm{mod}}t\right)}\cos\omega_0 t \end{aligned} \tag{5.4}$$

ここで，全発振周波数領域 $\Delta\omega \equiv (2N+1)\omega_{\mathrm{mod}}$ とし，その領域で各モードの振幅は定数 E_0 と近似した．また ω_0 は，発振周波数領域の中心周波数である．この光の時間領域でのふるまいは(5.4)と図5-1からわかるように，パルス幅 $\Delta T = 2\pi/\{(2N+1)\omega_{\mathrm{mod}}\} = 2\pi/\Delta\omega$ をもち，周期 $T = 2\pi/\omega_{\mathrm{mod}}$ をもつパルス列となることがわかる．色素レーザーのモード同期により，パルス幅がピコ秒の光パルス列を得ている．このパルス幅は，レーザー媒質の利得周波数領域，すなわち，ほぼ発光スペクトル幅 $\Delta\omega$ に反比例する．

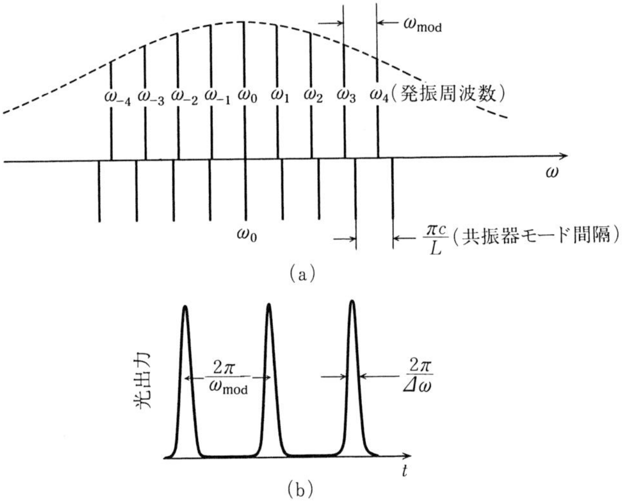

図 5-1 モード同期によるレーザー光パルスの発生原理．(a) 共振器モード間隔 $\pi c/L$ にほぼ等しい変調周波数 ω_{mod} で同期することにより，(b) 時間幅 $2\pi/\Delta\omega$ で周期 $2\pi/\omega_{mod}$ のパルス列ができる．$\Delta\omega$ は発振スペクトルの全幅であり，(a)で $\omega_n \equiv \omega_0 + n\omega_{mod}$.

したがって，図 4-11 のアレキサンドライトや図 4-13 の Ti:サファイアの結晶のように，幅広い発光スペクトルをもつレーザー媒質は，短い光パルスを発生させる点で有利になる．Ti:サファイアをレーザー媒質とするモード同期で，1.4 ps の時間幅をもつ安定な連続発振の光パルス列が得られている．さらに，次節でのべるパルス圧縮により時間幅 12～14 fs の光パルスまで得られている．これらの結晶は，色素レーザーに比して，固体レーザーとして用いられる有利さから*，最近注目を集めている．

c) パルス圧縮と光ソリトン

サブピコ秒のレーザーパルスを**パルス圧縮**して，フェムト秒($\mathrm{fs}=10^{-15}\,\mathrm{s}$)のレーザーパルスにする過程を説明しよう．シリカ系光ファイバーは特に波長 1

---

* 色素レーザー系では，色素分子を溶媒に溶かしたものをジェット流として循環させるため，そのノイズがさけられない．他方，固体レーザーでは，モード同期下でも安定パルスが得やすい．レーザー発振波長可変域が 1 種類の色素レーザーでは，せいぜい 50 nm 程度であるが，Ti:サファイアでは 700 nm から 950 nm と広くとれる．

μm 前後の赤外光には低損失で，狭い断面積に高い光強度を閉じ込められるので，非線形効果と伝播効果を長い距離にわたって累積できる利点がある．特に次にのべる，光ファイバーでの群速度の分散と，非線形効果による自己位相変調効果とを利用して，光のソリトン波や超短光パルスを発生できる．

角周波数 ω の超短光パルスは，ω を中心にパルス時間幅の逆数程度の範囲の角周波数の電磁波を重畳して形成される．その光パルスの包絡関数(envelope function) $E(z,t)$ が従う方程式を，電場 $\boldsymbol{E}(z,t)=\boldsymbol{e}E(z,t)\exp[i(kz-\omega t)]$ に対する次の Maxwell の方程式から求めよう．

$$\frac{\partial^2}{\partial z^2}\boldsymbol{E}(z,t)-\frac{1}{\epsilon_0 c^2}\frac{\partial^2}{\partial t^2}\boldsymbol{D}(z,t) = \frac{1}{\epsilon_0 c^2}\frac{\partial^2}{\partial t^2}\boldsymbol{P}^{\mathrm{NL}}(z,t) \tag{5.5}$$

ここで，$\boldsymbol{e}$ は電場方向の単位ベクトルであり，電気変位 $\boldsymbol{D}$ は $\boldsymbol{D}=\epsilon_0\boldsymbol{E}+\boldsymbol{P}^{(1)}$ と線形成分のみを表わす．簡単のために，電場 $\boldsymbol{E}$，電気変位 $\boldsymbol{D}$，および非線形分極 $\boldsymbol{P}^{\mathrm{NL}}$ は互いに平行な分極成分のみを考察し，包絡関数 $E(z,t)$ はスカラー量として取り扱う．光パルスの包絡関数 $E(z,t)$ を次の Fourier 変換で書き直す．

$$\boldsymbol{E}(z,t) = \boldsymbol{e}E(z,t)e^{i(kz-\omega t)} = \boldsymbol{e}\int d\eta\, E(z,\omega+\eta)e^{ikz-i(\omega+\eta)t} \tag{5.6}$$

電気変位 $\boldsymbol{D}(z,t)$ も，誘電関数 $\epsilon(\omega+\eta)$ を用いて同様にその Fourier 成分に分解できる．

$$\boldsymbol{D}(z,t) = \boldsymbol{e}\int d\eta\,\epsilon(\omega+\eta)E(z,\omega+\eta)e^{ikz-i(\omega+\eta)t} \tag{5.7}$$

非線形分極 $\boldsymbol{P}^{\mathrm{NL}}$ は，第 6 章で詳述する 3 次の非線形分極率 $\chi^{(3)}$ を用いて次の近似形をとる．

$$\frac{\partial^2}{\partial t^2}\boldsymbol{P}^{\mathrm{NL}}(z,t) \fallingdotseq -\omega^2\chi^{(3)}|E(z,t)|^2E(z,t)e^{i(kz-\omega t)}\boldsymbol{e} \tag{5.8}$$

これらの表式(5.6),(5.7),(5.8)を Maxwell の方程式(5.5)に代入し，線形の分散関係 $\epsilon(\omega)=(ck/\omega)^2$ を用い，また，包絡関数は空間的にもゆっくりと変動するという近似，

$$\left|\frac{\partial^2}{\partial z^2}E(z,t)\right| \ll k\left|\frac{\partial}{\partial z}E(z,t)\right| \tag{5.9}$$

により空間座標に関する2階微分を無視すると，包絡関数 $E(z,t)$ に対する次の微分方程式を得る．

$$\begin{aligned}
2ik\frac{\partial}{\partial z}E(z,t)+\frac{1}{c^2}\int d\eta\left[\eta\left\{2\omega\epsilon(\omega)+\omega^2\frac{\partial\epsilon(\omega)}{\partial\omega}\right\}\right.\\
\left.+\eta^2\left\{\epsilon(\omega)+2\omega\frac{\partial\epsilon(\omega)}{\partial\omega}+\frac{1}{2}\omega^2\frac{\partial^2\epsilon(\omega)}{\partial\omega^2}\right\}\right]E(z,\omega+\eta)e^{-i\eta t}\\
= -\frac{1}{\epsilon_0 c^2}\omega^2\chi^{(3)}|E(z,t)|^2E(z,t)
\end{aligned} \tag{5.10}$$

ここで，光パルスの群速度 $v_{\mathrm{g}}\equiv(\partial k/\partial\omega)^{-1}$ を用いると，(5.10)左辺第2項と第3項の中括弧はおのおの次のように書ける．

$$\frac{1}{c^2}\left\{2\omega\epsilon(\omega)+\omega^2\frac{\partial\epsilon(\omega)}{\partial\omega}\right\} = \frac{1}{c^2}\frac{\partial(\omega^2\epsilon)}{\partial\omega} = \frac{\partial(k^2)}{\partial\omega} = 2k\frac{1}{v_{\mathrm{g}}} \tag{5.11}$$

$$\begin{aligned}
\frac{1}{c^2}\left\{\epsilon(\omega)+2\omega\frac{\partial\epsilon}{\partial\omega}+\frac{1}{2}\omega^2\frac{\partial^2\epsilon}{\partial\omega^2}\right\} &= \frac{1}{2c^2}\frac{\partial^2(\omega^2\epsilon)}{\partial\omega^2} = \frac{\partial}{\partial\omega}\left[k\left(\frac{\partial k}{\partial\omega}\right)\right]\\
&= \frac{\partial}{\partial\omega}\left(\frac{k}{v_{\mathrm{g}}}\right) \fallingdotseq -\frac{k}{v_{\mathrm{g}}^2}\left(\frac{\partial v_{\mathrm{g}}}{\partial\omega}\right)
\end{aligned} \tag{5.12}$$

ここで与えられる群速度 v_{g} とその分散 $\partial v_{\mathrm{g}}/\partial\omega$ を $\eta=0$，すなわち搬送周波数 ω での値にとって，定数として(5.10)に代入すると，次のパルス伝播を記述する基本方程式を得る．

$$\left(\frac{\partial}{\partial z}+\frac{1}{v_{\mathrm{g}}}\frac{\partial}{\partial t}\right)E(z,t) = \frac{i\alpha}{2}\frac{\partial^2}{\partial t^2}E(z,t)+i\kappa|E|^2E(z,t) \tag{5.13}$$

ここで，

$$\frac{\partial E(z,t)}{\partial t} = -i\int d\eta\,\eta E(z,\omega+\eta)e^{-i\eta t} \tag{5.14a}$$

$$\frac{\partial^2 E(z,t)}{\partial t^2} = -\int d\eta\,\eta^2 E(z,\omega+\eta)e^{-i\eta t} \tag{5.14b}$$

を用いた．また，α は，群速度の分散効果，

$$\alpha \equiv \frac{1}{v_g{}^2}\frac{\partial v_g}{\partial \omega} \tag{5.15a}$$

κ は，光 Kerr 効果(optical Kerr effect)による自己位相変調，

$$\kappa \equiv \frac{1}{2\epsilon_0 c^2}\frac{\omega^2}{k}\chi^{(3)} \tag{5.15b}$$

を表わす定数として近似した．一般的な場合のパルス伝播を(3)で論じる前に，簡単な場合を(1)と(2)で考察しよう．

(1) 分散 $\alpha=0$，非線形性の大きさを表わす κ が 0 のときには，$t=0$ での波形を $E_0(z)$ とすると

$$E(z,t) = E_0(z-v_g t) \tag{5.16}$$

(2) 分散性のみが有限で，非線形性の項が無視できるときには，異常分散 $\partial v_g/\partial\omega>0$ でも，正常分散 $\partial v_g/\partial\omega<0$ でも，パルス幅は広がっていく．ところで，群速度 v_g が負の分散 $\partial v_g/\partial\lambda<0$ ($\partial v_g/\partial\omega>0$) をもつとき，これを**異常分散**といい，正の分散 $\partial v_g/\partial\lambda>0$ ($\partial v_g/\partial\omega<0$) のとき，**正常分散**という．たとえば，中心波長 $\lambda=1.5\,\mu$m でパルス幅 10 ps の光パルスが，シリカファイバー中を 650 m 伝播すると，パルス幅は倍になる．時間幅 Δt をもつ光パルスは，Fourier 変換するとわかるように，$\Delta\omega \fallingdotseq 2\pi/\Delta t$ の周波数幅にわたる波の重畳よりできている．正常分散では，中心周波数に比して高周波側の波長成分の群速度は遅く，低周波側では速くなる．異常分散ではその逆で，いずれの場合も，光パルスは伝播に伴って広がっていく．

(3) 分散性と非線形性が同時にあるとき，異常分散($\partial v_g/\partial\omega>0$)では，パルス圧縮がはたらき，光ソリトンが形成される．逆に，正常分散($\partial v_g/\partial\omega<0$)では，光パルスは伝播に伴って矩形パルスに近づく．この矩形パルスを回折格子を通すことによって短パルス化できる．その様子の詳細を追ってみよう．パルス伝播の基本方程式(5.13)において $|E(z,t)|^2 \fallingdotseq |E(t)|^2$ の空間依存性を無視し，$z=0$ から $z=l$ まで積分すると，$E(l,t)e^{-i\omega t} \sim \exp[i\kappa l|E(t)|^2 - i\omega t]$ となり，周波数 ω は $\omega-\kappa l\partial|E(t)|^2/\partial t$ と変化する．この結果，$\kappa>0$ のときには図 5-2 に示すように，自己位相変調によってパルスの前面では長波長側に，パ

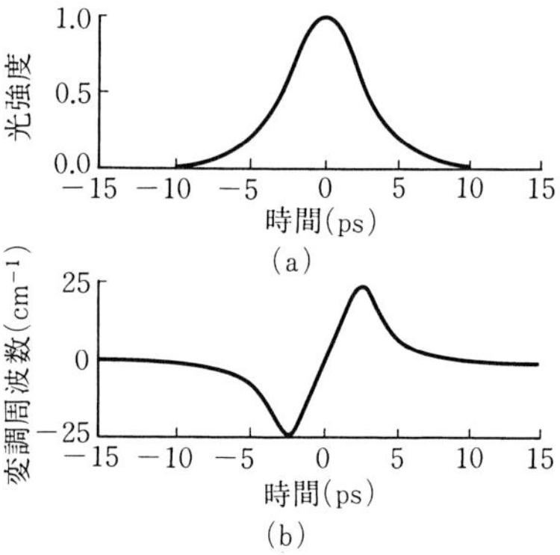

図 5-2 6ピコ秒の光パルスの(a)時間変化と(b)自己位相変調．時間は − が過去を示す．

ルスの後面では短波長側にシフトする．

異常分散のときには，短波長の光ほど群速度が速く，そのために自己位相変調によって長波長側にシフトしたパルス前面では光の伝播は遅れ，パルス後面では逆に速まるのでパルスは前後から圧縮される．シリカガラスの光ファイバーでは，1.3 μm より長波長の光には異常分散 $\partial v_g/\partial\omega>0$ を，短波長側では正常分散を示す．その結果として，1.55 μm の色中心レーザーからの光パルスをこの光ファイバー中を透過させると，群速度の分散と自己位相変調の効果がつり合って，ソリトン波が発生する．入れる光の強度に依存して，安定な単一ソリトンとして伝播したり，図 5-3 に示すように，伝播距離の関数として周期的ふるまいを示す．周期 z_0 の 1/4 のところまでは先鋭化し，1/2 付近では 2 つのパルスに分裂し，また 3/4 のところに向けて先鋭化することを繰り返しながら伝播する．ソリトン伝播については本節後半でもう少し詳しく論じる．

他方，正常分散の領域の光，たとえば可視光の光パルスを光ファイバー中に伝播させると，自己位相変調によって長波長側にシフトしたパルス前面の群速度 v_g はますます速くなり，逆にパルス後面は遅れる．その結果，全体としてパルスの中心部分は両翼に分散され，矩形パルスに近づいていく(図 5-4)．この場合も，伝播距離 z の周期関数で周期 z_0 の半分のところで，一番矩形に近づく．図 5-4 には，(a) 波形変化と (b) スペクトル変化の伝播距離依存性を示す．この矩形光パルスを光ファイバーからとり出し，異常分散性の媒質中を通すと，

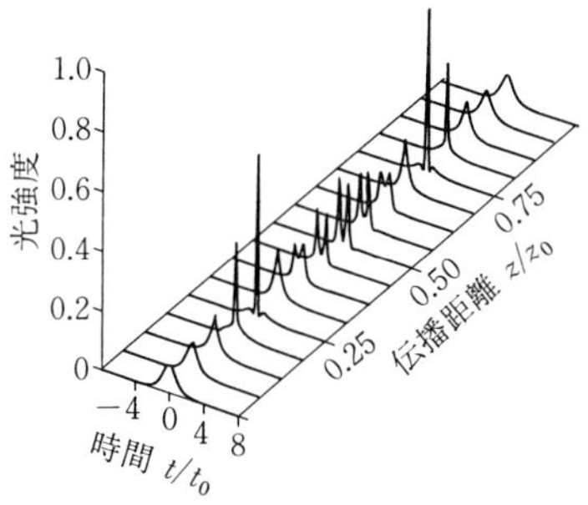

図 5-3　波長 1.55 μm (>1.3 μm) の光パルス波形の光ファイバー中の伝播に伴う変化. z_0 は規格化長でほぼ 700 m (L.F. Mollenauer and W.J. Tomlinson: Opt. Lett. **8** (1983) 186 による).

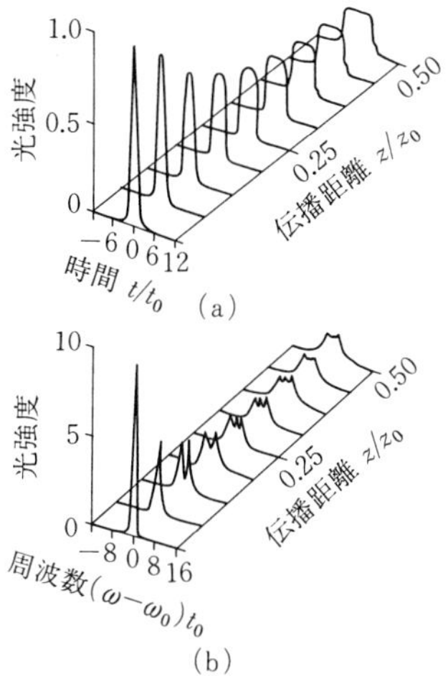

図 5-4　正常分散域の光パルスが光ファイバー中を伝播するときに示す (a) 波形変化と (b) スペクトル変化 (W.J. Tomlinson, R.H. Stolen and C.V. Shank: J. Opt. Soc. Am. **1** (1984) 139 による).

こんどはパルスの後半部分が前半部分に追いつき，パルス圧縮できる．ここでは，異常分散媒質として回折格子を用いた光パルス圧縮の原理をのべる．

図 5-5 に示すように，第 1 段では色素レーザー系から得たピーク出力 2 kW, 5.9 ps の光パルスを長さ 3 m の光ファイバーに通す．色素レーザー系からの光は 1.3 μm よりは短波長で，光ファイバーの正常分散領域にあるので，パルス幅 10 ps の矩形パルスに変形される．矩形パルスは回折格子で回折され波長に応じて広がる．プリズムで反射されてのち同じ回折格子で再び回折されると平行光線となる．ここで，長波長の光ほど長い距離を進むので，パルス前面は遅れ，逆にパルス後面が進み，異常分散のときと同じようにパルス圧縮できる．図 5-6(a)に色素レーザー系からの 5.9 ps の光パルス，そして，図 5-6(b)に上記の 1 段目でパルス圧縮して 200 fs，ピーク出力 20 kW に圧縮された光パルスを示す．第 2 段目では，この 200 fs の光パルスをもう一度長さ 55 cm の光

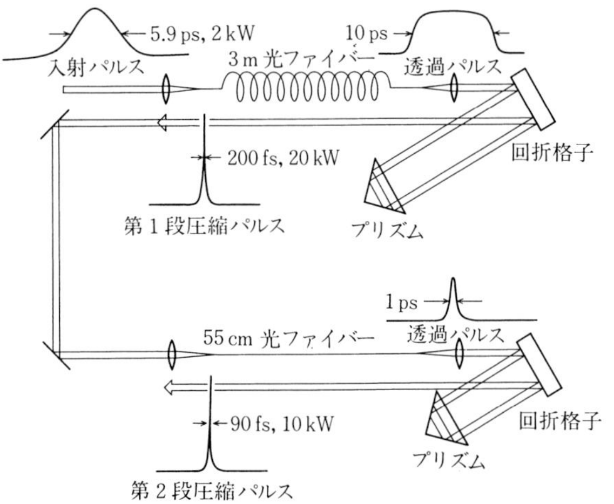

図 5-5　光ファイバーと 2 対の回折格子による光パルスの圧縮の概念図(B. Nikolaus and D. Grischkowsky: Appl. Phys. Lett. **43** (1983) 228 による).

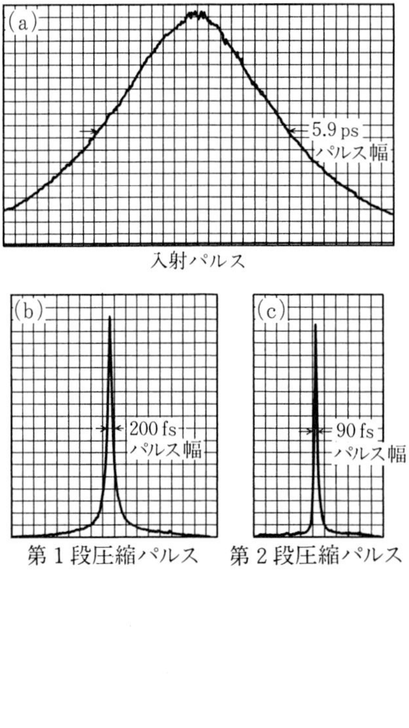

図 5-6　図 5-5 に用いた入射パルス(a), 第 1 段の圧縮パルス(b)および第 2 段目での圧縮パルス(c)の自己相関波形(出典は図 5-5 と同じ).

ファイバーを通して幅1 psの矩形パルスにし，再び回折格子とプリズムを用いてパルス圧縮を行なう．その結果，図5-6(c)に示すように90 fsの光パルスに圧縮されることがわかる．最近，50 fsの光パルスを光ファイバーを通して矩形パルスにし，回折格子対とプリズム対を組み合わせて6 fs(6×10^{-15} s)の超短光パルスを得ている．用いる光の周期が3 fsのオーダーであるので，ほぼ2周期の光パルスを得たことになる．

光ファイバー中のソリトン伝播をもう少し詳しく考えよう．自己無撞着に決められるパルス幅Tを用いて，時間t，伝播距離zと電場振幅$E(z,t)$を無次元化した量を次のように導入する．

$$\tau \equiv \frac{1}{T}\left(t-\frac{z}{v_{\mathrm{g}}}\right), \qquad \xi \equiv \left|\frac{\partial v_{\mathrm{g}}{}^{-1}}{\partial \omega}\right|\frac{z}{T^2}, \qquad \phi \equiv T\left|\frac{\kappa}{\partial v_{\mathrm{g}}{}^{-1}/\partial\omega}\right|^{1/2}E \tag{5.17}$$

その結果，(5.13)は次の非線形偏微分方程式となる．

$$i\frac{\partial\phi}{\partial\xi}+\frac{1}{2}\frac{\partial^2\phi}{\partial\tau^2}+|\phi|^2\phi = 0 \tag{5.18}$$

第1項は波動の伝播を，第2項は群速度の分散効果を，第3項は自己位相変調の効果を表わしている．ここでは異常分散の系を考えているが，正常分散の系では(5.18)の第2項の符号はマイナスとなる．この方程式(5.18)の解のうち，1ソリトン解は変数分離法を用いて簡単に求められる．

$$E(z,t) \propto \phi(\xi,\tau) = \phi_0\,\mathrm{sech}(\phi_0\tau)e^{i\phi_0{}^2\xi/2} \tag{5.19}$$

この解を求めてみよう．次の変数分離型$\phi(\xi,\tau)=\psi(\xi)\phi(\tau)$でかつ$|\phi(\xi,\tau)|^2=\phi(\tau)^2$の解を仮定する．$\psi(\xi)\phi(\tau)$を(5.18)に代入すると，次の常微分方程式に還元できる．

$$-\frac{i}{\psi(\xi)}\frac{d\psi(\xi)}{d\xi} = \frac{1}{2\phi(\tau)}\frac{d^2\phi(\tau)}{d\tau^2}+\phi(\tau)^2 = \frac{1}{2}\phi_0{}^2 \tag{5.20}$$

ここで，ϕ_0は空間座標ξ，時間座標τに依存しない定数である．ξについては簡単に積分できて，

$$\psi(\xi) = \exp\left(i\frac{1}{2}\phi_0{}^2\xi\right) \tag{5.21}$$

となり，$|\phi(\xi,\tau)|^2=\phi(\tau)^2$ の仮定をみたしていることがわかる．一方，τ については

$$\frac{1}{2}\frac{d^2\phi(\tau)}{d\tau^2}+\phi(\tau)^3-\frac{1}{2}\phi_0{}^2\phi(\tau) = 0 \tag{5.22}$$

となり，これを $\tau=\pm\infty$ で $d\phi/d\tau=\phi=0$ の境界条件の下で1回積分すると，

$$\frac{d\phi}{\phi\sqrt{1-(\phi/\phi_0)^2}} = \phi_0 d\tau \tag{5.23}$$

これをもう一度積分し，$\tau=0$ で $\phi(0)=\phi_0$ の初期条件を課すと，

$$\phi(\tau) = \phi_0 \,\mathrm{sech}(\phi_0\tau) \tag{5.24}$$

となり，(5.19)の解が求められた．

このソリトン波動は(5.24)が示すように，双曲線関数 sech の包絡曲線をもち，群速度 v_g で伝播する．この解の特徴の第1は，(5.24)からわかるように，規格化された振幅 ϕ_0 と規格化されたパルス幅 $\phi_0{}^{-1}$ の積は一定となることである．このことはより正確には，次の保存則をみたすことを示している．

$$\int_{-\infty}^{\infty}\phi(\tau)\,d\tau = \int_{-\infty}^{\infty}d\tau\,\phi_0\,\mathrm{sech}(\phi_0\tau) = \pi \tag{5.25}$$

このようにパルス幅 $T=\phi_0{}^{-1}$ は自己無撞着に決められる．第2の特徴は，$\xi=0$ で $\phi(\tau)=a\phi_0\,\mathrm{sech}(\phi_0\tau)$ のパルスを加えると

$$\begin{aligned} &0.5 \leqq a < 1.5 \quad \text{では 基本ソリトン} \\ &N-\frac{1}{2} \leqq a < N+\frac{1}{2} \quad \text{では } N \text{ ソリトン} \end{aligned} \tag{5.26}$$

として伝播距離 z_0 の周期をもつ，周期的伝播を示す．

図5-7に $N=1,2,3$ のソリトンの伝播の様子を示す．$N=1$ は定常的な伝播を示すが，$N=2,3$ では，図5-3でものべたように，周期 z_0 の半分のところまで伝播したときに大きな分裂を示す．光ファイバーに半値幅 7.2 ps のレーザーを伝播させるとき，その入射パワーの増大とともに，すなわち(5.26)の a を増大させるとともに，$N=1$ から，$N=2$，$N=3$，$N=4$ ソリトン解に移り変わっていくことが観測されている．図5-8にそれを示す．

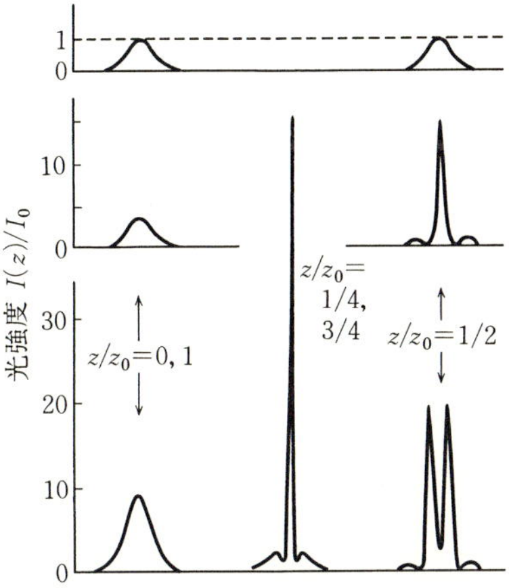

図 5-7 光ファイバー中を伝播する光ソリトンのふるまい．上段：基本ソリトン，中段：$N=2$ ソリトン，下段：$N=3$ ソリトンの計算結果．z_0 はソリトン周期(L. F. Mollenauer, R. H. Stolen and J. P. Gordon: Phys. Rev. Lett. **45** (1980) 1095 による)．

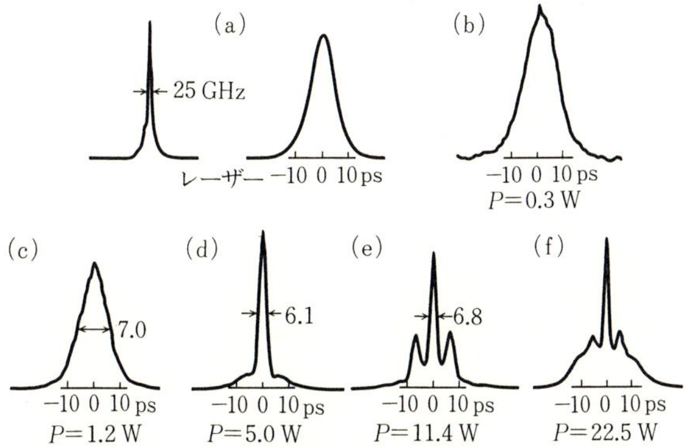

図 5-8 光ファイバーに半値幅 7.2 ps の入射レーザーパルス(a 右)を伝播させ，1 ソリトン周期の半分 $z_0/2$ のところにおける自己相関関数を入射パワー P を増大させつつ観測する．(a 左)はレーザーパルスのスペクトル分解．(b)は弱いレーザーパルス．(c) $N=1$，(d) $N=2$，(e) $N=3$，(f) $N=4$ ソリトンの伝播を示す(出典は図 5-7 と同じ)．

図 5-8(a)には，入射レーザーパルスのスペクトル分解と時間波形を示す．その次の(b),(c),(d),(e),(f)は，ほぼ半周期 $z_0/2$ 伝播したソリトン波の自己相関波形を，入射パワーを増加させつつとったものである．自己相関は，パルスを半透鏡で 2 等分し，一方をある時間 τ だけ遅延させて他方と重ね合わせ，

倍高調波の発生強度として観測される．その倍高調波の振幅を遅延時間τの関数としてプロットしたものが図5-8である．図5-8の(b)は，弱いレーザー光の自己相関関数で7.2 psのパルス幅を示す．(c)は，$N=1$ソリトンの自己相関関数でパルス幅は7.0 psとせばまっている．(d)では，$N=2$ソリトンの伝播を示し，図5-7の中段のパルスの自己相関になっている．(e)は，$N=3$ソリトンの伝播で，図5-7の下段の$z_0/2$では2本の鋭いピークをもつパルスは，自己相関関数では1：2：1のピーク強度比をもつ3本のピークとして観測されている．その時間間隔は図5-7の2本のピークの間隔に等しい．(f)は，$z_0/2$で3本の鋭いピークをもつ$N=4$のソリトンパルスの自己相関関数で，そのパルス間隔をもつ5本のピークよりなっている．

多ソリトンの理論によると，ソリトン伝播の周期z_0とパルス幅Tとは次の関係式で結びついている．

$$z_0 = \frac{\pi T^2}{2|\alpha|} \tag{5.27}$$

ここで，αは光ファイバーでの光の群速度v_gの分散で，

$$|\alpha| = \frac{1}{{v_g}^2}\left|\frac{\partial v_g}{\partial \omega}\right| \tag{5.28}$$

また基本ソリトン$N=1$のパワーをP_0とすると，NソリトンのパワーP_Nは，次式で与えられる．

$$P_N = N^2 P_0 \tag{5.29}$$

基本ソリトンを形成する入射光強度I_0と光ファイバーの有効断面積A_{eff}の積がパワーP_0であり，I_0は次式で与えられる．

$$I_0 = \frac{\epsilon_0 n_0 c \lambda}{4 z_0 n_2} \tag{5.30}$$

色中心レーザーの波長$\lambda=1.55\ \mu\mathrm{m}$の光に対する光ファイバーの物質定数を用いると，$|\alpha|=16\lambda^2/2\pi c$ (ps/nm·km)，またパルス幅$T=4$ psのとき，ソリトン周期$z_0=1260$ m，基本ソリトンの光強度$I_0=1.0\times10^{10}\ \mathrm{W/m^2}$を得る．ここで，ファイバーガラスの屈折率$n_0=1.45$，非線形屈折率$n_2=1.2\times10^{-22}\ \mathrm{m^2/V^2}$

を用いた．また，有効断面積 $A_{\rm eff}$ は，幾何学的断面積 $A_{\rm geo}$ を用いて，$A_{\rm eff} \fallingdotseq 1.5A_{\rm geo} \sim 1.0\times10^{-6}\,{\rm cm}^2$ と推定すると，基本ソリトンのパワー P_0 は，$P_0 \fallingdotseq 1.0\times10^6({\rm W/cm^2})\times10^{-6}({\rm cm^2})=1.0\,{\rm W}$ となる．図 5-8 で，$P_0=P_N/N^2$ を求めると $P_0=1.2\,{\rm W}$ となり，理論値とほぼ一致していることがわかった．

5-2 超放射

励起状態にある多くの原子または分子が，電気双極子モーメントを分極方向と位相をそろえてもつとき，これらの原子・分子系のエネルギーは，最大振幅のきわめて大きい時間幅のきわめて短い電磁場のパルスとして放出される．遷移の電気双極子モーメント μ をもつ原子・分子が密度 $n=N/V$（体積 V 中にある N 個の原子または分子を考える）で存在し，その巨視的な電気分極密度 $\boldsymbol{P}$ が分極方向 $\hat{\boldsymbol{x}}$ をもって $\hat{\boldsymbol{z}}$ 方向に伝播する．$\hat{\boldsymbol{x}}$ と $\hat{\boldsymbol{z}}$ は，その方向を示す単位ベクトルとする．そのとき $\boldsymbol{P}$ は次式で与えられる．

$$\boldsymbol{P} = n\mu\hat{\boldsymbol{x}}e^{-i(\omega t-kz)} \tag{5.31}$$

この系から $\boldsymbol{k}'$ 方向に放射される電磁場の強度 $I(\boldsymbol{k}')$ は

$$I(\boldsymbol{k}') = I_0(\boldsymbol{k}')\frac{N^2}{4}|[e^{i(\boldsymbol{k}-\boldsymbol{k}')\cdot\boldsymbol{r}}]_{\rm av}|^2+N\text{に比例する項} \tag{5.32}$$

と与えられることを Dicke が示した．ここで，$[\cdots]_{\rm av}$ は原子・分子を含む体積 V にわたる平均を意味し，$I_0(\boldsymbol{k}')$ は単一の原子または分子からの $\boldsymbol{k}'$ 方向への放射光強度を示す．$\boldsymbol{k}$ を励起の波数ベクトル $(0,0,k)$ として，$|\boldsymbol{k}-\boldsymbol{k}'|$ が十分小さいときには，(5.32)における平均 $[e^{i(\boldsymbol{k}-\boldsymbol{k}')\cdot\boldsymbol{r}}]_{\rm av}$ は 1 のオーダーとなり，放射強度 $I(\boldsymbol{k}')$ は N^2 に比例する．原子または分子を含む容器として円筒を考え，その断面積を A，放射光の波長を λ とすると，円筒軸方向の立体角 λ^2/A 内に強い放射が起こる．その全放射光強度は $N\lambda^2/A$ のオーダーとなるが，放射光パルスのピーク強度は N^2 に比例して 10^{10} のオーダーとなり，光パルスの幅は $1/N$ に比例する短パルスになると予測された．また Dicke はこれを**超放射**(superradiance)とよんだ．第 4 章で紹介したレーザー発振では，励起原子

系または励起分子系の誘導放射を最も有効に活かしたのに対して，この超放射はN個の励起原子系または分子系のコヒーレントな自然放射である．

本節では，超放射の実験事実をa)項で紹介し，電磁場の半古典論の理論結果と実験結果の比較をb)項で行なう．c)項では半古典論で説明できない自然放射特有の量子ゆらぎの効果と超放射光パルスの伝播効果を解明する．結晶内素励起である単一の励起子は，そのコヒーレントな領域内では位相をそろえた電気双極子モーメントをもつ．特にCuCl微結晶中の励起子はその体積の平方根に比例する電気双極子をもつ．このメゾスコピックな遷移の双極子モーメントをもつ励起子の超放射をd)項で論じる．

a) 超放射の実験事実

1954年に，Dickeの超放射の理論が発表されたが，この超放射が初めて実験で確証されたのは1973年であった．Feldらのグループは，図5-9に示すように，フッ化水素HF分子の回転準位間の電気双極子遷移による超放射を観測

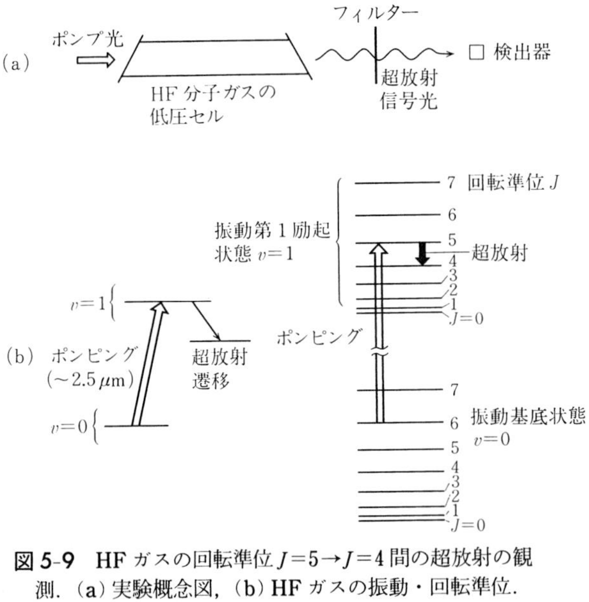

図5-9 HFガスの回転準位$J=5\to J=4$間の超放射の観測．(a)実験概念図，(b)HFガスの振動・回転準位．

した．HF 分子の振動準位間遷移を用いた HF レーザーを用いて，振動準位 $v=0$，回転準位 $J=6$ にある分子 $(v,J)=(0,6)$ を $(v,J)=(1,5)$ の準位に励起する．準位 $(1,J)$ は $(1,J\pm1)$ に電気双極子遷移が可能であり，したがって，準位 (1,5) と (1,4) の間で完全反転分布が実現される．また，準位 (1,5) からは，準位 (1,4) に一番大きい電気双極子モーメントをもつ．内径 12～28 mm，長さ 30～100 cm の管内に HF 分子を 1～20 mTorr の圧力で封入した系に，100 ns $=10^{-7}$ s のレーザーパルスを照射する．これを図 5-10(a)に時間の関数として示す．ところで，もし各励起分子からの発光が独立であるときには，その発光寿命で減衰していく．この様子を図 5-10(b)に示し，その強度を $I_0(t)$ とする．ところで超放射系で観測された発光は，図 5-10(c)に示すように筒の主軸方向

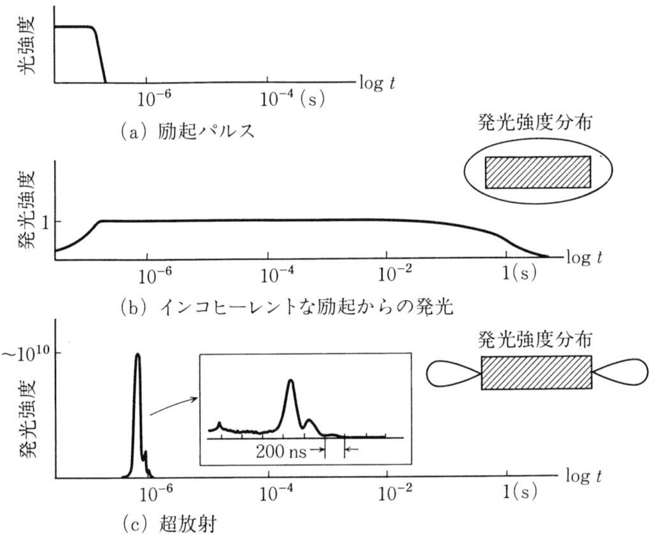

図 5-10 数十ナノ秒のレーザーパルス (a) によって励起された系からの超放射の発光プロファイル (c)．各励起が独立にインコヒーレントな自然放射から期待される指数関数的な減衰 (b) に比して，超放射 (c) では，短時間の間に(b)の 10^{10} 倍近い強度の発光パルスが，指向性をもって観測される．また発光ピークは励起パルスに比して時間遅れがあるのも 1 つの特色である(I. P. Herman, *et al.*: *Laser Spectroscopy* (Plenum Press, 1974) p. 379 による)．

に指向性をもち，1 μs＝10^{-6} s の遅延時間をもった幅 200 ns＝2×10^{-7} s の鋭いピークをなす．そのパルスは，$I_0(t)$ の 10^{10} 倍のピーク値をもつ発光として観測されている．

これらの事実より，第1に，この発光はインコヒーレントな自然放射ではないことがわかる．第2に，一見，図 5-10(c)の発光の強い指向性から自然放射光の増幅による発光の可能性がもたれるが，これも次のように否定できる．長さ 10 cm の HF 分子を含むセルの中を光が伝播する時間は 10^{-8} s 以下であるので，自然放射光の増幅であれば，発光は 10^{-8} s 以内に行なわれるはずである．ところが，図 5-10(c)に示されるように光パルスは 10^{-6} s の遅延を伴い，2×10^{-7} s の幅をもっている．最後に，この発光は通常のレーザー光でもないこともわかる．レーザー光出力のピーク値は第4章の結果からもわかるように反転分布に比例する．したがって，HF 分子の圧力に比例したレーザー出力が期待されるが，図 5-10 の発光強度のピーク値の圧力依存性は，図 5-11 に示すように，圧力の2乗に比例していることがわかる．

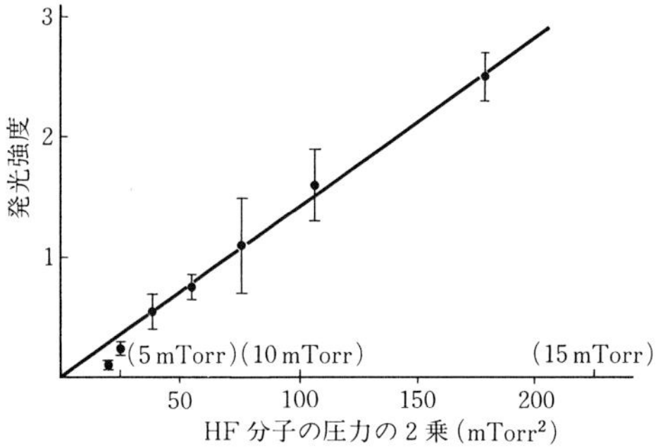

図 5-11 HF 分子の (v=1, J=5) → (v=1, J=4) の超放射の発光ピーク強度のHF 分子圧力依存性(出典は図 5-10 と同じ).

以上の3つの発光特性は，HF 分子の (v=1, J=5) → (v=1, J=4) の遷移に伴うコヒーレントな自然放射，すなわち，超放射として理解できることが次のb)項の理論的考察からわかる．

上記のような3つの特性に加えて，次のような実験事実も観測されている．図 5-12(a)は，HF 分子が 4.5 mTorr の圧力のとき，(v=1, J=3) → (v=1, J=2) の遷移に伴う超放射の時間特性である．遅延時間は 0.6 μs，パルス幅 0.1

μs が観測されている．ところで図 5-12(b)のように，HF 分子の圧力が 2.1 mTorr にほぼ半減すると，ピーク強度が減少するばかりか，遅延時間も 1.5 μs，発光のパルス幅も 0.7 μs と大幅に大きくなる．さらに，実験ごとに遅延時間もばらつくことがわかる．これは次の b)項でものべるが，初期の自然放射に伴う量子ゆらぎの巨視的な現われである．図 5-12 (c), (d)は，励起強度が遅延時間にどのように影響を与えるかを調べたもので，(c)でのポンプ強度 $I = 1.7$ kW/cm^2，$p_{\mathrm{HF}} = 1.2$ mTorr に比較して，(d)での $I = 0.95$ kW/cm^2，$p_{\mathrm{HF}} = 1.2$ mTorr と励起強度を下げると，発光強度が下がるとともに，遅延時間も増大することがわかる．

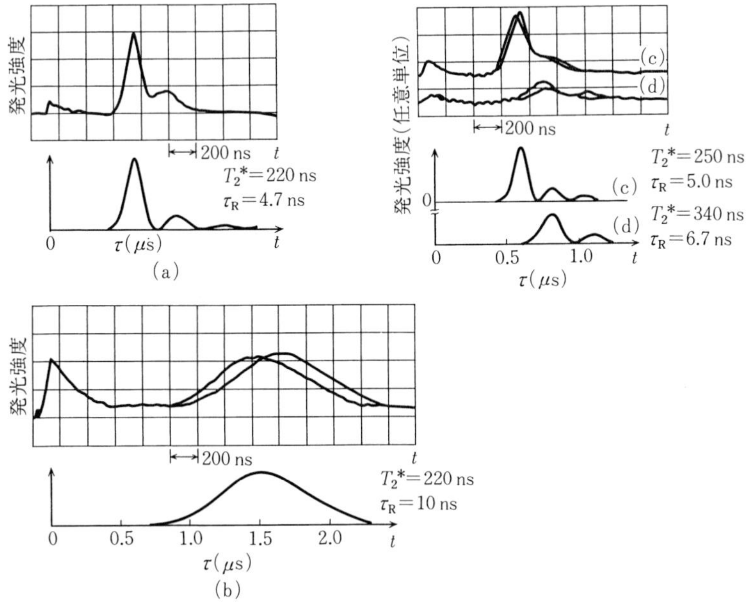

図 5-12 超放射光パルスの測定(上)と，その計算結果(下)．(a) HF の分子圧 = 4.5 mTorr，パルス遅れ ～0.6 μs，パルス幅 ～0.1 μs．(b) HF の分子圧 = 2.1 mTorr，パルス遅れ ～1.5 μs，パルス幅 ～0.7 μs．また実験ごとに時間遅れがばらつく．(c) HF 分子圧 = 1.2 mTorr，ポンプ強度 ～1.7 kW/cm^2．(d) HF 分子圧 = 1.2 mTorr，ポンプ強度 ～0.95 kW/cm^2 (N. Skribanowitz, *et al.*: Phys. Rev. Lett. **30** (1973) 309 による)．

超放射の明確な実験の第2は, Gibbs らによる Cs 原子系での**超蛍光**(superfluorescence)の観測である. Cs 原子の最外殻の 6s 電子を, 図 5-13(a)に示すように, 0.455 μm の波長のレーザー光で 7p 準位に励起し, 2.9 μm の波長の 7p→7s の遷移に伴う超蛍光を観測した. 特にここで超放射と区別して超蛍光とよぶのは, 完全反転分布の状態は Bloch ベクトルの準安定状態であり, 電磁場のゆらぎによって初めて放射が可能となるためである. この系の励起, すなわち, 完全反転分布からある時間遅れを伴うコヒーレントな自然放射の起こる過程を超蛍光とよぶ. その意味では, HF の超放射を超蛍光とよぶことができる. 逆に, 超蛍光においてもひとたび分極が発生すれば超放射を伴う. Cs 原子ビームと色素レーザー光を図 5-13(b)のように交差させ, この励起された Cs 原子ビームからの超蛍光を観測した.

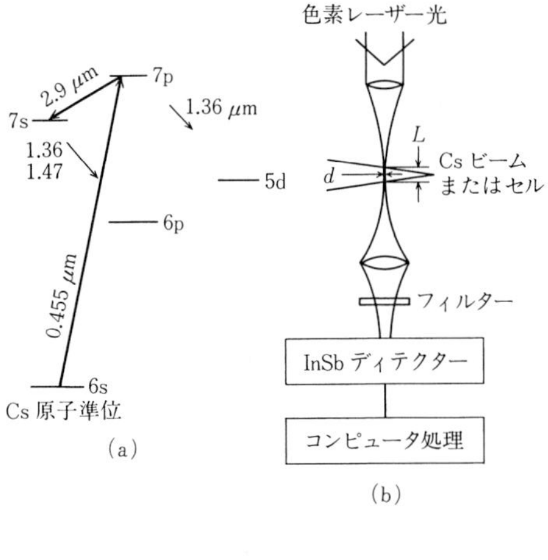

図 5-13 (a) Cs 原子のエネルギー準位. 6s→7p をポンプし, 7p→7s 間の遷移に伴う超放射を観測する. (b) Cs 原子系からの超放射を観測する実験の概念図.

その結果, 図 5-14, 図 5-15 に示すように, ns オーダーの遅れを伴った sech 型のパルスが観測されている. 図 5-15 には, Cs 原子のビーム中の濃度に依存して, 超蛍光パルスの形状と時間遅れが変化する様子を示す. 特に, 濃度を減じるとともに, 超蛍光のピークが 6 ns から 18 ns と遅くなる様子がわかる.

この超蛍光が明確に観測されるためには, 3つの条件が必要である. 第1に, 超蛍光は電磁場のゆらぎから成長するものであるから, Cs 原子系の完全反転

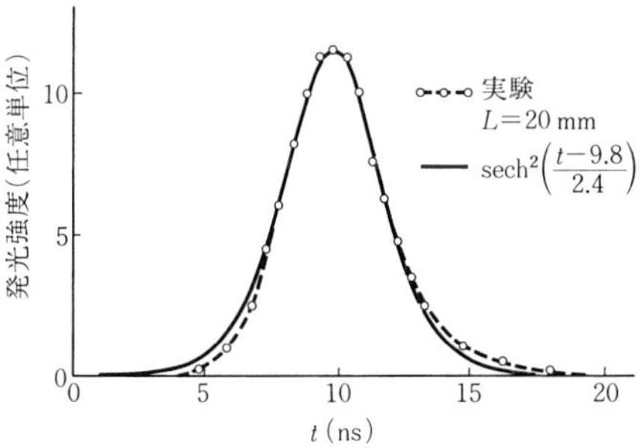

図 5-14 Cs 原子系からの比較的対称な発光パルス(Q. H. F. Vrehen, in *Cooperative Effects in Matter and Radiation* (Plenum Press, 1977) による).

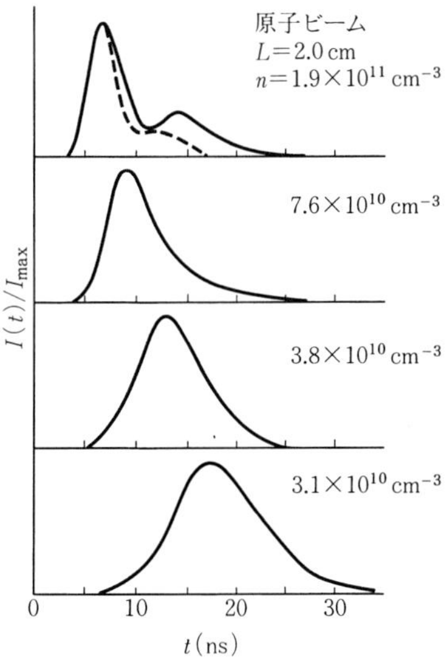

図 5-15 Cs 原子密度 n の変化に対する発光パルスの形状変化(H. M. Gibbs, Q. H. F. Vrehen and H. M. J. Hikspoars: Phys. Rev. Lett. 39 (1977) 547 による).

分布を実現する必要がある．そのために，後に与えられる超蛍光の時間遅れ τ_D に比して，完全反転分布をより短い時間で作らねばならない．第2に，レーザー発振とは逆の条件，すなわち，電磁波が原子系から逃げる時間 $\tau_E \equiv L/c$ は，原子系の縦緩和時間 T_1 や横緩和時間 T_2 に比して十分短いことが必要である．さもないと，電磁波が物質系にフィードバックして，誘導放射を起こし，自然放射による超蛍光を抑えてしまう．第3に，超放射の時定数，すなわち，パルス幅 τ_R と時間遅れ τ_D とが次の関係式を満足するとき，明確な超蛍光が観測される．

$$\tau_E < \tau_R < \tau_D < T_1, T_2 \tag{5.33}$$

事実，Gibbs らの実験は，ns(10^{-9} s)を単位として，

$$\tau_E = 0.067 < \tau_R = 5 < \tau_D = 10 < T_1 = 70,\ T_2 = 80$$

と(5.33)の条件をみたしている．ここで注意すべきことは，電磁波の減衰時間 τ_E が最も短く，フィードバックによる誘導放射の可能性を消し，自然放射を有効に活かす舞台が保証されていることである．超放射と超蛍光の理論を次節で展開し，これらの実験事実がどこまで説明できるか考察しよう．

b）超放射の理論

原子・分子系を 2 準位 $\hbar\omega_a$ と $\hbar\omega_b$ をもつ系として，この系からの超放射と超蛍光の過程を理論的に考察してみよう．i 番目の原子の基底状態 a と励起状態 b にいる電子の消滅・生成演算子（a_i, b_i）と（$a_i^\dagger, b_i^\dagger$），輻射モード ω の消滅・生成演算子 $B, B^\dagger$ を用いると，考えている系のハミルトニアンは次のように書ける．

$$\mathscr{H}_A = \hbar \sum_i (\omega_a a_i^\dagger a_i + \omega_b b_i^\dagger b_i) \tag{5.34}$$

$$\mathscr{H}_{AR} = \hbar g \sum_i (a_i^\dagger b_i B^\dagger e^{i\omega t} + b_i^\dagger a_i B e^{-i\omega t}) \tag{5.35}$$

ここで，電子系と輻射場の間は電気双極子相互作用により，回転波近似を用いた．すなわち反共鳴項を無視した．電子系と輻射場の結合定数 g は，原子の遷移の電気双極子モーメント μ を用いて，

$$\hbar g \equiv \mu \sqrt{\frac{\hbar\omega}{2\epsilon_0 V}} \tag{5.36}$$

と表わせる．

ここで，2 準位系に対してスピン演算子を次のように導入する．

$$\begin{aligned} s_i^+ e^{i\omega t} &\equiv b_i^\dagger a_i, \qquad s_i^- e^{-i\omega t} \equiv a_i^\dagger b_i \\ s_i^z &\equiv \frac{1}{2}(b_i^\dagger b_i - a_i^\dagger a_i) \end{aligned} \tag{5.37}$$

これらの演算子に対する運動方程式は次のようになる．

$$\frac{\partial}{\partial t}s_i{}^+ = -i\varDelta s_i{}^+ - 2igB^\dagger s_i{}^z \tag{5.38}$$

$$\frac{\partial}{\partial t}s_i{}^z = ig(B^\dagger s_i{}^- - Bs_i{}^+) \tag{5.39}$$

ただし，$\varDelta \equiv \omega - \omega_{ba}$．(5.33)に示すように，輻射場の寿命 τ_E は他の時定数より短いので，断熱近似が適用でき，輻射場は原子系の運動に常に追随できる．したがって，(5.38)，(5.39)の原子系の運動を求めれば，それを用いて超放射の過程を記述することができる．同時に，(5.38)と(5.39)の原子系の運動方程式では，その緩和定数 T_1 と T_2 より短い時間内の現象を考察するので，緩和項は無視できる．以下(5.38)と(5.39)を次の2つの場合に分けて論じる．

〈ケース1〉 L（系の大きさ）$<\lambda$（放射光の波長）

全電子系の分極演算子 S^+ と S^-，反転分布 S^z を次のように導入する．

$$S^+ \equiv \sum_i s_i{}^+, \quad S^- \equiv \sum_i s_i{}^-, \quad S^z \equiv \sum_i s_i{}^z \tag{5.40}$$

(5.38)と(5.39)の運動方程式は，

$$\frac{\partial}{\partial t}S^+ = -i\varDelta S^+ - 2igB^\dagger S^z \tag{5.41}$$

$$\frac{\partial}{\partial t}S^- = i\varDelta S^- + 2igBS^z \tag{5.42}$$

$$\frac{\partial}{\partial t}S^z = ig(B^\dagger S^- - BS^+) \tag{5.43}$$

ここで，緩和の効果 $1/T_1, 1/T_2$ を無視できるのは，(5.41)～(5.43)を解いて求まる超放射・超蛍光の時定数 τ_R と τ_D が T_1, T_2 より十分短いこと，すなわち，(5.33)の条件 $\tau_R, \tau_D \ll T_1, T_2$ がみたされていることから正当化できる．

(5.41)～(5.43)から，次の保存則が成立することがわかる．

$$S^-S^+ + S^+S^- + 2(S^z)^2 = 一定 \tag{5.44}$$

ここで，$S^- \equiv S^x - iS^y$，$S^+ \equiv S^x + iS^y$ を導入すると，

$$(S^x)^2 + (S^y)^2 + (S^z)^2 \equiv \boldsymbol{S}^2 = S(S+1) \tag{5.45}$$

となり，全原子系のスピン $\boldsymbol{S}$ の固有値を定義できる．これは，$\boldsymbol{S}^2$ が

$$[\mathcal{H}_A+\mathcal{H}_{AR}, \boldsymbol{S}^2] = 0 \tag{5.46}$$

と運動の恒量であることによる．また，全系のスピン $\boldsymbol{S}$ の1成分 S^z も

$$[\mathcal{H}_A, S^z] = 0 \tag{5.47}$$

となり，輻射場との相互作用がないときの運動の恒量であることがわかる．量子数 S と S^z の量子数 m とは，スピンとの類推からもわかるように，全原子数を N とすると

$$|m| \leqq S \leqq \frac{1}{2}N \tag{5.48}$$

の制約をうける．$m\equiv(1/2)(N_b-N_a)$ は反転分布の大きさを表わし，S は**協力数**(cooperation number)とよばれ，本節後半で導入する Bloch ベクトルの大きさを表わす．

〈ケース 2〉 $L>\lambda$

この場合には簡単のため $\varDelta\equiv\omega-\omega_{ba}=0$ とおき，$B^\dagger$ と B は空間的・時間的にゆるやかに変動する古典量として取り扱う．ここで，分極密度 $S^+(x,t)$ と反転分布密度 $S^z(x,t)$ を，波長 λ より大きく，サイズ L より小さい体積 $\varDelta V$ での平均として次のように導入する．

$$\frac{1}{\varDelta V}\sum_{i\in\varDelta V(x)} s_i{}^+ e^{-ikx_i} = S^+(x,t)e^{-ikx} \tag{5.49}$$

$$\frac{1}{\varDelta V}\sum_{i\in\varDelta V(x)} s_i{}^z = S^z(x,t) \tag{5.50}$$

物質系の運動方程式は

$$\frac{\partial}{\partial t}S^+(x,t) = -2igB^\dagger(x,t)S^z(x,t) \tag{5.51}$$

$$\frac{\partial}{\partial t}S^z(x,t) = ig[B^\dagger(x,t)S^-(x,t)-B(x,t)S^+(x,t)] \tag{5.52}$$

電場 $E(x,t)$ も体積 $\varDelta V$ で量子化する．すなわち，

$$E(x,t) = i\sqrt{\frac{\hbar\omega}{2\epsilon_0\varDelta V}}[B(x,t)e^{-i(\omega t-kx)}-B^\dagger(x,t)e^{i(\omega t-kx)}] \tag{5.53}$$

したがって，$\hbar g \equiv \mu\sqrt{\hbar\omega/2\epsilon_0 \Delta V}$．さらに電気分極密度 $P(x,t)$ を

$$P(x,t) = i\mu[S^+(x,t)e^{i(\omega t-kx)} - S^-(x,t)e^{-i(\omega t-kx)}] \tag{5.54}$$

と表わし，$E(x,t)$((5.53)式)と $P(x,t)$((5.54)式)を Maxwell の方程式

$$\nabla^2 E - \frac{1}{c^2}\frac{\partial^2}{\partial t^2}E = \frac{1}{\epsilon_0 c^2}\frac{\partial^2}{\partial t^2}P \tag{5.55}$$

に代入して，分散 $ck=\omega$ と回転波近似を使う．さらに輻射場の振幅 $B(x,t)$ と $B^\dagger(x,t)$ は時間的および空間的にゆるやかに変動するという次の近似，

$$\left|\omega\frac{\partial}{\partial t}B^\dagger\right| \gg \left|\frac{\partial^2}{\partial t^2}B^\dagger\right|, \qquad \left|k\frac{\partial}{\partial x}B^\dagger\right| \gg \left|\frac{\partial^2}{\partial x^2}B^\dagger\right| \tag{5.56}$$

を使うと，次の方程式を得る．

$$\left(\frac{\partial}{\partial t}+c\frac{\partial}{\partial x}+\kappa\right)B^\dagger(x,t) = ig\Delta VS^+(x,t) \tag{5.57}$$

ここで，媒質系から電磁波が逃げる速さ $\kappa\equiv c/L$ を現象論的に代入した．単位体積中に含まれる原子の数を n とすると，最大協力数 $S=n/2\ (\gg 1)$ のときには，

$$|S^+|^2+|S^z|^2 \doteqdot \left(\frac{n}{2}\right)^2 \tag{5.58}$$

したがって，

$$S^z(x,t) = -\frac{n}{2}\cos\Phi(x,t) \tag{5.59}$$

$$S^-(x,t) = S^+(x,t) = \frac{n}{2}\sin\Phi(x,t) \tag{5.60}$$

と Bloch ベクトル (S^x, S^y, S^z) を直交座標系にとるときの極角 $\Phi(x,t)$ を導入する．この極角 $\Phi(x,t)$ は，電子系の基底状態を原点 $\Phi=0$ にとってある．これを(5.51)に代入すると，

$$B^\dagger = -\frac{i}{2g}\frac{\partial\Phi}{\partial t} = -B \tag{5.61}$$

を得る．(5.60)とこの(5.61)を(5.57)に代入すると，次式を得る．

$$-\frac{i}{2g}\left(\frac{\partial^2}{\partial t^2}+c\frac{\partial^2}{\partial x\partial t}+\kappa\frac{\partial}{\partial t}\right)\boldsymbol{\Phi} = ig\Delta V\frac{n}{2}\sin\boldsymbol{\Phi} \tag{5.62}$$

これを無次元化された時間と距離についての偏微分方程式に書き直すため時間を τ で，距離を ξ で規格化する．ここで，

$$\frac{ng^2\Delta V}{\kappa} = \frac{N\omega\mu^2}{2\epsilon_0\hbar\kappa V} \equiv \frac{1}{\tau}, \qquad c\tau \equiv \xi \tag{5.63}$$

その結果，(5.62)は，次の無次元化された方程式に還元できる．

$$\frac{\partial}{\partial(t/\tau)}\boldsymbol{\Phi}+\sin\boldsymbol{\Phi} = -\frac{1}{\kappa\tau}\left[\frac{\partial^2\boldsymbol{\Phi}}{\partial^2(t/\tau)}+\frac{\partial^2\boldsymbol{\Phi}}{\partial(t/\tau)\partial(x/\xi)}\right] \tag{5.64}$$

ここで〈ケース 1〉にもどって，

$$\frac{1}{\kappa\tau} = \frac{n\mu^2\omega}{2\epsilon_0\hbar\kappa^2} \equiv \left(\frac{L}{L_c}\right)^2 \ll 1 \tag{5.65}$$

のときには，(5.64)の右辺は無視できて，時間だけの関数となり，$\boldsymbol{\Phi}(t)$ は

$$\frac{d\boldsymbol{\Phi}}{dt} = -\frac{1}{\tau}\sin\boldsymbol{\Phi} \tag{5.66}$$

の方程式に従う．ここで，(5.65)の $L_c \equiv c\sqrt{2\epsilon_0\hbar/n\omega\mu^2}$ は**協力長**(cooperation length)とよばれるものである．すなわち，協力長 L_c よりも十分短い($L \ll L_c$)原子系からの超放射・超蛍光は(5.66)で記述できる．(5.64)の右辺が無視できない場合については，次の c)項で論ずる．初期条件 $t=0$ で $\boldsymbol{\Phi}(0)$ として，(5.66)を解くと，

$$\log\left|\tan\left[\frac{1}{2}\boldsymbol{\Phi}(t)\right]\Big/\tan\left[\frac{1}{2}\boldsymbol{\Phi}(0)\right]\right| = -\frac{t}{\tau} \tag{5.67}$$

すなわち，

$$\tan\left[\frac{1}{2}\boldsymbol{\Phi}(t)\right] = \exp\left[-\frac{1}{\tau}(t-t_{\rm max})\right] \tag{5.68}$$

ここで

$$\tan\left[\frac{1}{2}\boldsymbol{\Phi}(0)\right] \equiv \exp\left(\frac{t_{\rm max}}{\tau}\right) \tag{5.69}$$

とおいた．(5.68)は次のようにも書ける．

$$\sin \Phi(t) = \operatorname{sech}\left(\frac{t-t_{\max}}{\tau}\right) \tag{5.70}$$

ところで，放射光強度の時間変化は，

$$I(t) = 2\kappa\hbar\omega B^{\dagger}(t)B(t)\frac{V}{\varDelta V} \tag{5.71}$$

$$= 2\kappa\hbar\omega\frac{1}{4g^2}\left(\frac{\partial\Phi}{\partial t}\right)^2\frac{V}{\varDelta V} \tag{5.72}$$

$$= \hbar\omega\left(\frac{\kappa}{2g^2}\right)\frac{1}{\tau^2}\left(\sin^2\Phi\right)\frac{V}{\varDelta V} \tag{5.73}$$

$$= \frac{\epsilon_0\hbar^2\kappa V}{\mu^2\tau^2}\operatorname{sech}^2\left(\frac{t-t_{\max}}{\tau}\right) \tag{5.74}$$

ここで，(5.71)から(5.72)を導くには(5.61)を用い，(5.73)は(5.66)を用い，(5.74)は(5.70)と $g\equiv\mu\sqrt{\omega/2\epsilon_0\hbar\varDelta V}$ を用いた．以上の半古典論で説明できたことを整理しておこう．

(1) 発光のパルス形状は(5.74)で与えられるので，パルス幅 τ は，(5.63)より，

$$\tau = \frac{2\epsilon_0\hbar\kappa}{\omega n\mu^2} = \frac{4\epsilon_0\tau_0}{3\pi n\lambda^2 L} \tag{5.75}$$

ここで，τ_0 は 2 準位 1 原子の自然放射の寿命であり，パルス幅は，原子密度 n に反比例し，すなわち，$\lambda^2 L$ の体積中の原子数に反比例して短くなることがわかる．この結論は，図 5-12 の(a)と(b)の実験結果の差と図 5-15 のパルス幅の Cs 原子密度依存性を説明できる．

(2) 発光ピークの強度 I_0 は，(5.73)と(5.65)を用いて，

$$I_0 = \frac{\hbar\omega\kappa V}{2g^2\tau^2\varDelta V} = \frac{\omega^2\mu^2 n^2}{4\epsilon_0\kappa}V \tag{5.76}$$

と得られる．この結果は，超放射のピーク強度 I_0 は原子または分子密度，すなわち圧力の 2 乗に比例するという図 5-11 の結果を説明できる．

(3) 発光パルスの形状は，$\kappa\tau\gg 1$ のときには $\operatorname{sech}^2[(t-t_{\max})/\tau]$ となるとい

う図 5-14 の結果を説明できる．

c）超放射における量子効果と伝播効果

この項においては，前項の半古典論では説明できなかった 2 つの実験事実の解明を試みる．

第 1 の実験事実は，図 5-12(b)で観測されているように，超放射パルスのピークの時間遅れが実験ごとにばらつくこととその時間遅れの原子密度依存性である．この時間遅れ $t_{\max}$ は(5.69)より

$$t_{\max}=\tau\log\left|\tan\left[\frac{\boldsymbol{\Phi}(0)}{2}\right]\right| \tag{5.77}$$

と与えられる．$\boldsymbol{\Phi}(0)=\pi/2$ では $t_{\max}=0$，$\boldsymbol{\Phi}(0)=\pi$ では $t_{\max}=\infty$ となる．ところで，完全反転分布では (S^x, S^y, S^z) の Bloch ベクトルは頂上を指し，$\boldsymbol{\Phi}(0)=\pi$ となり，この近似では $t_{\max}=\infty$ となる．現実には，有限の時間遅れで超放射の発光ピークが観測され，またその時間遅れがばらつくのは，この系における自然放射がいつ，そしてどの原子または分子で発生するかに依存するためである．この時間遅れとそのゆらぎは，量子ゆらぎの巨視的出現である．この現象を記述するには光子の量子(真空)ゆらぎをとり込む必要がある．ここでは，輻射場のゆらぎの効果を，Bloch ベクトル $\boldsymbol{S}$ の初期有効かたむき角 θ_0 としてとり込む．

$$\theta_0\equiv\sqrt{\langle\varDelta\boldsymbol{\Phi}(x,t=0)^2\rangle} \tag{5.78}$$

ここで，$\varDelta\boldsymbol{\Phi}(x,t=0)=\boldsymbol{\Phi}(x,t=0)-\pi$，すなわち Bloch ベクトルの極角の北極からのずれを示す．

関与する全原子または分子の数を N とすると，量子効果をとり入れた複雑な計算の結果，$\theta_0\fallingdotseq\sqrt{2/N}$ と評価される．ここでは，これを導くことをせず，実験によってこの θ_0 を直接測定できることを示そう．

励起光で完全反転分布をつくった直後に，同じ周波数をもつ弱い光パルスをその系に照射する．そのパルス面積 $\theta\equiv\int\mu E(t)dt/\hbar$ が θ_0 より小さいときには，そのパルスの効果は無視でき，超蛍光の放射は輻射場の真空ゆらぎによってひ

き起こされる．しかし，パルス面積θが$\theta>\theta_0$になると，超蛍光はその入射パルスによって始動される．そのときには，超蛍光・超放射の平均遅延時間τ_Dは，大幅に短縮される．したがって，平均遅延時間をパルス面積θの関数として測定することによって，θ_0の値を求めることができる．

図5-16(a)のように，2つのセルにセシウム原子を充塡する．セル1はセル2より大きい原子密度をもつので，セル1の完全反転分布は1.5 nsの平均時間遅れで，またセル2は13 nsの平均時間遅れで超放射光パルスを放出する．これは，超放射の特徴的な時間が(5.63)のτで決まるので，原子密度nが濃いほど，パルス幅τ_Rとともにパルス遅れτ_Dも短くなる．また，セル1とセル2の間に赤外の信号光を減衰させるフィルターが入っているので，セル1からの超放射光のパルス面積θは十分小さくできる．すなわち，$\theta\ll\pi$である．セル2には，紫外のポンプ光が十分到達しているので，完全反転分布が7p→7s間でできている．この系にセル1からの微弱光パルスが入り，セル2での超蛍光を始動させる．セル2からの超放射光パルスの遅延時間τ_Dをセル1からの始動パルスのパルス面積θの関数として，図5-16(b)に示す．$\theta=\theta_0=5\times10^{-4}$を境にして，$\theta<\theta_0$すなわち$[\ln(\theta/2\pi)]^2>90$では，発光の遅延時間は$\theta$によらず

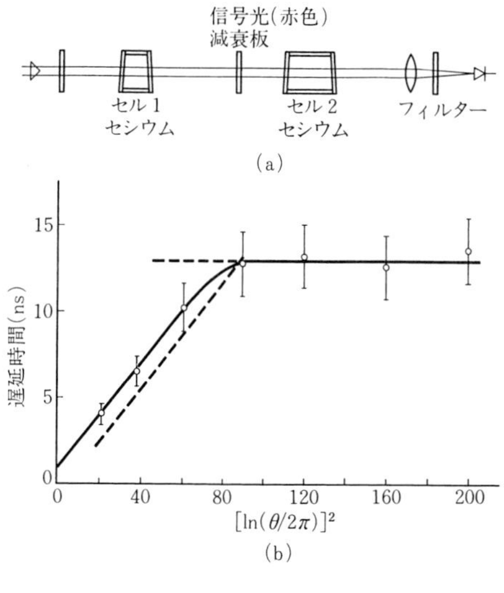

図5-16 超蛍光の時間遅れτ_Dを始動パルスのパルス面積θの関数として測定する(a)実験の概念図と，(b)測定結果(Q. H. F. Vrehen and M. F. H. Schuurmans: Phys. Rev. Lett. 42 (1979) 224による)．

一定で 13 ns であるが，$\theta>\theta_0$ では $[\ln(\theta/2\pi)]^2$ に比例して，θ が 2π に近づくとともに短くなることがわかる．セル 2 のセシウム原子系の初期有効かたむき角 θ_0 は 5×10^{-4} であることがわかる．これは，$\theta_0 \doteqdot \sqrt{2/N}=1\times10^{-4}$ とオーダーは一致している．

第 2 の実験結果は，図 5-15 に示すように，原子密度 n を増すとともに，放射光強度の振動が観測されることである．これは前節の半古典論で説明できない．n の増大とともに，(5.64)の右辺の $1/\kappa\tau$ に比例する項が(5.65)からもわかるように無視できなくなる．同様に，(5.65)から原子を含む系の長さ L が協力長 $L_c \equiv c\sqrt{2\epsilon_0\hbar/\omega n\mu^2}$ に比して長くなるときにも，放射光の空間的伝播効果を表わす(5.64)の右辺の効果が顕著になる．

超蛍光の初期過程では，1 つの励起原子または励起分子の自然放射で始まる．この自然放射でできた弱い輻射場は，媒質中を伝播しつつ弱い巨視的電気分極を誘起する．この電気分極を源としてさらに輻射場を増大させる．この繰り返しを通して，図 5-17 に示すように，時間的・空間的に電気分極が発達し，伝

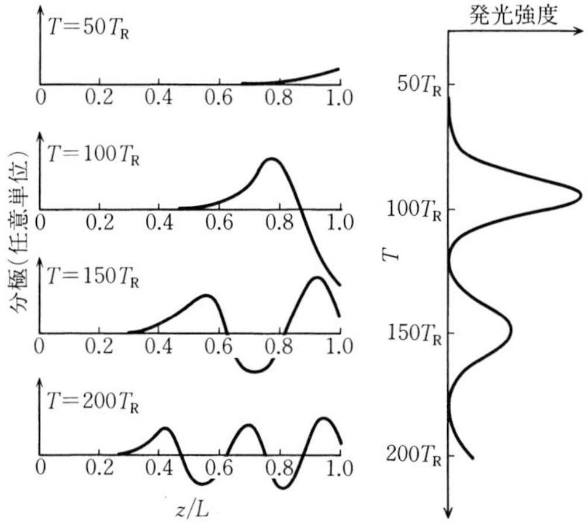

図 5-17 長い媒質($L>L_c$)中の電気分極が，時間的および空間的に成長するようす(I. P. Herman, J. C. MacGilliuray, N. Skribanowitz and M. S. Feld: in *Laser Spectroscopy* (Plenum Press, 1974) による)．

播して，端面より放射光として観測される．この発光強度は$L>L_c$では，時間的に振動しつつ減衰していく．

d）励起子の超放射

原子系または分子系からの超放射においては，関与する2準位系の双極子モーメントは，電磁波の仮想的なやりとりで，その位相をそろえた．その結果，Blochベクトルの極角$\boldsymbol{\Phi}=\pi/2$付近では$N/2$個の励起が，その双極子モーメントの位相をそろえて，巨視的な$\mu N/2$の双極子モーメントが形成され超放射をひきおこした．すなわち，協力数$S=N/2$の状態は，2準位間の電磁的相互作用で実現された．ところで，結晶を構成する原子・分子は，周期的に規則正しく配列しているので，結晶内に1つの励起を作っても，理想の極限では結晶を構成する全原子・分子間を伝播する．これは，**励起子**とよばれ，この1励起状態は，構成原子(分子)の励起状態の線形結合で，次のように記述できる．

$$\Psi_{\boldsymbol{k}}=\frac{1}{\sqrt{N}}\sum_{i=1}^{N}e^{i\boldsymbol{k}\cdot\boldsymbol{r}_i}(b_i^{\dagger}a_i)|g\rangle \tag{5.79}$$

ここで，a_i (b_i) は価電子帯(伝導帯)を構成するi原子を中心とするWannier関数を基底にする電子の消滅演算子である．(5.79)は，同一原子(分子)内の励起が結晶中を波数ベクトル$\boldsymbol{k}$をもって伝播する状態を示す．Nは構成原子(分子)の総数で，$\Psi_{\boldsymbol{k}}$は全結晶内で規格されている．これを**Frenkel励起子**とよぶ．結晶の基底状態$|g\rangle\equiv\prod_{i=1}^{N}a_i^{\dagger}|0\rangle$と1 Frenkel励起子状態(5.79)の間の遷移の電気双極子モーメントは

$$\langle\Psi_{\boldsymbol{k}}|\sum_{i=1}^{N}(-e\boldsymbol{r}_i e^{i\boldsymbol{K}\cdot\boldsymbol{r}_i})b_i^{\dagger}a_i|g\rangle=\sqrt{N}\boldsymbol{\mu}\delta_{\boldsymbol{kK}} \tag{5.80}$$

と1原子(分子)内の双極子モーメント$\boldsymbol{\mu}$の$\sqrt{N}$倍だけ増大している．ただし，励起子の波数ベクトル$\boldsymbol{k}$が電磁波の波数ベクトル$\boldsymbol{K}$に一致するときだけ，電気双極子遷移が可能となる．半導体中では，電子と正孔が異なる単位胞に存在できるような広がった励起を形成する．これを**Wannier励起子**とよび，その遷移の双極子モーメントは$\sqrt{Nu^3/\pi a_{\rm B}{}^3}\,\boldsymbol{\mu}_{\rm cv}\,\delta_{\boldsymbol{kK}}$とFrenkel励起子に比して$\sqrt{u^3/\pi a_{\rm B}{}^3}$だけ減少するが，Frenkel励起子同様に，バンド間遷移の双極子モ

ーメント $\boldsymbol{\mu}_{cv}$ に対して巨視的増大 $\sqrt{N}$ を伴う．ここで，u^3 は単位胞の体積で，a_B は励起子内の電子・正孔間の平均距離を表わす**励起子 Bohr 半径**である．

ところで現実の結晶中の励起子は，格子欠陥や格子振動によって散乱をうけるので，有限のコヒーレンス長をもち，N はこのコヒーレンス長内の原子(分子)または単位胞の数に制限される．最近，CuCl 半導体微結晶を NaCl などの絶縁体中やガラス中にサイズを制御して折出できるようになった．微結晶はほぼ球状をし，半径 $R=1.7$ nm から 10.0 nm くらいまでそろえられる．これらの系の格子温度 77 K 以下の低温においては，励起子のコヒーレンス長はこの微結晶のサイズによって決まる．また，その励起子の Bohr 半径は 0.67 nm であるので，励起子の重心運動も量子化され，その各準位への遷移の電気双極子モーメントは

$$\boldsymbol{P}_n = \frac{2\sqrt{2}}{\pi}\left(\frac{R}{a_B}\right)^{3/2}\frac{1}{n}\boldsymbol{\mu}_{cv} \qquad (n=1,2,\cdots) \tag{5.81}$$

と求められる．ここで，n は励起子の重心運動の主量子数で，最低準位 $n=1$ が最大の遷移の双極子モーメントをもつこともわかる．この最低準位の励起子は，(5.81)のメゾスコピックな双極子モーメントをもつので，超放射によって速い自然放射を行なうことが期待できた．すなわち，

$$2\gamma \equiv \frac{1}{T_1} = 64\pi\left(\frac{R}{a_B}\right)^3\frac{4\mu_{cv}^2}{3\hbar\lambda^3} \tag{5.82}$$

とバンド間遷移の自然放射 $4\mu_{cv}^2/3\hbar\lambda^3$ に比して $64\pi(R/a_B)^3$ のメゾスコピックな増大を伴う．ここで，λ は励起子を励起できる光の波長である．この超放射は，1 励起状態ではあるが，微結晶全構成分子の励起の位相をそろえた協力数最大の状態からの発光である．たとえば，半径 8 nm の CuCl 微結晶の励起子は 100 ps で放射でき，しかも(5.82)より，半径 R の大きい微結晶中の励起子ほど速い放射が可能となる．

伊藤らは，NaCl 母体中に CuCl 微結晶をアニールの温度と時間，および急冷の速度を変えることによって半径 1.7 nm から 10 nm のものまで，大きさを制御しつつ析出させた．この微結晶中の励起子の放射寿命 T_1 を，半径 R の関

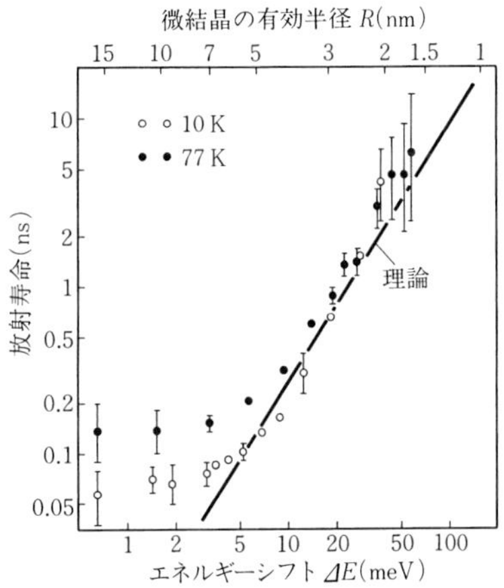

図 5-18 CuCl 微結晶中の励起子の放射寿命の微結晶サイズ依存性．直線は理論式(5.82)．エネルギーシフト $\varDelta E$ は量子化エネルギー $\varDelta E=\hbar^2\pi^2/2MR^2$ によって，有効半径 R と結びつく(T. Itoh *et al.*: Solid State Commun. **73** (1990) 271 による)．

数として，図 5-18 のように 1.7 nm＜R＜80 nm で，絶対値も，R 依存性も理論とよく一致する結果を得ている．また中村らは，ガラス中に析出した CuCl 微結晶を用いて同様な観測を行なった．R＞80 Å の結晶では，結晶温度を 77 K より上げると格子振動による散乱が励起子コヒーレンス長を微結晶のサイズ程度にし，また R＞140 Å の微結晶になると空間分散の効果が効き出すようである．その結果，これらの効果をとり入れてない(5.82)の理論式からはずれる．

6

非線形光学応答

レーザー光の出現により，非常に輝度が高く，可干渉性，単色性，指向性などの点で，通常光に比べて特性のすぐれた光源を得た．このレーザー光の特性を活かして，高調波発生，4 光波混合，パラメトリック発振，多重光子吸収，誘導 Raman 散乱などの非線形効果が容易に実験できるようになった．ところで，電子系と電磁場との相互作用は比較的弱く，多くの場合にその相互作用は摂動論でとり込むことが可能である．したがって，非線形光学応答も，電子系が電磁場と何回相互作用を行なったかによって分類して論じることができる．最も低次の非線形光学応答が和周波・倍高調波の発生であり，これは 6-1 節で論じられる．結晶における**和周波・倍高調波の発生**(sum frequency generation, higher harmonic generation)は，固体中における非線形光学過程を理解するのに有用なばかりでなく，実用的にも重要な現象である．1 つには，4-3 節 c)項でも紹介したように，波長の短い光はレーザー発振が大変むずかしくなる．そこで，Nd:ガラスレーザーや YAG レーザーの強力な出力を基本波としてその高調波を発生させ，紫外光レーザーを得ている．第 2 には，半導体レーザーは安定に，そして安価に赤外光(1 μm 付近)のレーザー光を提供する．この良質のレーザー光を基本波として可視域の光をその高調波として得ることが実用化されはじめている．また，光のスクイージングの折に用いた**光パラメトリック発振**(optical parametric oscillation)も2次の光学過程であり，和周波発生の逆過程としても理解できる．これも，6-1節のd)項で紹介する．

3次の非線形光学過程は多彩をきわめている．6-2節では，その中で4光波混合の1つとして，**CARS**(Coherent Anti-Stokes Raman Scattering)，**位相共役光**(phase-conjugated wave)の発生，**光双安定性**(optical bistability)について論じる．これらの現象は3次の非線形分極率 $\chi^{(3)}(\omega;\omega,-\omega,\omega)$ によって記述されるが，結晶内素励起の1つである**励起子**(exciton)を共鳴励起するときには，きわめて大きな $\chi^{(3)}$ が得られることを6-3節で示す．5-2節d)項で紹介したように，この励起子は低温で超放射によって速い緩和を示すので，大きな $\chi^{(3)}$ と速いスイッチングが同時に可能な非線形光学材料を得る可能性を示唆する．以上は，分散性の非線形応答であったが，6-4節では，散逸性の非線形光学現象の1つとして，**2光子吸収スペクトル**(two-photon absorption spectroscopy)の解説を行なう．これによって，通常の1光子の光物性に比して電子構造についてのより豊かな情報が得られることを示す．

6-1　和周波・倍高調波の発生

レーザー光は，空間的・時間的な可干渉性(コヒーレンシー)に優れ，その波数ベクトルと周波数をもつ電磁波として振幅も大きい．そのため，非線形光学現象をレーザー光を用いて容易に実現でき，かつ観測できる．和周波または倍高調波の発生は，非線形光学現象のうち最も低次で簡単な現象であるうえ，実用上からも重要である．

a)　高調波発生の原理

和周波または倍高調波の発生からはじめよう．絶縁体結晶に角周波数 ω_1 と ω_2 をもつ電磁波を照射した場合を考えよう．その電場成分を $\boldsymbol{E}_1=\boldsymbol{E}(\omega_1)\exp[i(\boldsymbol{k}_1\cdot\boldsymbol{r}-\omega_1 t)]$ と $\boldsymbol{E}_2=\boldsymbol{E}(\omega_2)\exp[i(\boldsymbol{k}_2\cdot\boldsymbol{r}-\omega_2 t)]$ とすると，線形電気分極 $\boldsymbol{P}^{(1)}(\omega_1)=\chi(\omega_1)\boldsymbol{E}(\omega_1)$ と $\boldsymbol{P}^{(1)}(\omega_2)=\chi(\omega_2)\boldsymbol{E}(\omega_2)$ のほかに，倍高調波 $2\omega_1$ と

$2\omega_2$，和周波 $\omega=\omega_1+\omega_2$ をもつ 2 次の電気分極が発生する．和周波をもつ電気分極は次のように書ける．

$$\begin{aligned} \boldsymbol{P}_\omega^{(2)}(\boldsymbol{r},t) &= \chi^{(2)}(\omega=\omega_1+\omega_2):\boldsymbol{E}_1\boldsymbol{E}_2 \\ &= \chi^{(2)}:\boldsymbol{E}(\omega_1)\boldsymbol{E}(\omega_2)\exp[i(\boldsymbol{k}_1+\boldsymbol{k}_2)\boldsymbol{r}-i(\omega_1+\omega_2)t] \end{aligned} \tag{6.1}$$

ここで，χ と $\chi^{(2)}$ は線形と 2 次の分極率で 2 階と 3 階のテンソル χ_{ij} と $\chi_{ijk}{}^{(2)}$ である．また，$P_i{}^{(2)}=\chi_{ijk}{}^{(2)}E_{1j}E_{2k}$ とベクトルの各成分に対する表式を $\boldsymbol{P}^{(2)}=\chi^{(2)}:\boldsymbol{E}_1\boldsymbol{E}_2$ と略記した．2 次の分極率の求め方は b)項で行なう．この 2 次の電気分極(6.1)を種子として，角周波数 ω をもつ電磁波 $\boldsymbol{E}_\omega(\boldsymbol{r},t)$ が発生する．$\omega_2=\omega_1$ のときには $\omega=2\omega_1$ の倍高調波となる．その発生の様子は，Maxwell 方程式の右辺の非斉次項に(6.1)の非線形電気分極を代入して求められる．

$$\nabla^2\boldsymbol{E}_\omega+\frac{\omega^2}{c^2}\epsilon(\omega)\boldsymbol{E}_\omega = -\frac{\omega^2}{\epsilon_0 c^2}\boldsymbol{P}_\omega{}^{(2)} \tag{6.2}$$

ここで，$\epsilon(\omega)\equiv 1+\chi(\omega)/\epsilon_0$ はこの絶縁体の線形誘電率である．高調波の伝播方向を z 軸，分極を $\boldsymbol{e}_\omega$ 方向にとって，

$$\boldsymbol{E}_\omega = \boldsymbol{e}_\omega E(z)\exp[i(kz-\omega t)] \tag{6.3}$$

と書き，その振幅 $E(z)$ は z 方向に伝播するに従ってゆっくりと成長すると仮定する．すなわち，Maxwell 方程式(6.2)に(6.3)の表式を代入し，$kdE(z)/dz$ に比して $d^2E(z)/dz^2$ を無視できるとする．その結果，次式を得る．

$$2ik\frac{d}{dz}E(z) = -\frac{\omega^2}{\epsilon_0 c^2}\chi^{(2)}:\boldsymbol{E}(\omega_1)\boldsymbol{E}(\omega_2)\exp(i\Delta kz) \tag{6.4}$$

ここで，$\epsilon(\omega)=(ck/\omega)^2$ の分散関係を使い，右辺は $\boldsymbol{e}_\omega$ 成分のみをとるものとする．また $\boldsymbol{E}_1$ と $\boldsymbol{E}_2$ も z 方向に伝播するように選ぶと，$\Delta k\equiv k_1+k_2-k$ となる．境界条件 $E(z=0)=0$ として(6.4)を積分すると，l だけ伝播した点での和周波の強度 $I_\omega(l)$ は，

$$\begin{aligned} I_\omega(l) &= \frac{c\epsilon_0\sqrt{\epsilon(\omega)}}{2}|E(l)|^2 \\ &= \frac{\omega^2}{8c\epsilon_0\sqrt{\epsilon(\omega)}}|\chi^{(2)}:\boldsymbol{E}(\omega_1)\boldsymbol{E}(\omega_2)|^2\left\{\frac{2\sin(\Delta kl/2)}{\Delta k}\right\}^2 \end{aligned} \tag{6.5}$$

この倍高調波の強度の，結晶の厚さ l への依存性は，Maker らによって図6-1(a)のように観測された．これを **Maker フリンジ**とよぶ．平行平板の結晶表面と入射光とのなす角 θ を図 6-1(b)のように変えると，光の行路長 l は $l=d/\cos\theta$ のように変わる．その結果，倍高調波の強度 $I_\omega(l)$ は角度 θ とともに，$\sin^2(\Delta kd/2\cos\theta)$ の関数として変化する．図 6-1 の実験では，厚さ 0.787 mm の水晶結晶を用い，位相不整合 Δk が回転角 θ に独立になるように表面に平行な c 軸のまわりに結晶を回転させた．ルビーレーザーの赤色光(波長 0.694 μm)をこの結晶に照射し，青色の倍高調波の強度を回転角 θ の関数として図6-1(a)のように観測し，(6.5)を確認した．

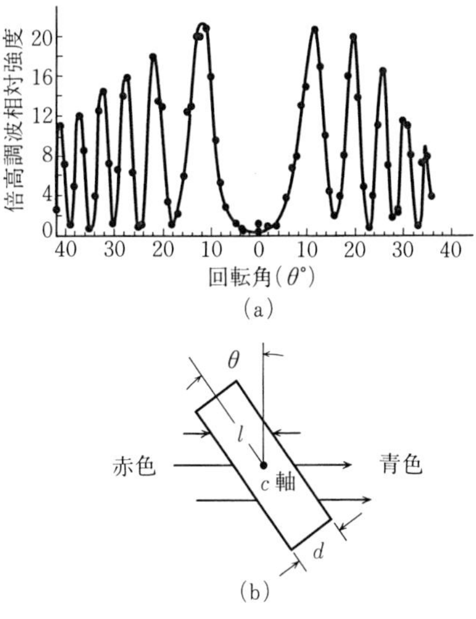

図 6-1 (a) 厚さ 0.787 mm の水晶にルビーレーザー光を照射し，その倍高調波の強度を結晶と入射光のなす角 θ の関数として測定(P. D. Maker *et al*.: Phys. Rev. Lett. **8** (1962) 21 による)．(b) 平行平板の水晶の結晶平面は c 軸に平行とし，c 軸のまわりに結晶を回転し，行路長 $l=d/\cos\theta$ を変える．基本入射光には c 軸に平行に偏極した赤色のルビーレーザーを用い，同じ方向に偏極した青色の倍高調波の強度を測定した．

また，(6.5)の結果より，強い和周波・倍高調波を得るには，第1に2次の分極率 $\chi^{(2)}$ が大きいこと，第2に $\Delta k=k_1+k_2-k=0$ の位相整合条件がみたされることが必要である．b)項では，分極率 $\chi^{(2)}(\omega=\omega_1+\omega_2)\equiv\chi^{(2)}(\omega;\omega_1,\omega_2)$ の微視的表現を求めて第1の条件を探り，c)項では，いかに第2の位相整合条件をみたすかを論じたい．

b) 2次の非線形分極率 $\boldsymbol{\chi}^{(2)}(\boldsymbol{\omega};\boldsymbol{\omega}_1,\boldsymbol{\omega}_2)$

2次の分極率 $\chi^{(2)}$ を求める手順を示そう．

（1） 媒質の電気分極 $\boldsymbol{P}$ と電磁波 $\boldsymbol{E}_1$ と $\boldsymbol{E}_2$ との相互作用 $\mathscr{H}'$ は，双極子近似の下では次のように書ける．

$$\mathscr{H}' = -\boldsymbol{P}\cdot(\boldsymbol{E}_1+\boldsymbol{E}_2) \tag{6.6}$$

媒質の密度行列 $\rho(t)$ を $\mathscr{H}'$ の2次摂動までとり入れて求め，これを $\rho^{(2)}(t)$ とする．

（2） ベクトル $\boldsymbol{E}(\omega_1)$ の k 成分 $E_k(\omega_1)$ と $\boldsymbol{E}(\omega_2)$ の l 成分 $E_l(\omega_2)$ によって媒質は $\omega=\omega_1+\omega_2$ の電気分極 $\boldsymbol{P}_\omega{}^{(2)}$ の j 成分 $P_j{}^{(2)}(\omega)$ を発生する．これを，$\rho^{(2)}(t)\equiv\rho^{(2)}(\omega)\exp(-i\omega t)$ を用いて，次のように求める．

$$P_j^{(2)}(\omega) = \mathrm{Tr}\, P_j\rho^{(2)}(\omega) = \chi_{jkl}{}^{(2)}(\omega;\omega_1,\omega_2)E_k(\omega_1)E_l(\omega_2) \tag{6.7}$$

この手順に従って，$\chi^{(2)}$ を具体的に求めよう．われわれが注目する可視光および赤外光の電気分極は，原子，分子あるいは固体の電子準位が主に関与するので，電子系のハミルトニアン $\mathscr{H}_0$ と電子と輻射場との相互作用 $\mathscr{H}'$((6.6)式)の下における密度行列 $\rho(t)$ の運動を求める．このほかに，これらの電子系は，真空や他の自由度との相互作用による種々の緩和を行なうが，これら熱浴との相互作用は，適当な射影演算を行なって緩和定数として取り入れる．したがって，入射光 $\boldsymbol{E}_1,\boldsymbol{E}_2$ および信号光である和周波 $\boldsymbol{E}$ の電磁波を外場として取り扱うと，系の密度行列 $\rho(t)$ は，電子系の固有状態 $|n\rangle, |n'\rangle, \cdots$ を用いて次のように展開できる．

$$\rho(t) = \sum_{nn'} \rho_{nn'}|n\rangle\langle n'| \tag{6.8}$$

密度行列 $\rho(t)$ に対する次の方程式

$$\frac{\partial\rho}{\partial t} = \frac{1}{i\hbar}[\mathscr{H}_0+\mathscr{H}',\rho]+\left(\frac{\partial\rho}{\partial t}\right)_{\mathrm{relax}} \tag{6.9}$$

を電磁場との相互作用 $\mathscr{H}'$ の摂動展開で解こう．ここで，最後の項はアドホックに加えたもので，電子系の熱浴との相互作用を，緩和という形でとり込むことを意味する．たとえば，密度行列の対角成分 ρ_{nn} は縦緩和時間 T_1 で，非対

角成分 $\rho_{nn'}$ は横緩和時間 T_2 を用いて次のように記述する.

$$\left(\frac{\partial \rho_{nn}}{\partial t}\right)_{\mathrm{relax}} = -\left(\frac{1}{T_1}\right)_{nn}(\rho_{nn}-\rho_{nn}{}^{(0)}) \tag{6.10}$$

$$\left(\frac{\partial \rho_{nn'}}{\partial t}\right)_{\mathrm{relax}} = -\left(\frac{1}{T_2}\right)_{nn'}\rho_{nn'} \tag{6.11}$$

ここで, $\rho_{nn}{}^{(0)}$ は熱平衡状態における電子分布を示す.

密度行列 $\rho(t)$ を電磁場との相互作用の次数 l に従って,

$$\rho(t) = \rho^{(0)}+\rho^{(1)}(t)+\rho^{(2)}(t)+\cdots+\rho^{(l)}(t)+\cdots \tag{6.12}$$

と展開し, 密度行列の方程式(6.9)をその次数ごとにまとめて次のように書き直す.

$$\frac{\partial \rho^{(1)}}{\partial t} = \frac{1}{i\hbar}\{[\mathscr{H}_0, \rho^{(1)}]+[\mathscr{H}', \rho^{(0)}]\}+\left(\frac{\partial \rho^{(1)}}{\partial t}\right)_{\mathrm{relax}} \tag{6.13}$$

$$\frac{\partial \rho^{(2)}}{\partial t} = \frac{1}{i\hbar}\{[\mathscr{H}_0, \rho^{(2)}]+[\mathscr{H}', \rho^{(1)}]\}+\left(\frac{\partial \rho^{(2)}}{\partial t}\right)_{\mathrm{relax}} \tag{6.14}$$

$$\vdots$$

ここで, 電場 $\boldsymbol{E}$, 電場と電子系の相互作用のハミルトニアン $\mathscr{H}'$, さらに m 次の密度行列 $\rho^{(m)}(t)$ を次のように Fourier 展開する.

$$\boldsymbol{E} = \sum_j \boldsymbol{e}_j E(\omega_j)\exp[i(\boldsymbol{k}_j\cdot\boldsymbol{r}-\omega_j t)] \tag{6.15}$$

$$\mathscr{H}' = \sum_j \mathscr{H}'(\omega_j)e^{-i\omega_j t} \tag{6.16}$$

$$\rho^{(m)}(t) = \sum_j \rho^{(m)}(\omega_j)e^{-i\omega_j t} \tag{6.17}$$

その結果, (6.13)は次のように書き下すことができる.

$$-i\omega_j\rho_{nn'}{}^{(1)}(\omega_j) = \frac{1}{i\hbar}(E_n\rho_{nn'}{}^{(1)}-\rho_{nn'}{}^{(1)}E_{n'})-\Gamma_{nn'}\rho_{nn'}{}^{(1)}$$
$$+\frac{1}{i\hbar}\mathscr{H}'_{nn'}(\omega_j)(\rho_{n'n'}{}^{(0)}-\rho_{nn}{}^{(0)}) \tag{6.18}$$

ここで, $\Gamma_{nn'}$ は(6.10)と(6.11)により $\Gamma_{nn}=(1/T_1)_{nn}$, $\Gamma_{nn'}=(1/T_2)_{nn'}$ $(n\neq$

n')の縦および横緩和定数である．また $E_n-E_{n'}\equiv\hbar\omega_{nn'}$ とすると，$\rho_{nn'}^{(1)}(\omega_j)$ は(6.18)より

$$\hbar(\omega_j-\omega_{nn'}+i\Gamma_{nn'})\rho_{nn'}^{(1)}(\omega_j)=\mathscr{H}'_{nn'}(\omega_j)(\rho_{n'n'}^{(0)}-\rho_{nn}^{(0)}) \quad (6.19)$$

基底状態では，$\rho_{gg}^{(0)}\equiv\rho_g^{(0)}=1$ で，他の成分は0となることに留意されたい．

いま N 個の電子系の線形分極率 $\chi_{jk}^{(1)}(\omega)$ を求めよう．ここでは系の電気分極は，

$$\boldsymbol{P}=-\sum_{m=1}^{N}e\boldsymbol{r}_m \quad (6.20)$$

として，k 方向に分極した外場 $E_k(\omega)$ による j 方向の電気分極の期待値 $P_j^{(1)}(\omega)$ は(6.19)の結果を用いて次のように求められる．

$$\begin{aligned}P_j^{(1)}(\omega)&\equiv\chi_{jk}^{(1)}(\omega)E_k(\omega)=\mathrm{Tr}\,P_j\rho^{(1)}(\omega)\\&=\sum_n[\langle g|P_j|n\rangle\rho_{ng}^{(1)}(\omega)+\langle n|P_j|g\rangle\rho_{gn}^{(1)}(\omega)]\\&=\frac{-Ne^2}{\hbar}\sum_n\left[\frac{(r_j)_{gn}(r_k)_{ng}}{\omega-\omega_{ng}+i\Gamma_{ng}}-\frac{(r_k)_{gn}(r_j)_{ng}}{\omega+\omega_{ng}+i\Gamma_{ng}}\right]\rho_g^{(0)}E_k(\omega)\end{aligned} \quad (6.21)$$

次に ω_1 と ω_2 の2次の摂動をうけた密度行列 $\rho^{(2)}(\omega_1+\omega_2)$ は，(6.14)より

$$\begin{aligned}-i(\omega_1+\omega_2)\rho_{nn'}^{(2)}(\omega_1+\omega_2)=&\frac{1}{i\hbar}(E_n\rho_{nn'}^{(2)}-\rho_{nn'}^{(2)}E_{n'})-\Gamma_{nn'}\rho_{nn'}^{(2)}\\&+\frac{1}{i\hbar}\sum_{n''}[\mathscr{H}'_{nn''}(\omega_1)\rho_{n''n'}^{(1)}(\omega_2)-\rho_{nn''}^{(1)}(\omega_2)\mathscr{H}'_{n''n'}(\omega_1)\\&+\mathscr{H}'_{nn''}(\omega_2)\rho_{n''n'}^{(1)}(\omega_1)-\rho_{nn''}^{(1)}(\omega_1)\mathscr{H}'_{n''n'}(\omega_2)]\end{aligned} \quad (6.22)$$

したがって，2次の電気分極の期待値 $P_j^{(2)}(\omega=\omega_1+\omega_2)$ は，次のように(6.22)を用いて求められる．

$$\begin{aligned}P_j^{(2)}(\omega=\omega_1+\omega_2)&\equiv\chi_{jkl}^{(2)}(\omega;\omega_1,\omega_2)E_k(\omega_1)E_l(\omega_2)\\&=-Ne\Bigg[\sum_{n\neq g}\{(r_j)_{gn}\rho_{ng}^{(2)}(\omega_1+\omega_2)+(r_j)_{ng}\rho_{gn}^{(2)}(\omega_1+\omega_2)\}\\&\qquad+\sum_{n,n'\neq g}(r_j)_{n'n}\rho_{nn'}^{(2)}(\omega_1+\omega_2)\Bigg]\end{aligned}$$

$$
\begin{aligned}
&= -N\frac{e^3}{\hbar^2}\sum_{n,n'\neq g}\left[\frac{(r_j)_{gn}(r_k)_{nn'}(r_l)_{n'g}}{(\omega-\omega_{ng}+i\Gamma_{ng})(\omega_2-\omega_{n'g}+i\Gamma_{n'g})}\right. \\
&\quad +\frac{(r_j)_{ng}(r_l)_{gn'}(r_k)_{n'n}}{(\omega+\omega_{ng}+i\Gamma_{ng})(\omega_2+\omega_{n'g}+i\Gamma_{n'g})} \\
&\quad \left.-\frac{(r_j)_{n'n}(r_k)_{ng}(r_l)_{gn'}}{(\omega-\omega_{nn'}+i\Gamma_{nn'})}\left(\frac{1}{\omega_2+\omega_{n'g}+i\Gamma_{n'g}}+\frac{1}{\omega_1-\omega_{ng}+i\Gamma_{ng}}\right)\right]E_k(\omega_1)E_l(\omega_2) \\
&\quad +(k,1)\rightleftarrows(l,2) \qquad (6.23)
\end{aligned}
$$

ここで，$(k,1)\rightleftarrows(l,2)$ は第1の光子 $\hbar\omega_1$ と第2の光子 $\hbar\omega_2$ が順序を逆にして2次の光学過程に寄与することを意味する．その結果，都合8項の2次の分極への寄与がある．これを図6-2にダイヤグラムとして記述する．

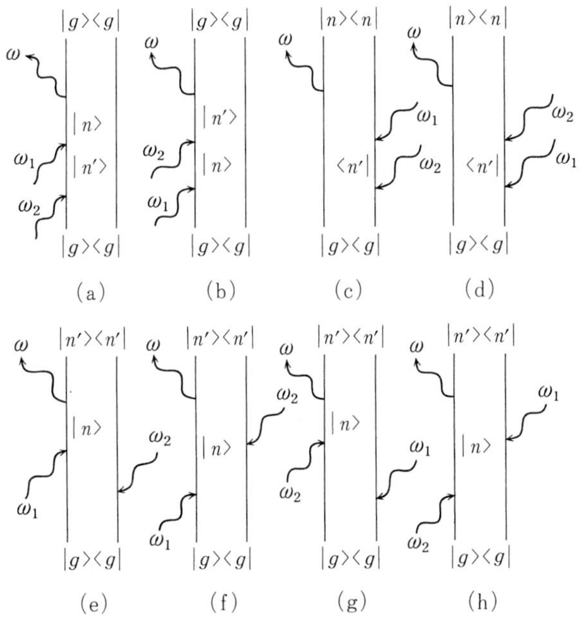

図6-2 和周波 $\omega=\omega_1+\omega_2$ の発生に寄与するダイヤグラム．密度行列における電子状態の左右への時間発展を左右の2本の直線で上向きに示す．ω_1, ω_2 の光子を吸収し，ω の分極を生じる過程を示す．(a)と(b)は共鳴項のみより成り，他は反共鳴項を含む．

このダイヤグラムでは，密度行列の電子系の状態の時間発展を上向きにとってある．左右の状態が基底状態である $|g\rangle\langle g|$ から出発し，図 6-2(a)では，まず，ω_2 光子を吸収して密度行列の左側の状態が基底状態 $|g\rangle$ から励起状態 $|n'\rangle$ に遷移し，次に，ω_1 光子を吸収してさらに $|n'\rangle$ から他の励起状態 $|n\rangle$ に遷移し，最後に，$\omega=\omega_1+\omega_2$ の分極を形成することを記述する．これは(6.23)の第 1 項の寄与を表わしたものである．第 1 と第 2 の光子の吸収の時間順序を逆にしたものが，図 6-2(b)のダイヤグラムである．(6.23)の第 2 項を図 6-2(c)のダイヤグラムが記述する．ダイヤグラムの右側の線は，密度行列の右側の状態の時間発展を上向きに示したものである．すなわち，まず右側で ω_2 光子を放出しつつ基底状態 $\langle g|$ から励起状態 $\langle n'|$ に遷移し，次に $\langle n'|$ から ω_1 光子を放出して他の励起状態 $\langle n|$ に遷移する．右側の状態は，時間反転した Schrödinger 方程式に従って時間発展するので，ダイヤグラムでは，右側の状態は時間とともに上から下に発展すると考えてもよい．すなわち，図 6-2(c)では，まず $|n\rangle$ 状態から ω_1 光子を吸収して $|n'\rangle$ に遷移し，次に ω_2 光子を吸収して $|n'\rangle$ から基底状態 $|g\rangle$ に遷移すると考えてもよい．図 6-2 では，後者の見方に従って光子の吸収と放出を記入した．図 6-2(d)は，ω_1 光子と ω_2 光子の順序を逆にしたもので，図 6-2 の(e)と(f)は，(6.23)の第 3, 4 項を，また，図 6-2 の(g)と(h)は，ω_1 光子と ω_2 光子の順序を逆にしたものである．(6.23)の $E_k(\omega_1)E_l(\omega_2)$ の係数として $\chi^{(2)}(\omega;\omega_1,\omega_2)$ が求められた．図 6-2(a)と(b)は，共鳴項よりなるので大きな寄与があり，他は反共鳴項を含むので 2 次の分極への寄与は一般には小さい．

c) 倍高調波発生の条件

前項 b) の結果から，倍高調波を発生させるためには，第 1 に，反転対称性を欠く結晶を用いねばならないことがわかる．$\chi^{(2)}$ の表式は，遷移の双極子モーメント $\boldsymbol{P}$ の 3 つの積 $(P_j)_{gn}(P_k)_{nn'}(P_l)_{n'g}$ を分子にもち，分母は光子エネルギーと電子の励起エネルギーの和か差よりなる 2 つの項の積で与えられる．g は結晶の基底状態，n, n' は励起状態を示し，$(P_j)_{gn}$ は電気双極子の j 成分を基底状態 g と励起状態 n の間で期待値をとったものである．反転対称性をもつ結晶においては，反転操作に対して，電気双極子モーメントの3つの積は符号を変えるが，結晶の性質は不変に保たれるので，$\chi^{(2)}$ などの物理量は不変であるべきである．したがって $\chi^{(2)}=0$ と結論できる．

ポリジアセチレン結晶は図6-3に示す構造をもつ．左右の側鎖RとR′が等しいときには，図6-3(a)のアセチレン型にしろ，図6-3(b)のブタトリエン型にしろ，結晶は反転対称性をもち，倍高調波の発生は観測されない．ところで，図6-3の下段に示すような，左右の側鎖RとR′の種類が異なるポリジアセチレンも合成できるようになった．このようなポリジアセチレンの結晶は反転対称性を欠き，強い倍高調波の発生が観測されたとの報告がある．ベンゼン分子もやはり反転対称性があるので，その溶液では倍高調波は観測されない．ベンゼン分子を構成する1つの水素原子をOH, NH_2, $(CH_3)_2N$ などのドナー基か，NO_2, CN などのアクセプター基で置換すると，反転対称性を欠き，倍高調波が発生するようになる．しかも，対称性の破れ具合，すなわち，ドナーやアクセプターで置換することによって分子の基底状態に誘起された双極子モーメン

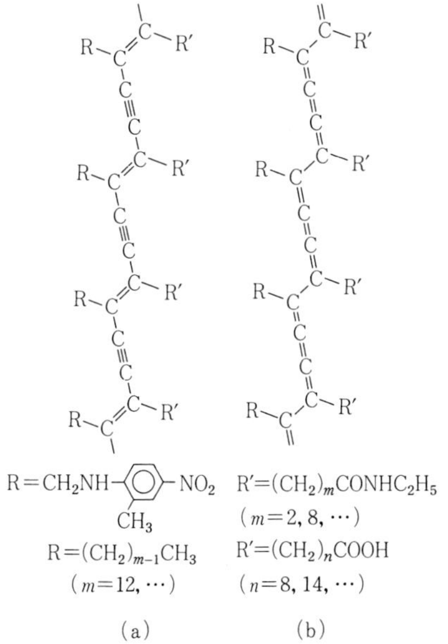

図6-3 ポリジアセチレン．(a)アセチレン型と，(b)ブタトリエン型．下段に反転対称性をもたないような側鎖RとR′の組合せを示す．

トが大きいほど，大きい2次の分極率 $\chi^{(2)}$ をもつことがわかっている．さらに，反転対称性を欠く分子が結晶を構成するとき，結晶全体の反転対称性をも欠くように分子を配列する必要がある．しかも，誘起された各分子の2次の分極が方向をそろえてたし合うような分子配列が望ましい．

倍高調波を有効に取り出す第2の条件は，位相整合である．a)項の(6.5)の第3因子 $\{2\sin(\Delta kl/2)/\Delta k\}^2$ を最大にする $\Delta k\equiv k_1+k_2-k=0$ が位相整合条件である．すなわち，

$$c\Delta k\equiv c(k_1+k_2-k)=\omega_1\{n(\omega_1)-n(\omega)\}+\omega_2\{n(\omega_2)-n(\omega)\}=0 \tag{6.24}$$

ここで，$n(\omega)\equiv\sqrt{\epsilon(\omega)}$ は角周波数 ω での屈折率である．まず，等方的または立方対称な系を考えると，$\omega=\omega_1+\omega_2>\omega_1,\ \omega_2$ であるので，正常分散 $n(\omega)>n(\omega_1),\ n(\omega_2)$ でも，異常分散 $n(\omega)<n(\omega_1),\ n(\omega_2)$ でも，位相整合条件(6.24)は満たされない．ところで，対称性の低い結晶では，複屈折を用いて位相整合をとることができる．たとえば，1軸性結晶を考え，その光学軸と垂直方向に分極をもつ光に対する屈折率を n_{o}，また分極が光学軸方向をとるときの屈折率を n_{e} とする．波数ベクトルと光学軸のなす角を θ とする．そのとき，その光の分極が光学軸に垂直な正常光の屈折率は n_{o} であるが，それに垂直な分極をもつ異常光の屈折率 $n_{\mathrm{e}}(\theta)$ は次式で与えられる．

$$\frac{1}{n_{\mathrm{e}}(\theta)^2}=\frac{1}{{n_{\mathrm{o}}}^2}\cos^2\theta+\frac{1}{{n_{\mathrm{e}}}^2}\sin^2\theta \tag{6.25}$$

$n_{\mathrm{e}}>n_{\mathrm{o}}$ のときに，2つの異常光 ω_1 に対して，$2\omega_1$ の正常光の発生が可能になる．すなわち，

$$n_{\mathrm{o}}(2\omega_1)=n_{\mathrm{e}}(\omega_1,\theta) \tag{6.26}$$

のときに位相整合条件(6.24)がみたされる．(6.26)をみたす位相整合角 θ_{m} は(6.25)より，次のように求められる．

$$\sin^2\theta_{\mathrm{m}}=\frac{n_{\mathrm{o}}(2\omega_1)^{-2}-n_{\mathrm{o}}(\omega_1)^{-2}}{n_{\mathrm{e}}(\omega_1)^{-2}-n_{\mathrm{o}}(\omega_1)^{-2}} \tag{6.27}$$

この倍高調波発生の機構をタイプⅠとよぶ．タイプⅡの倍高調波の発生機構は，

ω_1 の正常光と異常光を基本波として，正常光の倍高調波 $2\omega_1$ を得る過程である．この場合の位相整合角 θ_m も，$n_o(\omega_1)+n_e(\omega_1,\theta_m)=2n_o(2\omega_1)$ より求められる．尿素 $CO(NH_2)_2$ 結晶の倍高調波発生のための位相整合角 θ_m をタイプⅠとⅡに対して図 6-4 に，和周波発生のための位相整合角 θ_m を図 6-5 に示す．

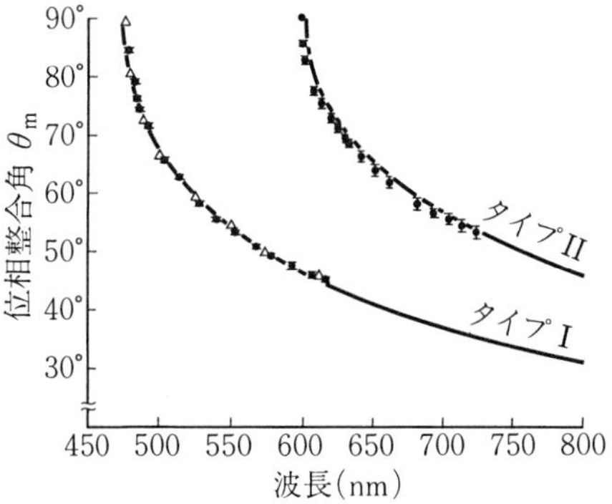

図 6-4 尿素結晶の倍高調波発生のための位相整合角 θ_m の入射波長依存性．●，△は観測値，実線は計算値(J. M. Halbout, *et al.*: IEEE J. QE-15 (1979) 1176 による)．

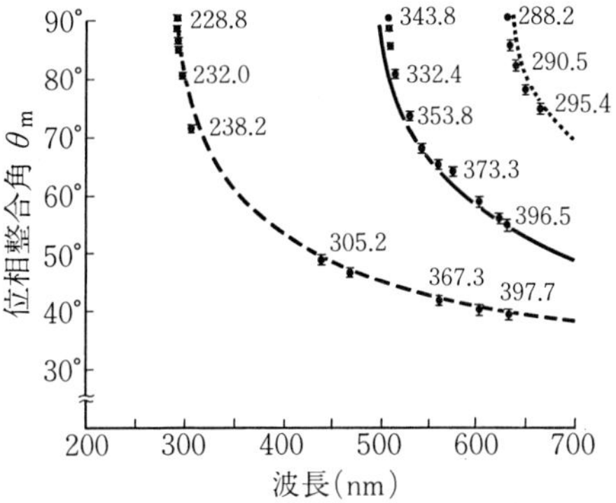

図 6-5 尿素結晶($n_e > n_o$)の和周波発生のための位相整合角 θ_m の入射波長依存性．3 つの曲線は 1 つの入射光を 1.06 μm の正常光(左の破線)と異常光(実線)，および 532 nm の異常光(右の点線)に選び，他の 1 つの入射光(異常光)の波長の関数として整合角を示す．図中の数字は実験で得られた和周波の波長を nm 単位で示す(出典は図 6-4 と同じ)．

第 3 の条件は，基本波と高調波の波長がその結晶の透明領域にないといけないことである．倍高調波(和周波)の強度を求めた(6.5)の導出にあたっては，入射光と倍高調波の媒質中での減衰を無視したが，その効果をとり込むと，倍高調波の振幅は $\exp[-\{\alpha_\omega+(1/2)\alpha_{2\omega}\}l]$ の減衰をうける．ここで，α_ω と $\alpha_{2\omega}$ は基本波と倍高調波の媒質内での吸収係数である．尿素結晶における光吸収端の波長は 210 nm であるので，和周波として，図 6-5 に示すように，228.8 nm

までの発光に成功している．これは，1.06 μm の YAG レーザーの正常光とローダミン 6G の色素レーザーの倍高調波 291.6 nm の異常光との和周波として，228.8 nm の正常光を垂直入射 $\theta_m=90°$ の下で得ている．また現在では，厚さ 15 mm の尿素結晶で，入射パワーの 50% を倍高調波に変換することに成功している．

倍高調波の出力は基本波の入力の 2 乗に比例して増大するので，大きな出力を得るためにも，結晶は入射パワーによる結晶破壊に対する高い臨界値をもつことも大切である．これが倍高調波発生用の結晶に求められる第 4 の条件である．尿素結晶では，波長 1064 nm(1.064 μm)で 10 ns の入射パルスに対する破壊臨界値は 1.5 GWcm^{-2} で，KDP の 0.2 GWcm^{-2}，$LiNbO_3$ の 0.03 GWcm^{-2} に比べてかなり大きい．

最後に，光学的に一様で，良質な大きい結晶が安価に得られること，さらに，化学的・機械的にも安定な結晶であることも要求される．

最近，有機物の尿素結晶に対して，BBO(Beta-Barium-Borate，β-BaB_2O_4)，KTP(Potassium Titanyl Phosphate，$KTiOPO_4$)の良質な無機結晶が得られはじめ，尿素結晶をしのぐ特性をもつことで注目を集めている．

d） 光パラメトリック増幅と発振

前項までの和周波の発生 $\omega_1+\omega_2\rightarrow\omega_3$ ($\omega_1+\omega_1\rightarrow 2\omega_1$) に対して，パラメトリックな現象はこの逆の過程になっている．すなわち，$\omega_3=\omega_1+\omega_2$ のポンプ光の照射下で，ω_1 の角周波数が増幅される過程が**光パラメトリック増幅**である．角周波数 ω_3 の照射下で，エネルギーの保存則 $\omega_3=\omega_1+\omega_2$ と波数ベクトルの保存則 $\boldsymbol{k}_3=\boldsymbol{k}_1+\boldsymbol{k}_2$ を同時にみたす信号波 ($\omega_1, \boldsymbol{k}_1$) とアイドラー波 ($\omega_2, \boldsymbol{k}_2$) が，外部から両者の入射なしに発振する現象が**光パラメトリック発振**である．この光パラメトリックな現象は，光のスクイージング(第 1 章)のときに用いられた現象でもある．

パラメトリック現象に関与する 3 種の電磁波を $\boldsymbol{E}(\omega_j)=E_j(z)\hat{\boldsymbol{e}}_j\exp[i(\boldsymbol{k}_j\cdot\boldsymbol{r}-\omega_j t+\phi_j)]$ ($j=1,2,3$) と記述する．その空間的展開は，包絡関数 $E_j(z)$ に対する次の連立微分方程式に従う．

$$\frac{\partial}{\partial z}E_1 = \frac{i\omega_1{}^2}{k_{1z}}K^* E_2^* E_3 e^{i\Delta kz + i\theta_0}$$
$$\frac{\partial}{\partial z}E_2^* = \frac{-i\omega_2{}^2}{k_{2z}}K E_1 E_3^* e^{-i\Delta kz - i\theta_0} \tag{6.28}$$
$$\frac{\partial}{\partial z}E_3 = \frac{i\omega_3{}^2}{k_{3z}}K E_1 E_2 e^{-i\Delta kz - i\theta_0}$$

これらは高調波発生における(6.4)と同様に求められ，光パラメトリック増幅における係数 K は，次のように与えられる．

$$K = \frac{1}{2\epsilon_0 c^2}\hat{\boldsymbol{e}}_3\cdot\chi^{(2)}(\omega_3;\omega_1,\omega_2):\hat{\boldsymbol{e}}_1\hat{\boldsymbol{e}}_2, \qquad \Delta k = k_{3z}-k_{1z}-k_{2z}$$
$$\theta_0 = \phi_3-\phi_1-\phi_2 \tag{6.29}$$

(6.28)は，ポンプ光が結晶の1つの端面 $z=0$ で垂直に入射し，z 方向に伝播しながら ω_1 と ω_2 の2つの電磁波に分割される様子を記述している．距離 l を伝播し，他の端面で得られるパラメトリック発振の信号光 ω_1 と他の光 ω_2 の周波数は，和周波の発生のときと同じようにエネルギーと波数ベクトルの保存則によって決められる．

$$\omega_3 = \omega_1+\omega_2, \qquad k_3 = k_1+k_2 \tag{6.30}$$

角周波数 ω_1, $\omega_2(=\omega_3-\omega_1)$, ω_3 での屈折率を $n_1(\omega_1)$, $n_2(\omega_3-\omega_1)$, $n_3(\omega_3)$ とすると，位相整合条件は(6.30)より

$$\omega_3[n_3(\omega_3)-n_2(\omega_3-\omega_1)] = \omega_1[n_1(\omega_1)-n_2(\omega_3-\omega_1)] \tag{6.31}$$

一たび $n_j(\omega_j)$ $(j=1,2,3)$ がわかれば，信号光の発振周波数 ω_1 は(6.31)より決められる．1軸性の結晶 $n_\mathrm{e}<n_\mathrm{o}$ で，正常分散領域においては次の2つの場合が考えられる．

タイプⅠ：　$\omega_3 n_3{}^\mathrm{e}(\omega_3,\theta) = \omega_1 n_1{}^\mathrm{o}(\omega_1)+\omega_2 n_2{}^\mathrm{o}(\omega_2)$

タイプⅡ：　$\omega_3 n_3{}^\mathrm{e}(\omega_3,\theta) = \omega_1 n_1{}^\mathrm{o}(\omega_1)+\omega_2 n_2{}^\mathrm{e}(\omega_2,\theta)$

（または $= \omega_1 n_1{}^\mathrm{e}(\omega_1,\theta)+\omega_2 n_2{}^\mathrm{o}(\omega_2)$）　(6.32)

この θ は，波数ベクトルが1軸性結晶の光学軸とのなす角であり，屈折率の θ 依存性 $n^\mathrm{e}(\omega,\theta)$ は，(6.25)により，$n^\mathrm{e}(\omega)$, $n^\mathrm{o}(\omega)$ を用いて求められる．パラメトリック発振の周波数 ω_1，あるいは最大利得の発振周波数 ω_1 は，ポンプ光

の光学軸とのなす角 θ を変えたり，また結晶の温度を変えることで変動させ，その値は(6.31)と(6.32)を用いて得られる．ADP 結晶に，波長 0.347 μm のポンプ光を照射するときのパラメトリック発振で得られる信号光 ω_1 または ω_2 の波長(光子エネルギー)のポンプ光の入射角依存性を図 6-6 に示す．

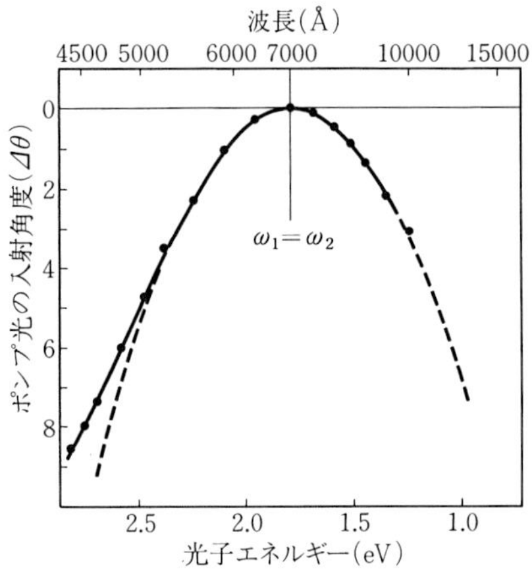

図 6-6 ADP 結晶の光学軸に対するポンプ光(λ_p=0.347 μm)の入射角を変化させることによって，パラメトリック発振の発振波長を変動する(D. Magde and H. Mahr: Phys. Rev. Lett. **18** (1967) 905 による)．

図 6-6 の縦軸の入射角 $\Delta\theta$ は，信号光の角周波数 ω_1 とアイドラー光の角周波数 ω_2 が等しくなるときのポンプ光の入射角を原点にとってある．このパラメトリック発振では，入射角を 8 度程度ふることによって信号光の波長を 4400 Å から 1 μm まで変えることができている．また，$LiNbO_3$ 結晶で，結晶温度を変えることによって(6.31)から得られる信号光 ω_1 の波長(波数)をふることも可能であり，これを図 6-7 に示す．ここでは，さらにポンプ光の波長もいろいろ変えて，得られる信号光の波長領域を広げている．

6-2 3次の光非線形現象

前節の和周波の発生とパラメトリック発振は，2次の非線形光学現象であった．3次の非線形光学過程はきわめて多彩な現象を含んでいる．角周波数 $\omega_1, \omega_2, \omega_3$ の 3 つの入射光に対して，これらの和や差周波を発生するのが，3 光波または

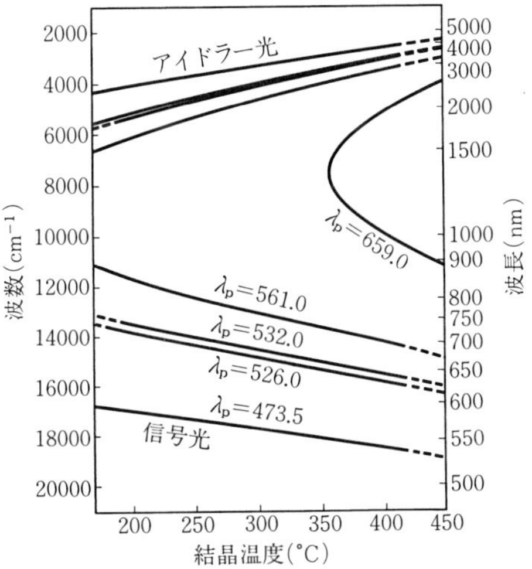

図 6-7 $LiNbO_3$ 結晶の温度を変えて，パラメトリック発振の位相整合条件を制御して，発振波長を変動する．またポンプ光の波長 λ_p を変えたときのデータも示す（R. L. Byer: in *Quantum Electronics*, eds. Rabin and Tang（Academic Press, 1975）による）．

4 光波混合とよばれる 3 次の非線形光学過程の 1 つである．角周波数 ω の入射に対して，3 倍高調波 3ω の発生も 3 光波混合の 1 つである．3 倍高調波の発生が，2 倍高調波の発生に比してもつ 1 つの特長は，反転対称性をもつような対称性の高い結晶においても可能である点である．

一方，色素レーザーをはじめとして周波数可変レーザーが入射光光源として利用されると，入射光それ自身が，またその和または差周波が結晶中の素励起に何段にも共鳴した多重共鳴光学現象が観測できるようになった．共鳴効果によって信号強度が増大するばかりでなく，非共鳴項との干渉効果によって，素励起の準位を感度よく決めることができ，さらに，遷移の行列要素などの情報もひき出すことができる．その 1 つとして，格子振動などの素励起を感度よく決めることができる CARS(Coherent Anti-Stokes Raman Scattering)を a)項で紹介する．これは，2 つの入射光 ω_1 と ω_2 の差周波 $\omega_1-\omega_2$ がその素励起に 1 回共鳴することを利用するものである．b)項においては，3 つの入射光の周波数が縮退していて，かつ，その周波数が結晶中の素励起の 1 つである励起子にほぼ共鳴するときに観測される強力な縮退 4 光波混合を紹介する．その中には，2 つの衝突しあうポンプ光ビームを非線形媒質中で衝突させ，そこに第 3 のプローブ光を照射すると，プローブ光の時間反転波が発生するという位相共役光の発生過程が含まれる．1つの入射光に対する4光波混合の中には，非線形屈折率効果，すなわち，光 Kerr 効果や吸収飽和の効果も含まれている．これによって入射光強度の変化に対して透過光強度が履歴現象を示す光双安定性が起きる．これも c)項で紹介する．これら光双安定現象や位相共役光は光情報処理などへの応用が模索されているが，一番の問題点は大きな $\chi^{(3)}(\omega;\ \omega, -\omega, \omega)$ をもち，同時に速い応答を示す非線形媒体がみつからない点にあった．

6-3節では，結晶の集団素励起である励起子を共鳴的にポンプするとき，ある条件下で大きな $\chi^{(3)}$ と速い応答の要求を同時にみたす可能性があることを示す．6-4節では，2光子吸収スペクトルの特徴を論じる．結晶の電子構造と素励起の素性に関して，2光子吸収スペクトルは線形応答とは相補的で，かつ豊かな情報を与えることを示す．

a) 4光波混合——CARS

2本の入射ビーム $(\omega_1, \boldsymbol{k}_1)$ と $(\omega_2, \boldsymbol{k}_2)$ を結晶に照射するとき，$2\omega_1-\omega_2$ の角周波数をもつ3次の非線形分極 $\boldsymbol{P}^{(3)}(2\omega_1-\omega_2)$ が発生する．この非線形分極を源として発生する角周波数 $2\omega_1-\omega_2$ の発光強度を $2\boldsymbol{k}_1-\boldsymbol{k}_2$ の方向に観測することを考える．入射光の角周波数 ω_1 または ω_2，あるいはその両方を変えながら角周波数 $2\omega_1-\omega_2$ の発光強度を $\omega_1-\omega_2$ の関数として観測すると，$\omega_1-\omega_2$ が結晶内素励起の角周波数に共鳴するときに，信号強度がピークを示す．これを CARS とよび，その概念図を図6-8に示す．この CARS は，固体ばかりでなく，液体・気体の振動・回転の素励起を観測する有力な武器になっている．普

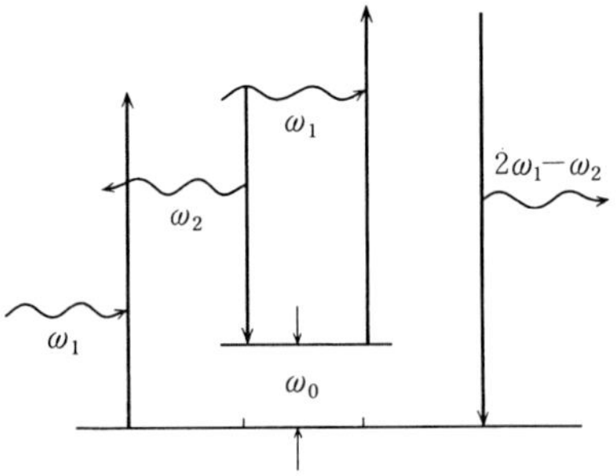

図6-8 CARS(Coherent Anti-Stokes Raman Scattering)の概念図．入射光 ω_1 と ω_2 の差周波数 $\omega_1-\omega_2$ が，結晶内素励起 ω_0 に等しくなるときに，信号光 $2\omega_1-\omega_2$ はその強度のピークを示す．

通の Raman 散乱は2次の光学過程で，信号光は自然放射を用いているのに対し，CARS は3次の光学過程ではあるが，2本のコヒーレントな入射光の差周波で結晶内素励起をコヒーレントに励起することに伴う信号を観測している点が特長である．

CARS を記述する3次の非線形分極率 $\chi^{(3)}(2\omega_1-\omega_2;\omega_1,-\omega_2,\omega_1)$ は，共鳴部分 $\chi_{\mathrm{R}}{}^{(3)}$ と非共鳴部分 $\chi_{\mathrm{NR}}{}^{(3)}$ に分けて考える．入射光 $\boldsymbol{E}_1\exp[i(\boldsymbol{k}_1\cdot\boldsymbol{r}-\omega_1 t)]$, $\boldsymbol{E}_2\exp[i(\boldsymbol{k}_2\cdot\boldsymbol{r}-\omega_2 t)]$ の下で，角周波数 $\omega_{\mathrm{s}}=2\omega_1-\omega_2$, 波数ベクトル $2\boldsymbol{k}_1-\boldsymbol{k}_2$ をもつ3次の電気分極 $\boldsymbol{P}^{(3)}(\omega_{\mathrm{s}})$ は

$$\boldsymbol{P}^{(3)}(\omega_{\mathrm{s}})=\chi^{(3)}(\omega_{\mathrm{s}};\ \omega_1,\ -\omega_2,\omega_1):\boldsymbol{E}_1\boldsymbol{E}_1\boldsymbol{E}_2^{*} \tag{6.33}$$

この非線形分極を Maxwell 方程式(6.2)の右辺に代入すると，前節の a)項と同様に，信号光 $\boldsymbol{E}_{\mathrm{s}}(\omega_{\mathrm{s}})\exp[i(\boldsymbol{k}_{\mathrm{s}}\cdot\boldsymbol{r}-\omega_{\mathrm{s}}t)]$ は，次のように求められる．

$$\begin{aligned}I_{\mathrm{s}}(\omega_1,\omega_2)&=\frac{c\epsilon_0\sqrt{\epsilon(\omega_{\mathrm{s}})}}{2}|\boldsymbol{E}_{\mathrm{s}}(\omega_{\mathrm{s}})|^2\\&=\frac{\omega_{\mathrm{s}}{}^2}{8c\epsilon_0\sqrt{\epsilon(\omega_{\mathrm{s}})}}|\chi^{(3)}(\omega_{\mathrm{s}})|^2|E_1|^4|E_2|^2\frac{\sin^2(\varDelta kl/2)}{(\varDelta k/2)^2}\end{aligned} \tag{6.34}$$

ここで，$\varDelta kl\equiv(2\boldsymbol{k}_1-\boldsymbol{k}_2-\boldsymbol{k}_{\mathrm{s}})\cdot\boldsymbol{l}$，$\boldsymbol{l}$ は光路が媒質を横切るベクトルである．(6.34)は，$\boldsymbol{k}_{\mathrm{s}}=2\boldsymbol{k}_1-\boldsymbol{k}_2$ 方向に $|\chi^{(3)}(\omega_{\mathrm{s}})|^2$ に比例する CARS の信号を得ることを意味する．一般に，非共鳴項 $\chi_{\mathrm{NR}}{}^{(3)}$ は考えている波長領域では定数で近似でき，共鳴項は次のように書ける．

$$\chi_{\mathrm{R}}{}^{(3)}=\frac{a}{\omega_1-\omega_2-\omega_0+i\varGamma} \tag{6.35}$$

ここで，ω_0 は注目する素励起の角周波数，$\varGamma$ はその緩和定数である．また，CARS を観測する波長領域では 6-3 節の結果をみてもわかるように，a は定数と近似できる．その結果，CARS 信号のスペクトルは

$$\begin{aligned}&|\chi^{(3)}(2\omega_1-\omega_2;\omega_1,\ -\omega_2,\omega_1)|^2\\&=\left\{\chi_{\mathrm{NR}}{}^{(3)}+\frac{a(\omega_1-\omega_2-\omega_0)}{(\omega_1-\omega_2-\omega_0)^2+\varGamma^2}\right\}^2+\frac{a^2\varGamma^2}{\{(\omega_1-\omega_2-\omega_0)^2+\varGamma^2\}^2}\end{aligned} \tag{6.36}$$

に比例する．$|a/\chi_{\mathrm{NR}}{}^{(3)}|\gg 2\varGamma$ で $a/\chi_{\mathrm{NR}}{}^{(3)}<0$ のときには図 6-9 に示すように，

$\omega_1-\omega_2=\omega_0$ では $|\chi^{(3)}|^2\sim(a/\Gamma)^2$ $(\gg|\chi_{NR}{}^{(3)}|^2)$ のピークを示し，$\omega_1-\omega_2=\omega_0-a/\chi_{NR}{}^{(3)}$ で $|\chi^{(3)}|^2\sim(a/\Gamma)^2(\chi_{NR}{}^{(3)}\Gamma/a)^4$ $(\ll|\chi_{NR}{}^{(3)}|^2)$ のくぼみ(dip)を示す．$a/\chi_{NR}{}^{(3)}>0$ では，ピークとくぼみの周波数上における相対位置が逆になる．

Levenson らは，角周波数 ω_1 と ω_2 の入射光源として周波数可変の色素レーザーを用い，これをカルサイトの結晶に照射して，$\omega_s=2\omega_1-\omega_2$ を一定にしながら $\omega_1-\omega_2$ を変動させて CARS 信号を測定した．図 6-9 がその結果である．この測定における結晶内の素励起は，$\omega_0=1088\ \mathrm{cm}^{-1}$ の格子振動であり，$a=-(8.5\pm1)\times10^{-2}\ \mathrm{cm}^3/\mathrm{erg\cdot s}$，$\chi_{NR}{}^{(3)}=(1.4\pm0.2)\times10^{-14}\ \mathrm{cm}^3/\mathrm{erg}$ を得ている．また，カルサイトの試料にサファイアの試料をはりつけ，くぼみのシフトを図 6-9 のように測定し，サファイアの $\chi_{NR}{}^{(3)}=(1.14\pm0.15)\times10^{-14}\ \mathrm{cm}^3/\mathrm{erg}$ も得ている．

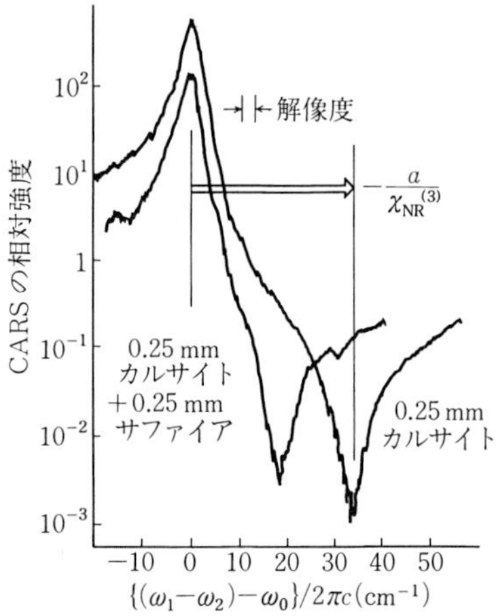

図 6-9 カルサイトの 1088 cm⁻¹ の振動モードによる CARS の観測(M. D. Levenson : IEEE J. QE-10 (1974) 110 による)．

b) 位相共役光

3 次の光非線形現象のうちで，3 つの入射光の周波数が等しい場合(縮退 4 光波混合)やほぼ等しい場合には多彩な現象が繰りひろげられる．そのうち本項では，まず**位相共役光**，すなわち 1 つの波の時間反転波の発生のメカニズムを紹介し，c)項では，入射光強度の変化に対して透過光強度が履歴現象を示す光双安定性も紹介する．これらは，3 次の非線形分極率 $\chi^{(3)}$ で記述できる現象である．6-3節では，3つの入射光が最も光活性な結晶内素励起である励起子(エキシトン)に共鳴するときの $\chi^{(3)}$ の表式を求め，特に大きな非線形分極率が得られることを示す．このような系では，位相共役光の信号も特に大きくなる．5-2節d)項の励起子の超放射で，非線形応答のスイッチングが決まるときには，大きな $\chi^{(3)}$ と相乗して大きな性能指数をもつ非線形応答が期待でき，現実に観測されつつある．これらは6-3節で紹介する．

図6-10(a)のように，2つの衝突するポンプ光(ω_1, $\boldsymbol{k}_{\mathrm{f}}=\boldsymbol{k}_0$)と($\omega_1$, $\boldsymbol{k}_{\mathrm{b}}=-\boldsymbol{k}_0$)，さらに第3の光ビームであるプローブ光($\omega_2$, $\boldsymbol{k}_{\mathrm{p}}$)を非線形媒質に照射する．そのとき，図6-10(b)では，ポンプ光 $\boldsymbol{k}_{\mathrm{f}}$ とプローブ光 $\boldsymbol{k}_{\mathrm{p}}$ により，励起状態と基底状態の密度分布に，$\boldsymbol{k}_{\mathrm{f}}-\boldsymbol{k}_{\mathrm{p}}$ の波数ベクトルをもち，$\omega_1-\omega_2$ の角周波数で時間的に振動する成分が形成される．これを分布格子という．この分布格子によって他のポンプ光(ω_1, $\boldsymbol{k}_{\mathrm{b}}=-\boldsymbol{k}_0$)が回折されて，$-\boldsymbol{k}_{\mathrm{p}}$ の波数ベクトルをもつ $2\omega_1-\omega_2$ の波が形成される．この波を波数ベクトル $\boldsymbol{k}_{\mathrm{p}}$ のプローブ光の**位相共役波**とよぶ．これはプローブ光 $\boldsymbol{E}_{\mathrm{p}}\exp[i(\boldsymbol{k}_{\mathrm{p}}\cdot\boldsymbol{r}-\omega_2 t)]$ に対して，

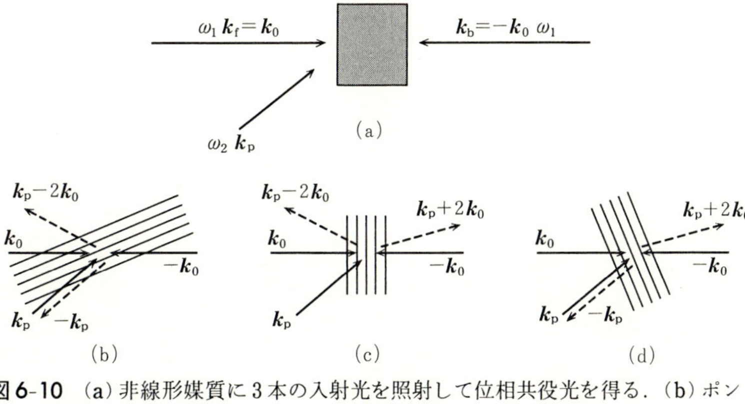

図6-10 (a)非線形媒質に3本の入射光を照射して位相共役光を得る．(b)ポンプ光($\omega_1, \boldsymbol{k}_{\mathrm{f}}=\boldsymbol{k}_0$)とプローブ光($\omega_2, \boldsymbol{k}_{\mathrm{p}}$)が励起の分布格子を作り，他のポンプ光($\omega_1, \boldsymbol{k}_{\mathrm{b}}=-\boldsymbol{k}_0$)がそれに回折されて，位相共役光($2\omega_1-\omega_2$, $-\boldsymbol{k}_{\mathrm{p}}$)が発生する様子を示す．(c)2本のポンプ光($\omega_1, \boldsymbol{k}_{\mathrm{f}}=\boldsymbol{k}_0$)と($\omega_1, \boldsymbol{k}_{\mathrm{b}}=-\boldsymbol{k}_0$)が分布格子を作り，プローブ光がそれによって回折される4光波混合．(d)ポンプ光($\omega_1, \boldsymbol{k}_{\mathrm{b}}=-\boldsymbol{k}_0$)とプローブ光が分布格子を作り，他のポンプ光($\omega_1, \boldsymbol{k}_{\mathrm{p}}$)が回折されて，位相共役光 $-\boldsymbol{k}_{\mathrm{p}}$ と4光波混合 $\boldsymbol{k}_{\mathrm{p}}+2\boldsymbol{k}_0$ が形成される．

$\chi^{(3)}(2\omega_1-\omega_2;\omega_1,-\omega_2,\omega_1)\boldsymbol{E}_f\boldsymbol{E}_b\boldsymbol{E}_p{}^*\exp[i\{-\boldsymbol{k}_p\cdot\boldsymbol{r}-(2\omega_1-\omega_2)t\}]$ とプローブ光の道筋を逆向きに伝播する波であり，特に縮退 4 光波混合 $\omega_2=\omega_1$ のときには，$[\boldsymbol{E}_p\exp(i\boldsymbol{k}_p\cdot\boldsymbol{r})]^*e^{-i\omega_1 t}$ とプローブ光とは時間を反転した波として伝播するためである．図 6-10(c)は，2 つのポンプ光 $\boldsymbol{k}_f$ と $\boldsymbol{k}_b=-\boldsymbol{k}_f$ によって励起の分布格子が形成される場合で，このときにはプローブ光の位相共役光は得られず，$\boldsymbol{k}_p\pm2\boldsymbol{k}_f$ の方向にプローブ光の回折光が観測される．図 6-10(d)では，$\boldsymbol{k}_b=-\boldsymbol{k}_f$ のポンプ光とプローブ光の作る励起の分布格子による回折の結果，位相共役光 $-\boldsymbol{k}_p$ と 4 光波混合 $\boldsymbol{k}_p+2\boldsymbol{k}_0$ が観測される．

位相共役波がプローブ光の時間反転波であることを如実に示す実験が，半導体超微粒子をガラス中に析出させた系を用いて行なわれた．レーザー光は，第 4 章で示したように指向性のよいビームであり，このスポットを図 6-11(a)に示す．ところで，図 6-12(a)のように，すりガラスを通過したレーザー光は，図 6-11(b)に示すように，ビームの拡散(aberration)を受ける．これを普通の鏡で反射して，もう一度すりガラスを通すと，ビームはさらに拡大してしまう．ところが，図 6-12(b)のように，右端に示す半導体超微粒子をドープしたガラスに，衝突する 2 本のポンプ光照射下で，拡散を受けたビームをプローブ光と

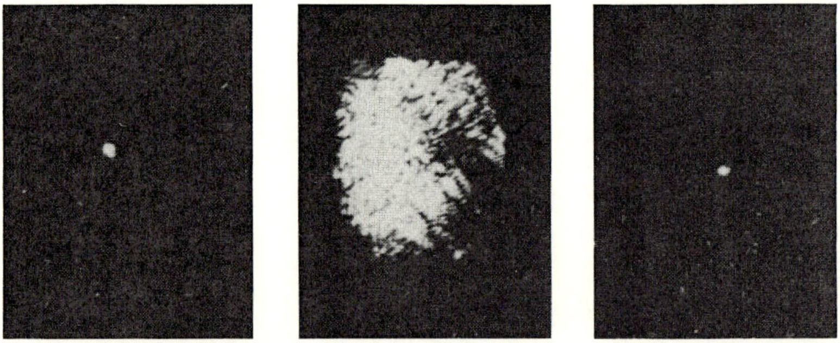

(a)　(b)　(c)

図 6-11　(a) 入射レーザービームのスポット．(b) すりガラスを通過して拡散を受けたビームのスポット．(c) 拡散を受けて拡大したビームを位相共役鏡で反射してから，再びすりガラスを逆行させた光ビームのスポット (R. K. Jain and R. C. Lind : J. Opt. Soc. Am. 73 (1983) 647 による)．

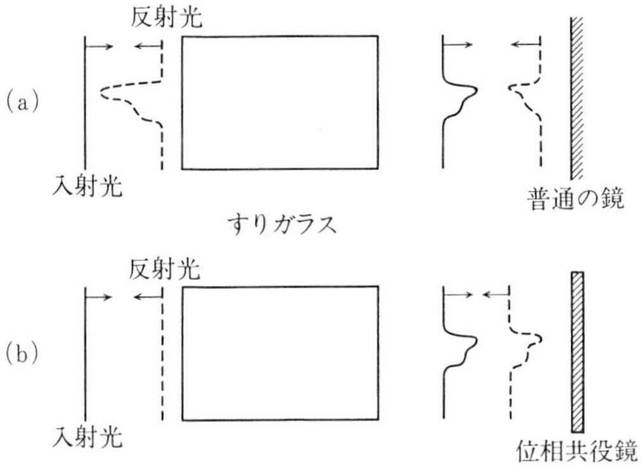

図 6-12 (a) 普通の鏡と (b) 位相共役鏡で反射された光の差を示す(Y. R. Shen : *The Principles of Non-linear Optics* (John Wiley & Sons, 1984) による).

して入射させると，この拡散したビームの位相共役光がその入射ビームの道筋を逆方向に伝播する．したがって，この半導体超微粒子ドープガラスは**位相共役鏡**とよばれる．その結果，図 6-12(a)の場合とは異なって，すりガラスを逆行したビームはもとのレーザー光と同じ鋭いスポットとして観測される．これを図 6-11(c)に示す．すなわち，位相共役鏡で反射された光は，行きに受けた拡散を帰りの道筋で打ち消すように伝播することがわかった．これより，位相共役波はプローブ光の時間反転波として理解される．この位相共役の過程は 3 次の非線形分極率 $\chi^{(3)}(2\omega_1-\omega_2;\omega_1,-\omega_2,\omega_1)$ で記述される 3 次の非線形光学過程である．

c) 光双安定性

光双安定現象の観測例を図 6-13 に示す．半導体 CdS に中性ドナー $10^{15}\ \mathrm{cm}^{-3}$ を含む厚さ 11 μm の非線形媒質の両面に反射率が 0.9 になるように誘電体を被覆したものが舞台である．この中性ドナーの束縛励起子に共鳴するレーザー光を照射し，そのレーザー光強度 I_i を変化させると，その透過光強度 I_t は図 6-13 の履歴現象を示す．入射光強度 I_i が I_s と I_cr の間にあるときには，高透過光状態 U と低透過光状態 L の 2 つの安定な応答を示す．したがって，これを**光双安定性**とよぶ．この 2 状態を 2 値信号の 1 と 0 に対応させて，論理演

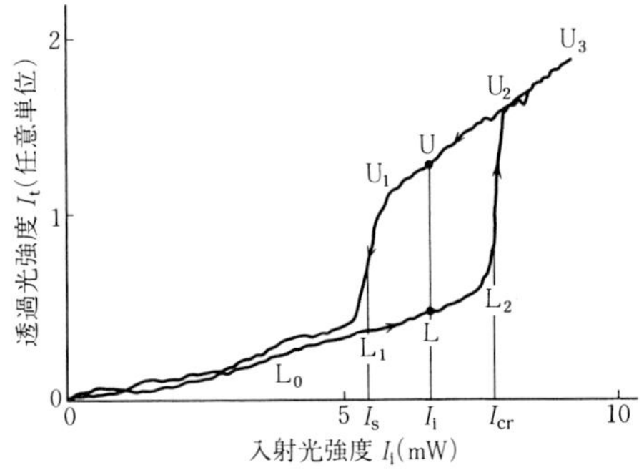

図 6-13 半導体 CdS の束縛励起子を用いた光双安定性．厚さ 11 μm，中性ドナーを 10^{15} cm^{-3} を含む CdS 結晶を用いる．入射光強度が $I_s<I_i<I_{cr}$ のとき，高透過光状態 U と低透過光状態 L が安定に共存する（M. Dagenais and W. Sharfin : J. Opt. Soc. Am. B2 (1985) 1179 による）．

算を行なう試みもある．この光双安定性は，媒質の非線形光学応答と光の媒質へのフィードバックによって起きる．光 Kerr 効果による光双安定応答の様子を考察してみよう．

図 6-14 の Fabry-Pérot 共振器を透過する電磁波の振幅 E_t は，媒質中を何回か往復してから透過する波の振幅の和として書ける．

$$E_t = e^{i\delta/2}tt'E_i(1+r^2e^{i\delta}+r^4e^{2i\delta}+\cdots) \tag{6.37}$$

ここに t と t' は表面と裏面での振幅透過率，r は振幅反射率で，$tt'=1-r^2$ の関係式で結ばれている．$\delta\equiv 4\pi n'l/\lambda$ は光が厚さ l の媒質中を 1 往復するときの位相差で，n' は非線形媒質の屈折率，λ は入射光の波長である．光 Kerr 効果は，屈折率 n' が $n'=n_0+n_2|E|^2$ と内部電場 E の 2 乗に比例する項をもつことである．ここで，係数 n_2 は，3 次の非線形分極率と次のような関係式で結ばれている．

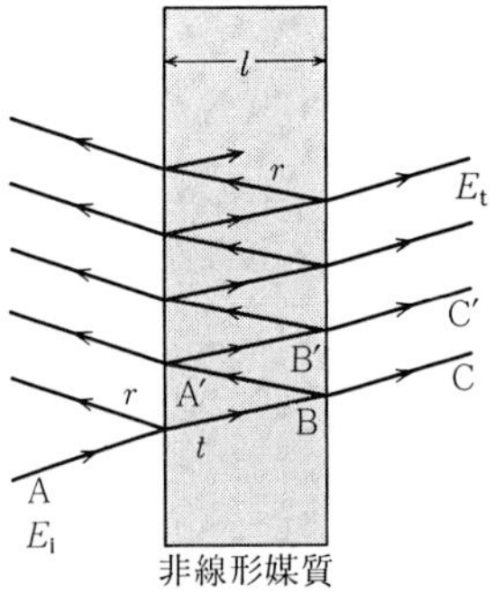

図 6-14 Fabry-Pérot 共振器の概念図．t と r は非線形媒質での振幅透過率と振幅反射率．

$$\chi^{(3)}(\omega;\,\omega,\,-\omega,\,\omega)=2\epsilon_0 n_0 n_2 \tag{6.38}$$

(6.37)の第 1 項は図 6-14 で A→B→C と直接透過していく寄与，第 2 項は A→B→A′→B′→C′ と 1 往復余分に媒質中を反射してから透過していく波の寄与を示す．垂直入射を考えているが，図 6-14 では見やすくするために角度をつけて光路を示した．

(6.37)より透過光強度 I_{t} は，フィネス $F\equiv 4R/(1-R)^2$ $(R\equiv|r|^2)$ と入射光強度 I_{i} を用いて次のように与えられる．

$$I_{\mathrm{t}}=\frac{1}{1+F\sin^2(\delta/2)}I_{\mathrm{i}} \tag{6.39}$$

$\delta\equiv 4\pi n'l/\lambda=2\pi N$ (N は整数)のときには，共振器中の定在波は両端で節を作り，100% の透過率を示すことが(6.39)よりわかる．他端で腹となる $\delta\equiv 4\pi n'l/\lambda=2\pi(N+1/2)$ のときには，透過率は $I_{\mathrm{t}}/I_{\mathrm{i}}=1/(1+F)$ と表わされるので，大きなフィネス F の系では透過率はきわめて小さくなる．ところで，分散型非線形媒質では，$n'=n_0+n_2|E|^2$ と屈折率が内部電場 E に，したがって入射光 E_{i} に依存するので，$I_{\mathrm{i}}=|E_{\mathrm{i}}|^2=0$ のとき，$\delta=2\pi(N+1/2)$ と低透過光状態にあっても，入射光強度 I_{i} の増加とともに(6.39)の δ を通して透過光を増大させ，ひいては内部電場を増す方向にフィードバックがはたらいて，図 6-13 のように，$I_{\mathrm{i}}=I_{\mathrm{cr}}$ で急激に透過光強度 I_{t} が増大する．逆に，高透過光状態から入射光強度を弱めていくときには，媒質内にはすでに強い内部電場が立っているので，I_{cr} 以下の入射光強度 I_{i} に対しても高透過光状態が保持され，図 6-13 の $I_{\mathrm{i}}=I_{\mathrm{s}}$ で急峻に低透過光状態に落ち込む．このようにして透過光強度が入射光強度の変化に対して履歴現象を示す．他方，3 次の非線形分極率 $\chi^{(3)}$ の虚部は吸収飽和の一端を示すものであるが，この吸収飽和によっても同様な光双安定現象がひきおこされる．図 6-13 の光双安定性は $\chi^{(3)}$ の実部と虚部がともに寄与しているものと思われる．

このような光双安定性を示す素子を多数 2 次元平面に並べ，画像処理や並列演算に用いる試みがある．そのとき，できるだけ弱い入射光強度で光双安定現象を実現し，高透過光状態と低透過光状態との間をできるだけ弱い信号ででき

るだけ速くスイッチできることが望まれる．そのためには，大きな $|\chi^{(3)}(\omega;\omega,-\omega,\omega)|$ をもち，速いスイッチが同時に可能となるような光非線形媒質が求められている．

6-3 励起子光非線形性

この節においては，4 光波混合，位相共役波の発生，光のスクイージング，光双安定性などの非線形光学現象を記述する 3 次の非線形分極率が大きい物質を探索する指針の 1 つを紹介したい．一般に，3 次の非線形分極率 $\chi^{(3)}$ の絶対値が大きく，かつ速いスイッチングが可能な非線形物質が求められているが，どちらかを犠牲にせねばならないという経験則が存在した．すなわち，非線形応答の性能指数を $|\chi^{(3)}|/\alpha\tau$ で定義する．ここで，α は入射光 ω での線形の吸収係数で，τ はこの非線形現象のスイッチングの速さである．経験則は，この性能指数は図 6-15 の直線によって示されるように，物質にもほとんどよらず，

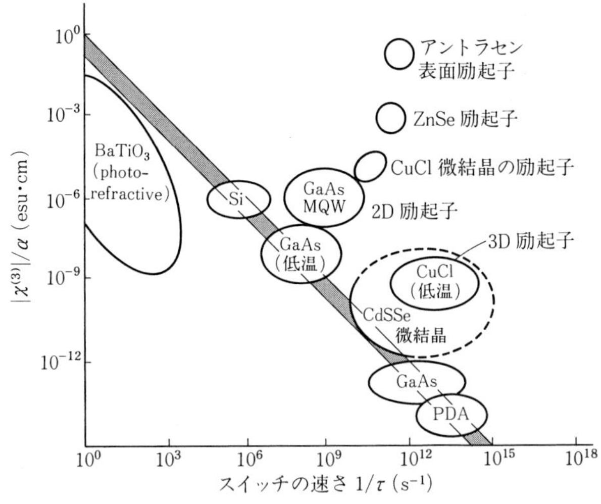

図 6-15 非線形光学性能指数 $|\chi^{(3)}|/\alpha\tau$ = 一定 の直線は経験則を示す．α は線形吸収係数．励起子の共鳴励起では，性能指数が向上する様子がわかる(田島一人氏(NEC)のデータに加筆)．

また励起周波数 ω にもほとんどよらず一定であることを物語っている．縦軸 $|\chi^{(3)}|/\alpha$ と横軸 $1/\tau$ に対して観測値は $|\chi^{(3)}|/\alpha\tau=$一定 の直線上にのることがわかる．確かに，非線形応答の起因にバンド間遷移のような1電子励起を用いるかぎりは，この性能指数一定という呪縛からのがれることはできない．ここでは，励起子のような結晶の集団素励起を共鳴的に励起することによって，速い応答と大きな $\chi^{(3)}$ を同時に実現する可能性を探ろう．

5-2節d)項で示したように，分子性結晶中の集団励起である Frenkel 励起子は，次のマクロな遷移の双極子モーメントをもつ．

$$\boldsymbol{P}_{\boldsymbol{k}} = \sqrt{N}\,\boldsymbol{\mu}\,\delta_{\boldsymbol{kK}} \tag{6.40}$$

ここで，$\boldsymbol{\mu}$ は分子の遷移の双極子モーメントで，N は考えている結晶中の分子の数，$\boldsymbol{K}$ は入射光の波数ベクトルである．他方，半導体中の Wannier 励起子は，伝導帯の底付近の Bloch 状態と価電子帯の頂上付近の Bloch 状態の積の重畳でできているので，遷移の双極子モーメントは次のようになる．

$$\boldsymbol{P}_{\boldsymbol{k}} = \sqrt{N}\left(\frac{u^3}{\pi {a_{\mathrm{B}}}^3}\right)^{1/2}\boldsymbol{\mu}_{\mathrm{cv}}\delta_{\boldsymbol{kK}} \tag{6.41}$$

ここで，u^3 は単位胞の体積，a_{B} は励起子の Bohr 半径で，電子・正孔間の平均距離を示す．半導体中の Wannier 励起子では，その Bohr 半径 a_{B} は単位胞の大きさ u に比して大きいので，$(u/a_{\mathrm{B}})^{3/2}$ の減少を伴うが，Frenkel および Wannier 励起子はともに，$\sqrt{N}$ のマクロに増大した遷移の双極子モーメント $\boldsymbol{P}_{\boldsymbol{k}}$ をもつ．これは，励起子のコヒーレンスが結晶の体積 $V=Nu^3$ にわたる理想の極限である．一般には，励起子のコヒーレンスは，不純物散乱や格子振動による散乱によって有限の距離におさえられてしまう．また，CuCl や CdS の半導体微結晶の場合には，励起子のコヒーレンスはその微結晶のサイズによって決まる．これらの励起子を共鳴的に励起したときの $\chi^{(3)}(\omega;\omega,-\omega,\omega)$ を求めてみよう．

この励起子と電磁場との相互作用 $\mathcal{H}'$ は，電気双極子近似で

$$\mathcal{H}' = -\boldsymbol{P}\cdot\boldsymbol{E}_{\omega}(t) \tag{6.42}$$

と書ける．ここで $\boldsymbol{E}_{\omega}(t)=\boldsymbol{E}\exp(-i\omega t)+\mathrm{c.c.}$ である．時間因子 $\exp(-i\omega t)$

をもつ電気分極 $\boldsymbol{P}$ の期待値は，電磁場の 3 次摂動の結果

$$\langle \boldsymbol{P}^{(3)}(\omega)\rangle = \mathrm{Tr}\{\rho^{(3)}(t)\boldsymbol{P}\} \tag{6.43}$$

と書ける．まず密度行列 $\rho(t)$ を 6-1 節と同様に求める．入射光周波数 ω が，最も大きい遷移の双極子モーメントをもつ励起子準位 ω_0 にほぼ共鳴しているときには，回転波近似をとることができる．すなわち，反共鳴の下で励起子が励起されるような過程を無視できる．そのような近似が許されない非共鳴のときには，3 次の非線形分極は 48 項の和で記述できる．

回転波近似のもとでは，結晶の基底状態，1 光子および 2 光子吸収による励起状態が明確に区別できて，図 6-16 と図 6-17 に示すような 8 つの寄与が $\chi^{(3)}(2\omega_1-\omega_2;\omega_1,-\omega_2,\omega_1)$ を記述する．本節では，基底状態，1 光子励起状態，2 光子励起状態をおのおの g, n, m と記す．3 次の摂動で角周波数 $2\omega_1-\omega_2$ をもつ分極を生ずるためには，図 6-17 の 1 次の過程では，(6.13)より

$$\frac{\partial \rho_{ng}{}^{(1)}}{\partial t} = \frac{1}{i\hbar}\{\hbar\omega_{ng}\rho_{ng}{}^{(1)} + \mathcal{H}'_{ng}\rho_{gg}{}^{(0)}\} - \Gamma_{ng}\rho_{ng}{}^{(1)} \tag{6.44}$$

である．ここで，$\mathcal{H}'_{ng}$ は $\exp(-i\omega_1 t)$ の時間依存性をもつので，(6.44)の左辺は $-i\omega_1\rho_{ng}{}^{(1)}$ とおくことができ，

$$\rho_{ng}{}^{(1)}(\omega_1) = \frac{\mathcal{H}'_{ng}(\omega_1)\rho_{gg}{}^{(0)}}{\hbar(\omega_1-\omega_{ng}+i\Gamma_{ng})} \tag{6.45}$$

と求められる．同様に，もう 1 つの 1 次の過程で出てくる密度行列の成分は，

$$\rho_{gn}{}^{(1)}(-\omega_2) = \frac{\rho_{gg}{}^{(0)}\mathcal{H}'_{gn}(-\omega_2)}{\hbar(\omega_2-\omega_{ng}-i\Gamma_{ng})} \tag{6.46}$$

と求められる．電磁場との 2 次の摂動ででてくる項は，図 6-17 より 3 つあり，次の微分方程式より求められる．

$$\frac{\partial \rho_{mg}{}^{(2)}}{\partial t} = \frac{1}{i\hbar}[\hbar\omega_{mg}\rho_{mg}{}^{(2)} + \mathcal{H}'_{mn}(\omega_1)\rho_{ng}{}^{(1)}(\omega_1)] - \Gamma_{mg}\rho_{mg}{}^{(2)} \tag{6.47}$$

ここで，Γ_{mg} は 2 光子励起状態 m の位相を乱す横緩和定数である．$\rho_{ng}{}^{(1)}(\omega_1)$ と $\mathcal{H}'_{mn}(\omega_1)$ はともに $\exp(-i\omega_1 t)$ の時間依存性をもつので，$\rho_{mg}{}^{(2)}$ も $\exp(-2i\omega_1 t)$ の因子をもつことがわかる．(6.47)の左辺を $-2i\omega_1\rho_{mg}{}^{(2)}(2\omega_1)$ と

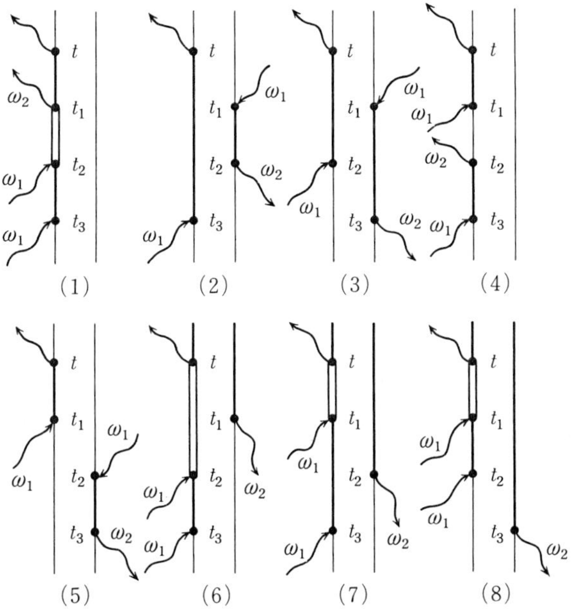

図 6-16　$\chi^{(3)}(2\omega_1-\omega_2;\omega_1,-\omega_2,\omega_1)$ に寄与する 8 つのダイヤグラム．ダイヤグラムの意味は図 6-2 と同じ．細線，太線，2 重線はそれぞれ，基底状態，1 光子励起状態，2 光子励起状態を示す．

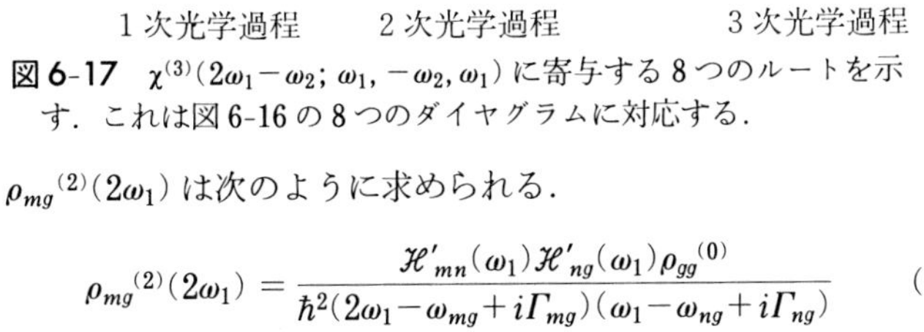

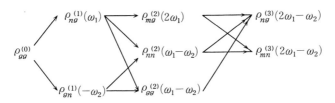

図 6-17　$\chi^{(3)}(2\omega_1-\omega_2;\omega_1,-\omega_2,\omega_1)$ に寄与する 8 つのルートを示す．これは図 6-16 の 8 つのダイヤグラムに対応する．

おいて，$\rho_{mg}{}^{(2)}(2\omega_1)$ は次のように求められる．

$$\rho_{mg}{}^{(2)}(2\omega_1)=\frac{\mathcal{H}'_{mn}(\omega_1)\mathcal{H}'_{ng}(\omega_1)\rho_{gg}{}^{(0)}}{\hbar^2(2\omega_1-\omega_{mg}+i\Gamma_{mg})(\omega_1-\omega_{ng}+i\Gamma_{ng})} \tag{6.48}$$

さらに，$\rho_{nn}{}^{(2)}$ と $\rho_{gg}{}^{(2)}$ は次の微分方程式に従う．

$$\frac{\partial \rho_{nn}{}^{(2)}}{\partial t}=\frac{1}{i\hbar}[\mathcal{H}'_{ng}(\omega_1)\rho_{gn}{}^{(1)}(-\omega_2)-\rho_{ng}{}^{(1)}(\omega_1)\mathcal{H}'_{gn}(-\omega_2)]-\Gamma_{n\to g}\rho_{nn}{}^{(2)} \tag{6.49}$$

$$\frac{\partial \rho_{gg}{}^{(2)}}{\partial t}=\frac{1}{i\hbar}[\mathcal{H}'_{gn}(-\omega_2)\rho_{ng}{}^{(1)}(\omega_1)-\rho_{gn}{}^{(1)}(-\omega_2)\mathcal{H}'_{ng}(\omega_1)]+\Gamma_{n\to g}\rho_{nn}{}^{(2)} \tag{6.50}$$

ここで，$\Gamma_{n\to g}$ は励起状態 n から基底状態 g への縦緩和を表わす．$\mathcal{H}'_{ng}(\omega_1)$ と $\rho_{ng}{}^{(1)}(\omega_1)$ は $\exp(-i\omega_1 t)$，$\mathcal{H}'_{gn}(-\omega_2)$ と $\rho_{gn}{}^{(1)}(-\omega_2)$ は $\exp(i\omega_2 t)$ の時間依存性をもつので，$\rho_{nn}{}^{(2)}$ と $\rho_{gg}{}^{(2)}$ は $\exp[-i(\omega_1-\omega_2)t]$ の時間依存性をもつ．したがって，(6.49)と(6.50)の左辺を $-i(\omega_1-\omega_2)\rho_{nn}{}^{(2)}$ と $-i(\omega_1-\omega_2)\rho_{gg}{}^{(2)}$ とおくことにより，おのおの次のように求められる．

$$\begin{aligned}\rho_{nn}{}^{(2)}(\omega_1-\omega_2) &= -\rho_{gg}{}^{(2)}(\omega_1-\omega_2)\\ &=\frac{\mathcal{H}'_{ng}(\omega_1)\rho_{gn}{}^{(1)}(-\omega_2)-\rho_{ng}{}^{(1)}(\omega_1)\mathcal{H}'_{gn}(-\omega_2)}{i\hbar[\Gamma_{n\to g}-i(\omega_1-\omega_2)]}\end{aligned} \tag{6.51}$$

電磁場との3次の摂動ででてくる項は，図6-17より2つあり，次の微分方程式に従う．

$$\begin{aligned}\frac{\partial \rho_{ng}{}^{(3)}}{\partial t} = & -i(\omega_{ng}-i\Gamma_{ng})\rho_{ng}{}^{(3)}+\frac{1}{i\hbar}[\mathcal{H}'_{nm}(-\omega_2)\rho_{mg}{}^{(2)}(2\omega_1)\\ &+\mathcal{H}'_{ng}(\omega_1)\rho_{gg}{}^{(2)}(\omega_1-\omega_2)-\rho_{nn}{}^{(2)}(\omega_1-\omega_2)\mathcal{H}'_{ng}(\omega_1)]\end{aligned} \tag{6.52}$$

$$\begin{aligned}\frac{\partial \rho_{mn}{}^{(3)}}{\partial t} = & -i(\omega_{mn}-i\Gamma_{mn})\rho_{mn}{}^{(3)}+\frac{1}{i\hbar}[\mathcal{H}'_{mn}(\omega_1)\rho_{nn}{}^{(2)}(\omega_1-\omega_2)\\ &-\rho_{mg}{}^{(2)}(2\omega_1)\mathcal{H}'_{gn}(-\omega_2)]\end{aligned} \tag{6.53}$$

ここで，右辺の時間依存性をみると $\exp[-i(2\omega_1-\omega_2)t]$ であるので，左辺をおのおの $-i(2\omega_1-\omega_2)\rho_{ng}{}^{(3)}$ と $-i(2\omega_1-\omega_2)\rho_{mn}{}^{(3)}$ とおくと，(6.52)，(6.53)は次のように求められる．

$$\rho_{ng}{}^{(3)}(2\omega_1-\omega_2)=\frac{\mathcal{H}'_{nm}(-\omega_2)\rho_{mg}{}^{(2)}(2\omega_1)-2\rho_{nn}{}^{(2)}(\omega_1-\omega_2)\mathcal{H}'_{ng}(\omega_1)}{\hbar(2\omega_1-\omega_2-\omega_{ng}+i\Gamma_{ng})} \tag{6.54}$$

$$\rho_{mn}{}^{(3)}(2\omega_1-\omega_2) = \frac{\mathcal{H}'_{mn}(\omega_1)\rho_{nn}{}^{(2)}(\omega_1-\omega_2)-\rho_{mg}{}^{(2)}(2\omega_1)\mathcal{H}'_{gn}(-\omega_2)}{\hbar(2\omega_1-\omega_2-\omega_{mn}+i\Gamma_{mn})} \tag{6.55}$$

以上の結果をまとめて，(6.43)より $\exp[-i(2\omega_1-\omega_2)t]$ の時間依存性をもつ3次の電気分極の期待値は，

$$\langle P^{(3)}(2\omega_1-\omega_2)\rangle = P_{gn}\rho_{ng}{}^{(3)}(2\omega_1-\omega_2)+P_{nm}\rho_{mn}{}^{(3)}(2\omega_1-\omega_2)+\mathrm{c.c.} \tag{6.56}$$

と求められる．

最近，CuCl 半導体の微結晶を NaCl 絶縁体の中に析出できるようになった．その大きさをかなり制御して，半径 $R=1.3$ nm から 10 nm くらいまでの CuCl 微結晶系ができ，5-2 節 d)項に示したように，その励起子の超放射が観測された．また，この励起子の共鳴励起による3次の非線形応答も予測通り大きいという報告も出されている．ここでは，(6.56)の結果を，特に，励起子の重心運動が量子化されるような微結晶系に適用してみよう．

たとえば，CuCl 結晶では励起子の Bohr 半径 a_B は 0.67 nm であるので，半径 $R=1.3\sim10$ nm の微結晶系においては，電子・正孔の相対運動は最低エネルギー準位 1s にあり，その重心運動が量子化される．半径 R の外側を形成する NaCl のバンドギャップは 7 eV あるので，CuCl 微結晶中の励起子 3.2 eV に対しては半径 R の外側のポテンシャルは無限大と近似すると，量子化された励起子の固有エネルギー E_n は

$$E_n = E_g - Ry + \frac{\hbar^2}{2M}\left(\frac{\pi n}{R}\right)^2 \qquad (n=1, 2, \cdots) \tag{6.57}$$

ここで，E_g は伝導・価電子バンド間のエネルギーギャップ，Ry は励起子の束縛エネルギー，n は量子化された重心運動の主量子数で，その質量は M とする．1s 準位の励起子束縛エネルギーは 200 meV，また重心運動の量子化エネルギーは 10 meV 程度になるので，2p 以上の励起子準位からの寄与は無視できる．その最低エネルギー準位への遷移の双極子モーメントは

$$\boldsymbol{P}_n = \frac{2\sqrt{2}}{\pi}\left(\frac{R}{a_{\mathrm{B}}}\right)^{3/2}\frac{1}{n}\boldsymbol{\mu}_{\mathrm{cv}} \qquad (n=1,2,\cdots) \tag{6.58}$$

とメゾスコピックな増大 $(8R^3/\pi^2 a_{\mathrm{B}}{}^3)^{1/2}$ を伴う．また主量子数 n が小さい準位に，振動子強度が集中することがわかる．最大の遷移の双極子モーメントの大きさをもつ $n=1$ の準位 $E_1 \equiv \hbar\omega_1$ にほぼ共鳴するような角周波数 ω の入射光の下では，この準位の $\chi^{(3)}(\omega;\omega,-\omega,\omega)$ への寄与が圧倒的に大きい．したがって，遷移の双極子モーメントとしては次の

$$P_{ng} \equiv P_1, \qquad P_{mn} = \sqrt{2}\,P_1, \qquad P_{nm} = \sqrt{2}\,P_1{}^* \tag{6.59}$$

のみを考える．因子 $\sqrt{2}$ は同種の励起子を 2 個つくるときに現われる Bose 粒子特有の因子である．2 励起子間の相互作用エネルギーを $\hbar\omega_{\mathrm{int}}$ とすると，1 光子および 2 光子遷移で結びつく準位 n および m の固有エネルギーは

$$\begin{aligned} \omega_{ng} &= \omega_1, \qquad \omega_{mg} = 2(\omega_1+\omega_{\mathrm{int}}) \\ \omega_{mn} &= \omega_{mg}-\omega_{ng} = \omega_1+2\omega_{\mathrm{int}} \end{aligned} \tag{6.60}$$

と与えられる．この相互作用エネルギー $\hbar\omega_{\mathrm{int}}$ は励起子が理想 Bose 粒子ではなく，2 つの Fermi 粒子よりなることの反映である．次の項で議論する 2 励起子の束縛状態である励起子分子状態の寄与を無視する．これは，$\omega \sim \omega_1$ の励起下では，2ω は励起子分子準位とは十分非共鳴であるので無視する．他方，各準位の緩和としては，

$$\begin{aligned} \Gamma_{n\to g} &= 2\gamma, \qquad \Gamma_{ng} = \Gamma = \gamma+\gamma' \\ \Gamma_{mg} &= 2(\gamma+\gamma'), \qquad \Gamma_{mn} = \Gamma+2\gamma = 3\gamma+\gamma' \end{aligned} \tag{6.61}$$

とおく．ここで，縦緩和 $\Gamma_{n\to g}=2\gamma$ は 5-2 節 d)項の超放射による緩和と無輻射遷移による緩和との和よりなり，γ' は励起子の純位相緩和を示す．Γ_{mg} は 2 つの励起子の横緩和を，Γ_{mn} は 1 つの励起子の縦緩和と他の励起子の横緩和の和よりなる．(6.59)，(6.60)と(6.61)を 3 次の非線形分極 $\langle P^{(3)}(\omega)\rangle$ の表式(6.56)に代入すると，

$$\langle P^{(3)}(\omega)\rangle = \chi^{(3)}(\omega;\omega,-\omega,\omega)E|E|^2 e^{-i\omega t} \tag{6.62}$$

より 3 次の非線形分極率 $\chi^{(3)}(\omega;\omega,-\omega,\omega)$ が次のように得られる．

$$\chi^{(3)}(\omega;\omega,-\omega,\omega)$$
$$=\frac{|P_1|^4}{\hbar^3}\frac{N_c}{(\omega-\omega_1+i\Gamma)(\omega-\omega_1-i\Gamma)}\left\{\frac{1}{\omega-\omega_1+i\Gamma}\right.$$
$$\left.-\frac{1}{\omega-\omega_1-2\omega_{\rm int}+i(\Gamma+2\gamma)}\right\}\left\{1+\frac{2\gamma'}{\gamma}+\frac{2i\Gamma-\omega_{\rm int}}{\omega-\omega_1-\omega_{\rm int}+i\Gamma}\right\} \tag{6.63}$$

ここで N_c は半導体微結晶の数密度である．また，$N_c\equiv 3r/(4\pi R^3)$ と試料に占める微結晶半導体の体積比 r は一定と仮定して，$\chi^{(3)}$ の微結晶のサイズ依存性を調べよう．$\chi^{(3)}$ の表式(6.63)はやや複雑であるので，場合分けして $\chi^{(3)}$ の特徴を論じよう．

（a）　$\omega_{\rm int}>|\omega-\omega_1|>\Gamma$ のとき，

$$\chi^{(3)}=\frac{2N_c|P_1|^4}{\hbar^3(\omega-\omega_1)^3}\left(1+\frac{\gamma'}{\gamma}\right)\propto\left(\frac{R}{a_B}\right)^3 \tag{6.64}$$

ここで重要なことは，$\chi^{(3)}$ が微結晶の全母体中に占める体積比 r を一定のまま，数密度 N_c を減らしつつ 1 つの半導体微結晶の体積 $4\pi R^3/3$ を増大すると，$\chi^{(3)}$ もその体積に比例して増大する．これは，遷移の双極子モーメント P_1 の 4 乗 $|P_1|^4$ が R^6 の依存性をもち，N_c の R^{-3} の依存性に打ち勝つためである．線形応答では $|P_1|^2$ と N_c の R 依存性が打ち消しあって，R 依存性をもたない．励起子間相互作用 $\hbar\omega_{\rm int}$ は，同種スピン構造をもつ励起子間では，第 1 Born 近似で

$$\hbar\omega_{\rm int}=\frac{13\pi}{3}Ry\frac{a_B{}^3}{v}=\frac{13}{4}Ry\left(\frac{a_B}{R}\right)^3 \tag{6.65}$$

と半導体微結晶の体積 $v\equiv 4\pi R^3/3$ に反比例する．$R=3$ nm の CuCl 微結晶中では $\hbar\omega_{\rm int}\sim 3$ meV，また低温では $\hbar\Gamma=0.02$ meV のオーダーであるので，(a) の条件をみたす非共鳴度 $|\omega-\omega_1|$ の領域は十分選べる．

（b）　$\omega_{\rm int}>\Gamma>|\omega-\omega_1|$ では，

$$\chi^{(3)}=-i\frac{2N_c|P_1|^4}{\hbar^3\Gamma^2\gamma} \tag{6.66}$$

と純虚数となり，吸収飽和の一部を形成する．超放射が緩和 Γ と γ に支配的

でないときには，Γ と γ の R 依存性を無視でき，$-\mathrm{Im}\,\chi^{(3)}$ も R^3 に比例してメゾスコピックな増大を伴う．逆に縦緩和 2γ が超放射によって決まるときには，(6.66)の R 依存性はなくなる．$\hbar\Gamma=0.5$ meV，$2\hbar\gamma=0.03$ meV で，$R=8$ nm $=80$ Å の CuCl 微結晶を体積比 0.1% で分散させた系($r=10^{-3}$)のとき，$\mathrm{Im}\,\chi^{(3)}=-10^{-3}$ esu と見積もられる．

(c)　$|\omega-\omega_1|>\Gamma>\omega_{\mathrm{int}}$ では，

$$\chi^{(3)}=\frac{2iN_{\mathrm{c}}|P_1|^4(2\gamma'+\gamma)}{\hbar^3(\omega-\omega_1)^4}\propto\left(\frac{R}{a_{\mathrm{B}}}\right)^3 \tag{6.67}$$

と純虚数となる．この場合も(a)と同じくサイズ依存性をもつが，$(2\gamma'+\gamma)/|\omega-\omega_1|$ だけ絶対値は小さくなる．

励起子は大きな結晶中ではよく Bose 統計に従う粒子として取り扱われる．理想 Bose 粒子では，どのような非線形性も示すことができないが，(6.63)が示すように，現実の系では励起子を理想 Bose 粒子からずらして，3 次の非線形分極率(6.63)を有限にする効果が 3 つはたらく．第 1 に，励起子間相互作用 $\hbar\omega_{\mathrm{int}}$ であり，第 2 には，縦緩和 2γ，第 3 には，横緩和 $\Gamma=\gamma+\gamma'$ である．

このことは，(a)，(b)，(c)の場合の考察からも理解できる．そのときに，遷移の双極子モーメントのメゾスコピックな増大が有効に活かされて，CuCl 微結晶系のときには，$R=8$ nm で $|\chi^{(3)}|\sim10^{-3}$ esu のオーダーと絶対値が大きく，しかも(a)，(b)，(c)の条件がみたされるときには，$|\chi^{(3)}|$ は R^3 に比例して増大することもわかった．事実，NaCl 絶縁体中およびガラス中に析出した CuCl 微結晶系で，この理論結果に近い $\chi^{(3)}$ の R 依存性と絶対値が観測されている．他方，励起子の巨視的双極子モーメントを有効に用いて，3 次の非線形分極率の増大を得るには，微結晶に限る必要はない．低温で，良質な試料では励起子のコヒーレンス長は十分長く，かつ，縦緩和 2γ と横緩和 Γ も同時にはたらき，大きな遷移の双極子モーメントと非線形性を保証する．現実に，アントラセン結晶の表面励起子および ZnSe 結晶の励起子共鳴励起下で速い応答と大きな $\chi^{(3)}$ の値を得ている．このときの非線形応答の性能指数は，図 6-15 に示してある．

6-4 2光子吸収スペクトル

結晶の電子構造に関して，2光子吸収スペクトルは1光子吸収スペクトルと相補的な情報を与える点で重要である．前節までの高調波発生や4光波混合は，図6-18(a)に示すように，光学現象が完了した後に素励起を結晶中に残さない分散的な現象である．これに対して2光子吸収は，図6-18(b)に示すような，角周波数 ω_1 と ω_2 の2光子の吸収に伴って電子励起が結晶中に残る電磁波の散逸的な過程である．

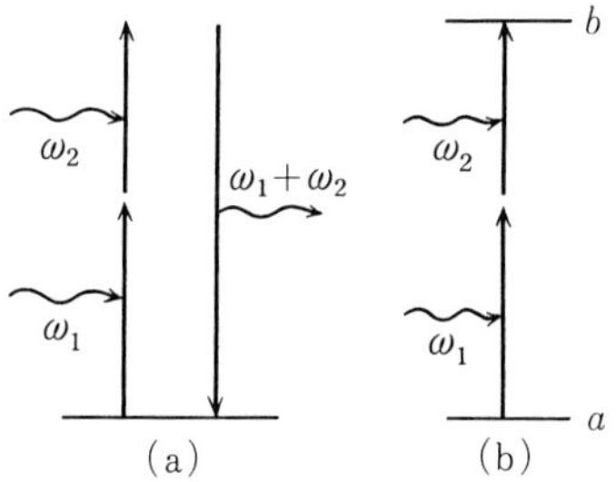

図6-18 (a)和周波($\omega_1+\omega_2$)の発生と(b)2光子吸収の概念図．

反転対称性をもつ結晶を考えると，1光子吸収の遷移はパリティの異なる状態間のみで電気双極子許容である．逆に，2光子吸収で遷移できるのは同一パリティの状態間のみである．このことからも1光子と2光子吸収スペクトルは，電子状態について互いに相補的な情報を与えることがわかる．さらに興味ある点は，結晶軸に対する2光子の偏光方向を $\boldsymbol{e}_1=(l_1, m_1, n_1)$ と $\boldsymbol{e}_2=(l_2, m_2, n_2)$ とするとき，2光子吸収係数はそれらの偏光方向に敏感に依存することである．その方向依存性から，2光子吸収に関与するエネルギー準位の対称性を一義的に決めることができる．また，励起子やバンド間遷移では，2光子吸収係数の角度依存性から，結晶の伝導帯や価電子帯の極大・極小がBrillouin領域のどこにあって，どのような対称性をもつ点であるか知ることもできる．2光子吸収スペクトルを連続的に振動数を変えて測定するには，振動数の決まったレーザー光と振動数を連続的に変えることができる通常光との2種の光源を用い，レーザー光の強度に比例する，通常光の減衰より吸収スペクトルを測定するのが便利である．

レーザー光の角振動数を ω_1，その偏光方向を $\boldsymbol{e}_1$ とし，通常光の角振動数を ω_2，その偏光方向を $\boldsymbol{e}_2$ として，この2種の光を絶縁体結晶にあてたときにこの2種の光子が同時に吸収される過程を考える．そこで，$\hbar\omega_1$ および $\hbar\omega_2$ はともにエネルギーギャップより小さく，それぞれの光子による1光子吸収は起こらないと仮定する．角振動数 ω_1 と ω_2 の光子が同時に吸収され，結晶の基底状態 $|g\rangle$ から励起状態 $|e\rangle$ に遷移する確率は次式で与えられる．

$$W^{(2)} = \frac{2\pi}{\hbar}\left(\frac{e}{m}\right)^4\left(\frac{\hbar}{2\epsilon_0\epsilon_1 V\omega_1}\right)\left(\frac{\hbar}{2\epsilon_0\epsilon_2 V\omega_2}\right)N_1 N_2 |A_{eg}{}^{(2)}|^2 \delta(E_{eg}-\hbar\omega_1-\hbar\omega_2) \tag{6.68}$$

$$A_{eg}{}^{(2)} = \sum_n \left[\frac{(\boldsymbol{P}_{en}\cdot\boldsymbol{e}_1)(\boldsymbol{P}_{ng}\cdot\boldsymbol{e}_2)}{\hbar(\omega_n-\omega_2)} + \frac{(\boldsymbol{P}_{en}\cdot\boldsymbol{e}_2)(\boldsymbol{P}_{ng}\cdot\boldsymbol{e}_1)}{\hbar(\omega_n-\omega_1)}\right] \tag{6.69}$$

ここで，N_s $(s=1, 2)$ は入射した ω_s 光子の光子数を表わし，ϵ_s は角振動数 ω_s に対する誘電率である．行列要素 $\boldsymbol{P}_{en}$ と $\boldsymbol{P}_{ng}$ は，結晶の運動量 $\boldsymbol{P}=\sum_j \boldsymbol{p}_j$ を結晶の固有状態 $|g\rangle, |e\rangle, |n\rangle$ の間でとった期待値である．通常光 ω_2 に対する吸収係数 $\alpha^{(2)}$ は，(6.68)を ω_2 の光子流密度 $cN_2/\sqrt{\epsilon_2}V$ で割って，次のように与えられる．

$$\alpha^{(2)} = \frac{2\pi}{\hbar}\left(\frac{e}{m}\right)^4\left(\frac{\hbar}{2\epsilon_0\epsilon_1 V\omega_1}\right)\left(\frac{\hbar}{2\epsilon_0 c\sqrt{\epsilon_2}\omega_2}\right)N_1 |A_{eg}{}^{(2)}|^2 \rho(E_{eg}) \tag{6.70}$$

ここで，$\rho(E_{eg})$ は励起エネルギー $E_{eg}=E_e-E_g$ の励起状態密度である．ここで，(6.69)の2光子遷移の行列要素の群論的考察から，32の結晶点群に対して選択則を求めることができる．(6.69)の中間状態に関する和の部分

$$\Lambda(\omega_s) = \sum_n \frac{|n\rangle\langle n|}{\hbar(\omega_n-\omega_s)} \tag{6.71}$$

を対称部分 $\Lambda^+=\Lambda(\omega_1)+\Lambda(\omega_2)$ と反対称部分 $\Lambda^-=\Lambda(\omega_1)-\Lambda(\omega_2)$ に分けると，(6.69)は次のように書き直せる．

$$A_{eg}{}^{(2)} = \boldsymbol{e}_1\cdot\langle e|(\boldsymbol{P}\Lambda^+\boldsymbol{P})_{\mathrm{s}}+(\boldsymbol{P}\Lambda^-\boldsymbol{P})_{\mathrm{as}}|g\rangle\cdot\boldsymbol{e}_2 \tag{6.72}$$

ここで，( )$_s$と( )$_{as}$は( )内のテンソルの対称部分と反対称部分を表わす．結晶中の素励起は，価電子帯と伝導帯の波数ベクトルを保存する励起である．そのときは，(6.72)の選択則は結晶空間群を用いる必要はなく，結晶点群の議論で求められる．すなわち，励起子状態に対しては，$\phi_e(0)$を励起子の相対運動の波動関数の原点での値とすると，

$$A_{eg}^{(2)} = \phi_e(0)\int u_{\mathrm{co}}^* \{\boldsymbol{e}_1\cdot(\boldsymbol{p}\Lambda^+\boldsymbol{p})_{\mathrm{s}}\cdot\boldsymbol{e}_2 + \boldsymbol{e}_1\cdot(\boldsymbol{p}\Lambda^-\boldsymbol{p})_{\mathrm{as}}\cdot\boldsymbol{e}_2\} u_{\mathrm{vo}}\, d\boldsymbol{r} \quad (6.73)$$

と書き直せる．ここで，$\boldsymbol{p}$は1電子の運動量，u_{co}とu_{vo}はBrillouin領域の1点での伝導帯と価電子帯のBloch関数の周期的部分である．たとえば，立方対称性をもつ結晶($\mathrm{O_h}$群)のΓ点($\boldsymbol{k}=0$)での行列要素に対しては，次の既約表現を得る．

$$\begin{aligned}
&\boldsymbol{e}_1\cdot(\boldsymbol{p}\Lambda^+\boldsymbol{p})_{\mathrm{s}}\cdot\boldsymbol{e}_2\\
&\quad=\frac{1}{3}(l_1l_2+m_1m_2+n_1n_2)(p_x\Lambda^+p_x+p_y\Lambda^+p_y+p_z\Lambda^+p_z) && \mathrm{A_{1g}}\\
&\qquad+\frac{1}{2}(l_1l_2-m_1m_2)(p_x\Lambda^+p_x-p_y\Lambda^+p_y) && \mathrm{E_g}\\
&\qquad+\frac{1}{6}(l_1l_2+m_1m_2-2n_1n_2)(p_x\Lambda^+p_x+p_y\Lambda^+p_y-2p_z\Lambda^+p_z) && \mathrm{E_g}\\
&\qquad+\frac{1}{2}(m_1n_2+m_2n_1)(p_y\Lambda^+p_z+p_z\Lambda^+p_y) && \mathrm{T_{2g}}\\
&\qquad+\frac{1}{2}(n_1l_2+n_2l_1)(p_z\Lambda^+p_x+p_x\Lambda^+p_z) && \mathrm{T_{2g}}\\
&\qquad+\frac{1}{2}(l_1m_2+l_2m_1)(p_x\Lambda^+p_y+p_y\Lambda^+p_x) && \mathrm{T_{2g}}
\end{aligned} \quad (6.74)$$

$$\begin{aligned}
&\boldsymbol{e}_1\cdot(\boldsymbol{p}\Lambda^-\boldsymbol{p})_{\mathrm{as}}\cdot\boldsymbol{e}_2\\
&\quad=\frac{1}{2}(m_1n_2-m_2n_1)(p_y\Lambda^-p_z-p_z\Lambda^-p_y) && \mathrm{T_{1g}}\\
&\qquad+\frac{1}{2}(n_1l_2-n_2l_1)(p_z\Lambda^-p_x-p_x\Lambda^-p_z) && \mathrm{T_{1g}}\\
&\qquad+\frac{1}{2}(l_1m_2-l_2m_1)(p_x\Lambda^-p_y-p_y\Lambda^-p_x) && \mathrm{T_{1g}}
\end{aligned} \quad (6.75)$$

結晶の基底状態の表現が A_{1g} であることを考えると，2光子遷移が許される励起状態の表現は，A_{1g}, E_g, T_{1g}，または T_{2g} であり，その入射角依存性は次のように与えられる．

$$A_{1g} \to A_{1g} : (l_1 l_2 + m_1 m_2 + n_1 n_2)^2 = (\boldsymbol{s}_1 \cdot \boldsymbol{s}_2)^2$$

$$A_{1g} \to E_g \ : l_1^2 l_2^2 + m_1^2 m_2^2 + n_1^2 n_2^2 - (l_1 l_2 m_1 m_2 + m_1 m_2 n_1 n_2 + n_1 n_2 l_1 l_2)$$

$$A_{1g} \to T_{1g} : 1 - (l_1 l_2 + m_1 m_2 + n_1 n_2)^2 = (\boldsymbol{s}_1 \times \boldsymbol{s}_2)^2$$

$$A_{1g} \to T_{2g} : 1 - (l_1^2 l_2^2 + m_1^2 m_2^2 + n_1^2 n_2^2) + 2(l_1 l_2 m_1 m_2 + m_1 m_2 n_1 n_2 + n_1 n_2 l_1 l_2)$$

立方対称な結晶の1光子吸収は，$A_{1g} \to T_{1u}$ のみが許容遷移で，その吸収係数は入射角に対しては等方的である．2光子吸収の場合には，異なる励起状態への遷移にともなう吸収係数の入射角依存性は互いにちがう．すなわち，吸収スペクトルに表われるピークの入射角依存性を測定することによって，その励起状態がどういう群論的表現に属する準位であるかを知ることができる．立方対称な結晶では，2光子吸収で4種の励起状態に励起可能であるが，上述の入射角依存性は3つの独立な関数で書き表わされているので，直線偏光のみを用いたのでは入射角依存性のみからは4種の準位を同定できない．しかし，円偏光入射も用いた2光子吸収係数の入射角依存性で4種の準位を同定できる．また，同じ光源のレーザー光を用いて2光子吸収スペクトルを測定するときには，光源の統計的性質が問題となる．

2光子吸収遷移確率は，一般に4つの電場の積の相関関数で記述される．2つの独立な光源を用いるときには，この4次の相関関数は2つの2次の相関関数の積に還元でき，1光子吸収と同じように，光源の統計的性質に依存しない遷移確率を得る．しかし，同一光源の定常的な照射の下での2光子遷移においては，光強度が同じでも熱輻射のようなカオティックな光源の方がレーザーのコヒーレント光よりも2倍大きい遷移確率を与える．

2光子吸収強度の偏光依存性から，関与するエネルギー準位を同定した実験例を示そう．2つの励起子間にはCoulomb引力がはたらき束縛状態が形成される場合がある．これを**励起子分子**とよび，伝導帯の2つの電子と価電子帯の2つの正孔よりなり，その運動は水素分子になぞらえて理解される．この励起子分子は2つの励起子よりできているので，2光子吸収で励起できる．その遷移確率を計算すると，(6.68)と同様に次のように書ける．

$$W^{(2)}(\omega)=\frac{2\pi}{\hbar}\left|\langle\mathrm{mol}|\mathscr{H}'\sum_n\frac{|n\rangle\langle n|}{\hbar(\omega_{ng}-\omega)}\mathscr{H}'|g\rangle\right|^2\delta(2\hbar\omega-E_{\mathrm{mol}})$$

(6.76)

弱いバンド間遷移による2光子吸収スペクトルをバックグラウンドに，その$10^6\sim10^7$倍の強さで励起子分子による2光子吸収が鋭い線スペクトルとして観測される．このように励起子分子の2光子吸収係数が異常に大きくなる理由が2つある．(1)巨大振動子と(2)共鳴効果によるものである．最初の光子を吸収して励起子が1つできた中間状態$|n\rangle$から，次の光子を吸収して励起子分子のできた終状態$|\mathrm{mol}\rangle$に遷移するとき，第1の励起子を中心に大きな励起子分子の軌道内の任意の価電子を励起することによって励起子分子をつくる．この第2の価電子の選択の自由度が(1)の巨大振動子効果をもたらす．普通のバンド間遷移による2光子吸収では，同一の電子が第1と第2の光子と2度相互作用するのとは対照的である．また(6.76)のエネルギー分母は，励起子分子の束縛エネルギーの半分，たとえばCuCl結晶では15 meVと小さくなる．これは2光子バンド間遷移のときのeVのオーダーと比較して2桁小さくなり，遷移確率を大きくする．これが(2)の共鳴効果である．しかも，励起子の1光子吸収ピークより15 meVも低い，透明領域で2光子吸収線として観測される利点がある．CuCl結晶の場合には1 MWcm^{-2}のレーザー光強度では，この2光子吸収係数は励起子の1光子吸収ピークと同程度の大きさとなる．

この予測はGaleとMysyrowiczによりCuCl結晶で実証された．CuClとCuBrはともにzinc-blende構造であるが，CuClでは，価電子帯頂点はΓ_7(点群$\mathrm{T_d}$)と伝導帯の底がΓ_6の単純な励起子より構成された縮重のない$\Gamma_1(\mathrm{A_1})$励起子分子が2光子吸収スペクトルとして観測された．他方，CuBrでは，価電子帯の頂点は4重縮退したΓ_8の対称性をもつ．その結果，2光子吸収ででき

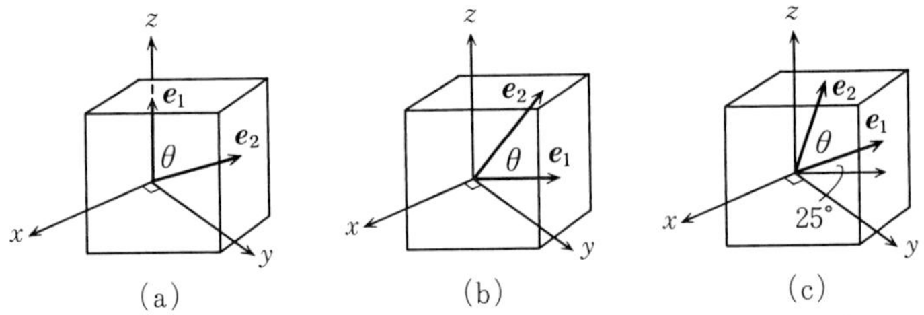

図 6-19 CuBr 結晶で 2 光子吸収測定における 2 つの光の偏光方向 $\boldsymbol{e}_1$ と $\boldsymbol{e}_2$.（a）$\boldsymbol{e}_1=(0,0,1)$，$\boldsymbol{e}_2=(-(\sin\theta)/\sqrt{2},(\sin\theta)/\sqrt{2},\cos\theta)$.（b）$\boldsymbol{e}_1=(-1/\sqrt{2},1/\sqrt{2},0)$，$\boldsymbol{e}_2=(-(\cos\theta)/\sqrt{2},(\cos\theta)/\sqrt{2},\sin\theta)$.（c）$\boldsymbol{e}_1=(-(\cos 25^\circ)/\sqrt{2},(\cos 25^\circ)/\sqrt{2},\sin 25^\circ)$，$\boldsymbol{e}_2=(-\{\cos(\theta+25^\circ)\}/\sqrt{2},\{\cos(\theta+25^\circ)\}/\sqrt{2},\sin(\theta+25^\circ))$.

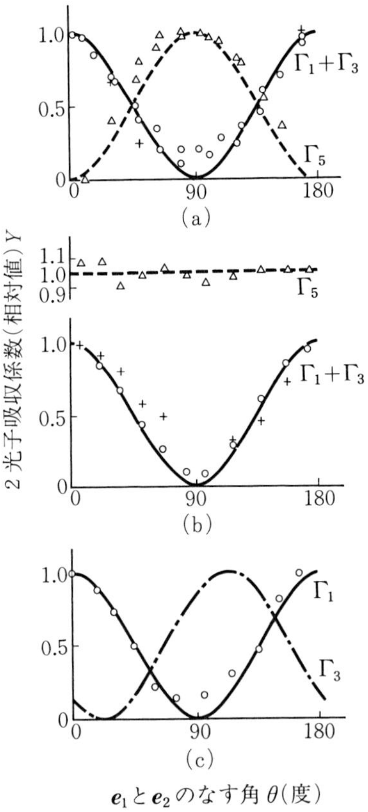

図 6-20 図 6-19 の（a），（b），（c）の配置での $\boldsymbol{e}_1$ と $\boldsymbol{e}_2$ のなす角 θ の関数としての 3 つの励起子分子 $\Gamma_1, \Gamma_3, \Gamma_5$ による 2 光子吸収度．○：$\omega_1+\omega_2=5.906$ eV（Γ_1），△：$\omega_1+\omega_2=5.910$ eV（Γ_5），＋：$\omega_1+\omega_2=5.913$ eV（Γ_3）（Vu Duy Phach and R. Lévy : Solid State Commun. **29**（1979）247 による）.

る励起子分子は$\Gamma_1(A_1)$, $\Gamma_3(E)$, $\Gamma_5(T_2)$の3準位よりなる．そこで図6-19に示すように，第1の入射光の偏光方向$\boldsymbol{e}_1$を(a),(b),(c)のように固定し，第2の入射光の偏光方向$\boldsymbol{e}_2$の$\boldsymbol{e}_1$とのなす角θを変えながら，3つの励起子分子準位による2光子吸収ピークの強度を観測する．その強度のθ依存性は図6-20のように観測され，$\hbar(\omega_1+\omega_2)=5.906$ eV, 5.910 eV, 5.913 eVの2光子吸収ピークは，おのおの$\Gamma_1(A_1)$, $\Gamma_5(T_2)$, $\Gamma_3(E)$の励起子分子によることが確定した．図6-20の理論曲線は井上・豊沢の表から求められたものである．この表*には，32の点群の各既約表現に対する2光子吸収強度の偏光方向依存性が与えられている．

---

* M. Inoue and Y. Toyozawa : J. Phys. Soc. Jpn. **20** (1965) 363.

補章

ここ数年の間における量子光学の研究分野の進展はめざましいものがあった．第1章の光のスクイーズド状態の形成には，多くの努力が払われてきた．この光の非古典的性格は第3章でのべた光の統計を観測することによってとらえられ，また定量化が可能となる．これをA-1節でのべ，その観測例をA-3節で示す．第2章の電子系と輻射場との相互作用に関しては，レーザー光を中性原子に照射してトラップしたり，冷却する技術が進展を見せた．1995年には，これらの技術を駆使して，ついにRb, Li, Na原子系のBose凝縮を実現するに至った．同時に，これら低温の原子のde Broglie波長が数μmのオーダーとなり，原子系を光や電子波のように干渉させることも可能となった．これらの進展の様子をA-2節でのべる．

レーザー冷却された単一原子を微小共振器中に導入したり，半導体量子井戸を分布帰還型Bragg反射鏡ではさみ，電子励起と輻射場を同一の空間に閉じ込める試みがある．これによって電子励起と単一モードの輻射場を強く結合でき，多様な線形および非線形光学現象が実現できるようになった．これをA-3節で紹介する．

第5章光のダイナミックスでは2準位系の超放射を示したが，2準位系が電気双極子相互作用で強く結合した系であるFrenkel励起子の超放射が面白い．

まだ理論のみであるが，2準位系の Dicke の超放射とは異なる側面が期待できる．これについては，拙著『非線形量子光学』の 3.3.4 節を参照されたい．第6章非線形光学応答に関係しては，倍高調波の発生特性の観測から水界面の物性や水分子の配列を決める実験・反強磁性体の物性探索に倍高調波発生スペクトルを用いる実験など，倍高調波発生が物性の探針としても有力であることがわかってきた．また，パラメトリック発振を用いて，広い波長領域にわたる超短パルスの発生が試みられている．このように，最近は非線形光学が，理学と工学の両面で有効に使われつつある．

A-1　非古典光と光子の統計的性質

白熱電灯の光のような古典的な光とスクイーズド光のような非古典的な光を定量的に区別できるのが，光の示す統計である．レーザー光は，その境界に位置するものである．ここでは，3-1 節で導入した2次のコヒーレンスの度合を記述する $g^{(2)}(\tau)$ と，3-2 節で用いたある時間間隔に観測される光子数の分散 $\sigma(t)$ を用いて，光の非古典性を特徴づける．

簡単のために空間を固定し，さらに定常的な光を想定して，時刻 t_1 と t_2 の間隔 $\tau \equiv t_2 - t_1$ のみの関数として $g^{(2)}(\tau)$ を考える．すなわち，ある時刻 t の輻射強度 $I(t)$ と $t+\tau$ での値 $I(t+\tau)$ の相関として，

$$g^{(2)}(\tau) \equiv \frac{\langle I(t)I(t+\tau)\rangle}{\langle I(t)\rangle\langle I(t+\tau)\rangle} \tag{A.1}$$

と規格化して定義する．$\langle\cdots\rangle$ はアンサンブル平均であるが，定常光の場合には時間平均と一致する．輻射強度 $I(t)$ が古典的観測量であるかぎり，$I(t)$ は実数であるので次の不等式が成立する．

$$\left[\frac{I(t)}{\langle I(t)\rangle} - \frac{I(t+\tau)}{\langle I(t+\tau)\rangle}\right]^2 \geqq 0 \tag{A.2}$$

ここで，(A.2)式のアンサンブル平均をとり，$I(t)$ と $I(t+\tau)$ は可換であることを用いると，

$$g^{(2)}(0) \geqq g^{(2)}(\tau) \tag{A.3}$$

すなわち，2 次の相関関数は，時間間隔 τ の減少関数であることを意味する．物理的には，光子はボゾン的性質を反映して群(むれ)を作って飛来するという**バンチング**を示す．

他方，輻射強度 $I(t)$ の分散は負にはなりえないので，次の不等式が成立する．

$$(\varDelta I(t))^2 \equiv (I(t)-\langle I(t)\rangle)^2 \geqq 0 \tag{A.4}$$

したがって，(A.1)式の $\tau=0$ での値は

$$g^{(2)}(0) = \frac{\langle I(t)^2\rangle}{\langle I(t)\rangle^2} = 1+\frac{\langle(\varDelta I(t))^2\rangle}{\langle I(t)\rangle^2} \geqq 1 \tag{A.5}$$

この不等式は，後でのべるように $I(t)$ が古典的観測量であるかぎりは，光子数は**スーパー Poisson 分布**か，せいぜい **Poisson 分布**を示すことを意味している．

第 1 章でも示したように，輻射場の強度 $I(t)$ は光子の生成・消滅演算子を用いて記述される演算子であるので，(A.3)式と(A.5)式の不等式がいつも保証されるとはかぎらない．すなわち，これらの不等式が破れるのは，輻射場の非古典的性格が強く反映されたときのみに可能となる．量子論では，2 次の相関を観測するためには光電管などで時刻 t と $t+\tau$ に光子を消滅するので，相関関数は $\Psi = |E^{(+)}(t+\tau)E^{(+)}(t)\rangle$ とその Hermite 共役との内積で書き表わせる．ここで $E^{(+)}$ ($E^{(-)}$) はおのおの光子の消滅(生成)演算子に比例する電場の振幅演算子である．したがって，2 次の相関関数は光子の演算子をノーマルオーダーで，かつ次の時系列に配列させる演算子 T: : を用いて次のように書ける．

$$\begin{aligned} g^{(2)}(\tau) &= \frac{\langle E^{(-)}(t)E^{(-)}(t+\tau)E^{(+)}(t+\tau)E^{(+)}(t)\rangle}{\langle E^{(-)}(t)E^{(+)}(t)\rangle\langle E^{(-)}(t+\tau)E^{(+)}(t+\tau)\rangle} \\ &= \frac{\langle \mathrm{T}{:}\,\hat{I}(t)\hat{I}(t+\tau){:}\rangle}{\langle \hat{I}(t)\rangle\langle \hat{I}(t+\tau)\rangle} \end{aligned} \tag{A.6}$$

ここで，$\langle\cdots\rangle \equiv \mathrm{Tr}\{\rho(t)\cdots\}$ は量子力学的平均を意味し，$\hat{I}(t)$ は輻射場強度の

演算子である．

もう 1 つの光子統計を記述する量は，時間間隔 T の間に観測される光子数 n の分布 $P(n)$ である．特に光子数の分散 $\langle(\varDelta\hat{n})^2\rangle$ が興味ある．2 次の相関関数と同様に，光子を消滅することによって光子数を観測するので，やはりノーマルオーダー・時間オーダーを指示する演算子 T：：を用いて，光子数分布 $P(n)$ を表現する．

$$P(n)=\left\langle \mathrm{T}:\frac{1}{n!}\left[\int_t^{t+T}dt'\hat{I}(t')\right]^n\exp\left[-\int_t^{t+T}dt'\hat{I}(t')\right]:\right\rangle \qquad \text{(A.7)}$$

ここで，$\hat{I}(t)$ は，輻射強度を単位時間に観測器に入る光子数で表わした演算子である．光子数の 2 次のモーメント

$$\begin{aligned}\langle\hat{n}^{(2)}\rangle &\equiv \sum_{n=0}^{\infty}n(n-1)P(n)\\ &=\int_t^{t+T}dt_2\int_t^{t+T}dt_1\langle\mathrm{T}:\hat{I}(t_1)\hat{I}(t_2):\rangle \end{aligned}\qquad \text{(A.8)}$$

を用いて，光子数の分散を表わすと，

$$\begin{aligned}\langle(\varDelta\hat{n})^2\rangle &= \langle\hat{n}^{(2)}\rangle+\langle\hat{n}\rangle-\langle\hat{n}\rangle^2\\ &=\langle\hat{n}\rangle+\frac{\langle\hat{n}\rangle^2}{T^2}\int_t^{t+T}dt_2\int_t^{t+T}dt_1[g^{(2)}(t_2-t_1)-1]\end{aligned}\qquad \text{(A.9)}$$

観測時間 T が，$g^{(2)}(\tau)$ を特徴づける時間より十分短いときには，$g^{(2)}(t_2-t_1)$ $\fallingdotseq g^{(2)}(0)$ と近似できるので，

$$\langle(\varDelta\hat{n})^2\rangle-\langle\hat{n}\rangle=\langle\hat{n}\rangle^2[g^{(2)}(0)-1] \qquad \text{(A.10)}$$

すなわち，光子数の標準偏差 $\sigma(t)$ は

$$\sigma^2(t)\equiv\frac{\langle(\varDelta\hat{n})^2\rangle}{\langle\hat{n}\rangle}=1+\langle\hat{n}\rangle[g^{(2)}(0)-1] \qquad \text{(A.11)}$$

と 2 次の相関関数 $g^{(2)}(0)$ を用いて評価できる．第 3 章でも調べたように，白熱灯からの光はスーパー Poisson 分布 $\langle(\varDelta\hat{n})^2\rangle>\langle\hat{n}\rangle$ で $g^{(2)}(0)>1$ に対応し，発振の閾値より十分上で発振するレーザー光は Poisson 分布 $g^{(2)}(0)=1$ を与えることがわかる．以上より，非古典光でのみ，光子数の**サブ Poisson 分布**

$\langle(\Delta\hat{n})^2\rangle < \langle\hat{n}\rangle$，すなわち $g^{(2)}(0)<1$ と**アンチバンチング** $g^{(2)}(0)<g^{(2)}(\tau)$ が，実現可能となることがわかる．

微小共振器中の原子や励起子は，内部の輻射場と強く結合し，それを用いてサブ Poisson 分布を示すスクイーズド光やアンチバンチングを示す**非古典光**を実現する試みがある．この一例を A-3 節で示す．

A-2 原子系のレーザー冷却と Bose 凝縮

イオンばかりでなく中性原子系にレーザー光を照射することによって，空間的にトラップしたり，10^{-8} K もの低温まで冷却できるようになった．その結果，原子の de Broglie 波長は数 μm にも伸び，原子波を光のように干渉させることが可能になり，ついに Bose 凝縮まで実現可能となった．このレーザー冷却とトラップの過程は量子光学の顕著な効果であるので，まずその原理を紹介し，それに続いて巨視的な量子効果の発現である Bose 凝縮の実験例を示す．

a） Doppler 冷却

原子ガスやイオンガスの光吸収スペクトルには，Doppler 効果による不均一幅が伴う．しかし，それによって原子(ここでは原子とイオンを総称して原子と呼ぶ)遷移のエネルギー $\hbar\omega_0$ より低エネルギーの光子を吸収でき，$\hbar\omega_0$ の光子を自然放射することによって原子系がもつ運動エネルギーを取り去ることができる．この過程をくりかえすことによって原子系を冷却でき，これを **Doppler 冷却**とよぶ．

原子ガスに 3 対のレーザービームを x, y, z 軸の 3 方向から照射することによって，3 次元空間の運動エネルギーを減少できる．同時に 6 本のビームの交点付近に，原子系を閉じ込める効果をもつ．しかし，光吸収・自然放射のくりかえしによるこの冷却法は，自然放射の確率過程を含むので，平均の運動エネルギーを減少させつつも，原子の受ける反跳に伴う運動エネルギーの分散は必然的につきまとう．そのため，自然放射による自然幅 Γ によって決まる $k_BT=\hbar\Gamma/2$ の冷却限界は避けられない．この限界温度は，Na 原子系で 240 μK,

Cs 原子系で 125 μK と見積もられる．しかし，Na 原子系では，Chu らによって限界温度をはるかに越える 40 μK に冷却されていることが観測された．それは，次の冷却過程が同時にはたらいていたためである．

b）偏光勾配冷却

この冷却法には，原子の低エネルギー準位が $2J+1$ 重に縮退していることが必要である．ここで，$\hbar J$ は原子の全角運動量である．この冷却過程は，輻射場による保存力と光吸収・自然放射の散逸力をからませて実行するもので，次の 3 つの要請を満たさねばならない．

第 1 の要請は，$2J+1$ 重に縮退している基底状態は，光吸収・自然放射によって結ばれており，レーザー光の偏極に依存して基底状態間に特別の分布が形成できることである．第 2 の要請は，これらの基底状態はレーザー光の偏極に依存して異なるエネルギーシフトを示し，しかもその大きさはレーザー強度に比例して増大することである．第 3 の要請は，光の偏極に勾配を伴うことであり，これには複数のレーザービームの干渉で光の波長にわたって偏極を急激に変動させることが可能となる．

これを Na 原子系を用いて説明しよう．図 A-1 には，Na 原子の基底状態 $J_g=1/2$ と励起状態 $J_e=3/2$ の状態間の遷移に対する Clebsch-Gordan 係数を示す．遷移の Rabi 周波数 Ω はこの係数に比例するので，第 1 と第 2 の要請はみたされる．さらに，図 A-2(a)に示すように，互いに直交する 2 つの偏極ベクトルをもつ直線偏光を左右から入射すると，σ_- と σ_+ 円偏光が $\lambda/4$ ごとに波立つ．その結果，2 準位のエネルギー間隔 $\hbar\omega_0$ より光子エネルギー $\hbar\omega$ が小さいときには，基底状態は $\Lambda \doteqdot \hbar\Omega^2/4(\omega_0-\omega)$ だけ低エネルギー側にシフトする．しかも，図 A-2(a)の偏光特性と図 A-1 の Clebsch-Gordan 係数を考慮す

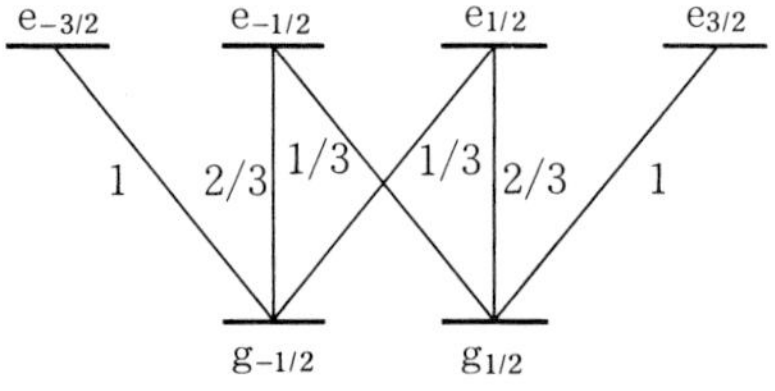

図 A-1　基底状態 $J_g=1/2$ と励起状態 $J_e=3/2$ の間の遷移に対する Clebsch-Gordan 係数を示す．Rabi 周波数はこの係数に比例する．

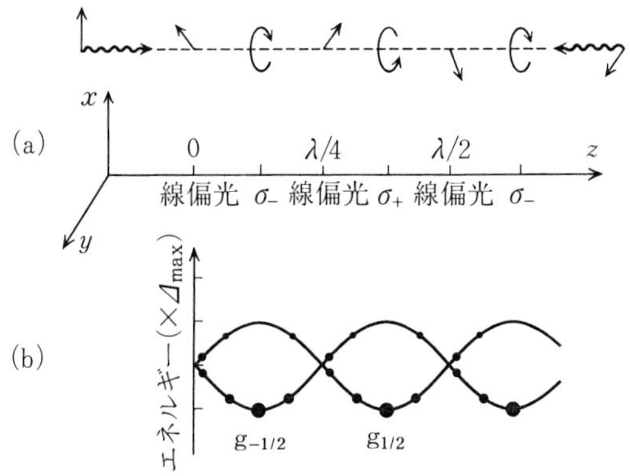

図 A-2 (a) 2つの互いに直交する偏極ベクトルをもつ直線偏光を左右から衝突するように入射すると，σ_- と σ_+ の円偏光が $\lambda/4$ ごとに波立つ．(b) $g_{-1/2}$ の原子は σ_- 円偏光と，$g_{1/2}$ の原子は σ_+ 円偏光とより強く結合して，励起エネルギー $\hbar\omega_0$ より低エネルギーの光子を照射するときには，最も大きな安定エネルギーを得る．

ると，図 A-2(b)に示すように，基底状態の磁気量子数 m_J に依存し，空間的にも激しく変動するシフトをうけ，第2，第3の要請もみたす舞台が整った．

さて，$z=\lambda/8$ で σ_- 偏光によって $g_{1/2}$ より $e_{-1/2}$ に励起された原子は自然放射によって，$g_{1/2}$ と $g_{-1/2}$ に遷移できるが，$g_{1/2}$ に落ちたものは再び $e_{-1/2}$ に励起されるので，結局は光吸収・自然放射をくりかえすことで $g_{1/2}$ の原子を $g_{-1/2}$ に遷移させる．$g_{-1/2}$ より $e_{-3/2}$ に励起されたものは $g_{-1/2}$ にのみ落ちるので，図 A-2(b)に示すように $z=\lambda/8$ では $g_{-1/2}$ の分布が増大する．逆に $z=3\lambda/8$ では，$g_{1/2}$ の分布が増大する．

このままでは，この光電気双極子ポテンシャルの保存力の効果は空間積分すると消失してしまう．この保存力に加えて，前項a)の光吸収・自然放射の散逸力が組み合わさると，冷却が有効にはたらくことを示せる．これを**偏光勾配冷却**とよぶ．すなわち，$z=\lambda/8$ 付近で右のほうに運動している $g_{-1/2}$ の原子は，図 A-3 に示すように運動エネルギーを失いつつ $z=3\lambda/8$ 付近のポテンシャルの頂点に達する．その付近では有効に光吸収・自然放射を行なって $g_{1/2}$ に遷

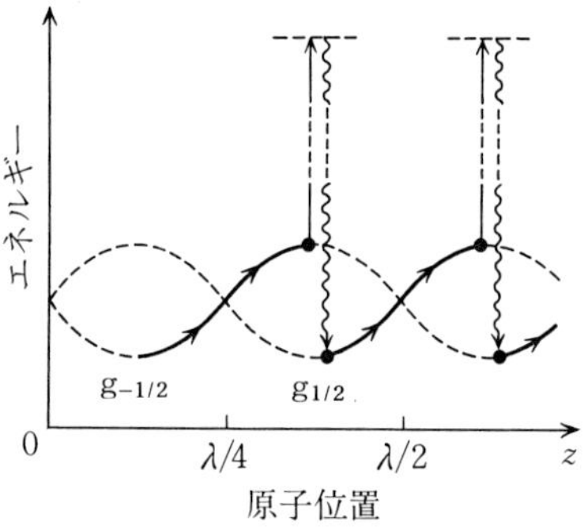

図 A-3 偏光勾配冷却法の原理図．$z=\lambda/8$ 付近の $g_{-1/2}$ の原子は輻射場が作るポテンシャルの山を登りつつ，運動エネルギーを失い，$z=3\lambda/8$ の頂付近に達したとき，最も強く $e_{1/2}$ への励起とひき続き $g_{1/2}$ への自然放射を行なって，原子は冷却していく．

移して，2Λ の運動エネルギーを放出できる．逆方向に運動する $g_{-1/2}$ にいる原子も，また $z=3\lambda/8$ で同じように 2Λ の運動エネルギーを有効に放出できる．光吸収・自然放射の 1 サイクルに τ_p の時間がかかるとすると，$v\tau_p \fallingdotseq \lambda/4$ のときに最も有効に原子系を冷却できる．ここで v は原子の軸方向の速度である．Doppler 冷却では $kv \fallingdotseq \Gamma/2$ 付近で最も有効であったが，偏光勾配冷却では $k=2\pi/\lambda$ として $kv \fallingdotseq \pi/2\tau_p$ のときに有効となる．ここで $1/\tau_p$ はレーザー光強度に比例し，レーザー光強度を制御することによって Doppler 冷却より低温まで原子系を有効に冷却することが可能である．

c）コヒーレント・トラップ冷却

Doppler 冷却も偏光勾配冷却も自然放射をエネルギー散逸過程として用いるので，光子 1 個の反跳エネルギー $\hbar^2K^2/2M$ 以下に原子を冷却できない．ここに $\hbar K=h/\lambda$ は光子の運動量，M は原子の質量である．このような制約から解放された冷却法が，**コヒーレント・トラップ法**と次の蒸発冷却法である．前者は，正確には**速度選択コヒーレント分布トラップ（VSCPT）冷却法**とよばれる．これによって，準安定状態のヘリウム原子 He* を 200 nK まで冷却し，de Broglie 波長を 5 μm まで伸ばすことに成功している．

準安定状態 2s($^3S_1$) にある He* 原子を始状態として，励起状態 2p($^3P_2$) との間の光学遷移を用いた VSCPT を例にとって説明する．$^3S_1$ と $^3P_2$ ともに $J=1$ で 3 重に縮退している．図 A-4 に示すように，z 軸の正方向に伝播する（σ_+, $\hbar k$）円偏光と，負方向に伝播する（σ_-, $-\hbar k$）円偏光を，原点付近にいる He*

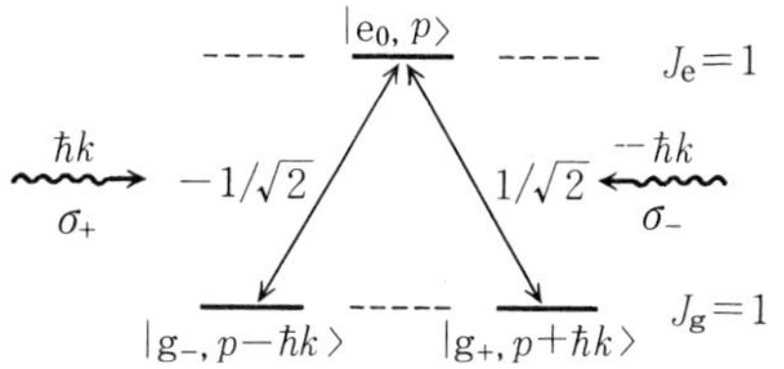

図 A-4 コヒーレント・トラップ冷却法(VSCPT)の原理図．He* の始状態$J_g=1$と励起状態$J_e=1$の間の遷移に共鳴する($\sigma_+, \hbar k$)円偏光と($\sigma_-, -\hbar k$)円偏光を左右から照射するときの許容遷移を示す．$\pm 1/\sqrt{2}$ はその遷移の双極子モーメントの符号を表わす．

原子系に同時に照射する．始状態 $|J_g=1, m_J=-1\rangle$ を $|g_-\rangle$，$|J_g=1, m_J=1\rangle$ を $|g_+\rangle$，励起状態 $|J_e=1, m_J'=0\rangle$ を $|e_0\rangle$ と記す．図 A-4 に示すように，σ_+ と σ_- 円偏光によって，おのおの，$|g_-, p-\hbar k\rangle$ と $|g_+, p+\hbar k\rangle$ は $|e_0, p\rangle$ との間にのみ光学遷移が許される．ここで，$p, p\pm\hbar k$ は原子の運動量の z 成分である．次の互いに直交する 2 つの線形結合を考える．

$$|\psi_{nc}(p)\rangle = \frac{1}{\sqrt{2}}\{|g_-, p-\hbar k\rangle + |g_+, p+\hbar k\rangle\} \tag{A.12a}$$

$$|\psi_{c}(p)\rangle = \frac{1}{\sqrt{2}}\{|g_-, p-\hbar k\rangle - |g_+, p+\hbar k\rangle\} \tag{A.12b}$$

ここで，$|g_-, p-\hbar k\rangle \leftrightarrow |e_0, p\rangle$ と $|g_+, p+\hbar k\rangle \leftrightarrow |e_0, p\rangle$ の遷移の電気双極子モーメントの期待値は絶対値が等しく，符号が逆であることに注意すると，結合状態 $|\psi_c(p)\rangle$ からの遷移は干渉して強めあうが，非結合状態 $|\psi_{nc}(p)\rangle$ からの遷移は弱めあうことがわかる．特に，原子の運動量 $p=0$ のときには，$|g_\pm, \pm\hbar k\rangle$ は運動エネルギーまで含めて縮退し，非結合状態はまったく光不活性となる．したがってこの状態を**暗黒状態**とよぶ．$p\neq 0$ ではその縮退が解けるとともに，運動エネルギー演算子 $\hat{p}^2/2M$ の期待値のうち，次の非対角成分は有限になる．

$$\langle\psi_c(p)|\hat{p}^2/2M|\psi_{nc}(p)\rangle = \frac{1}{M}\hbar k p \tag{A.13}$$

したがって，$p\neq 0$ の原子群では，$|\psi_{nc}(p)\rangle$ と $|\psi_c(p)\rangle$ は(A.13)式によって混ざり合って，光吸収・自然放射をくりかえして，運動量空間を酔歩し，ついには $p=0$ の暗黒状態に落ち込んでいく．これをもう少し定量的に評価しよう．

結合状態 $|\psi_c(p)\rangle$ と励起状態 $|e, p\rangle$ の間の Rabi 周波数を Ω_R，その自然放射の割合を Γ とすると，$|\psi_c(p)\rangle$ が光吸収・自然放射によって他の運動量状態 $|\psi_c(p')\rangle$ に遷移する割合 Γ_c' は，$\Gamma_c' \doteqdot \Omega_R^2/\Gamma$ と見積もれる．他方 $|\psi_{nc}(p)\rangle$ は (A. 13) 式によって結合状態に遷移でき，その割合 $\Gamma_{nc}'(p)$ は $\Gamma_{nc}'(p) \doteqdot (kp/M)^2\Gamma/\Omega_R^2$ と評価できる．

以上の考察より，ある臨界値 δp より小さい運動量 $|p|<\delta p$ をもつ原子のみが $|\psi_{nc}(p)\rangle$ にとどまり，蓄積されていく．原子系が光照射をうける時間 Θ のとき，$\Gamma_{nc}'(p)\Theta<1$ であれば原子の蓄積が保証されるので，上の $\Gamma_{nc}'(p)$ の表式より $\delta p \propto \Theta^{-1/2}$ の依存性をもつことがわかる．Lawall らは図 A-5 に示す磁気光トラップと Doppler 冷却によって，まず 100 μK まで冷却した準安定 He* 原子を 10^5 個ほど蓄積した．次に図 A-6(a) と (b) に示す 2 次元の VSCPT を $\Theta=1$ ms の間実行した．平面上の原点付近で冷却された He* 原子系は，4 種類の光の運動量 $\pm\hbar k_x, \pm\hbar k_y$ をもつ始状態におり，その後重力の影響をうけて落下する．各運動量状態のまわりのゆらぎが，原子系の有効温度を反映する．それは図 A-6(a) の蛍光板上の 4 つの点のまわりの分布として観測できる．図 A-6(b) の観測から，He* 原子系の有効温度は 250 nK と見積もられ，原子の

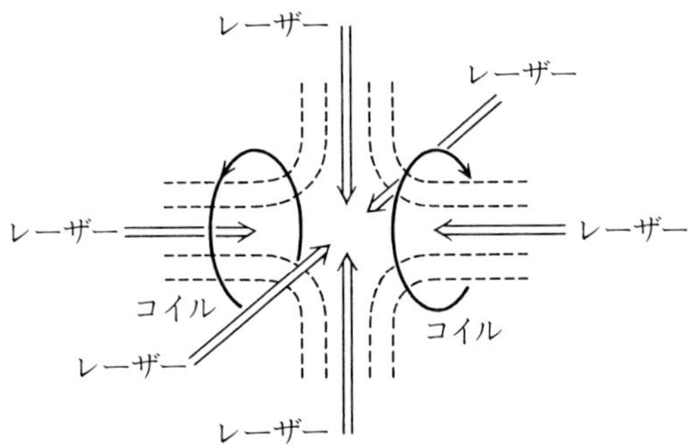

図 A-5 磁気光トラップの原理図．互いに逆方向の電流を流した 1 対のコイルで 4 重極磁場を作る．互いに直交する 3 方向の両側から，4 重極磁場の中心に向かって，負に離調した円偏光レーザーを送る．向かい合ったレーザー光の偏向方向も逆向きにとる．このとき，原子はつねに中心に向かう力をうけてトラップされる．

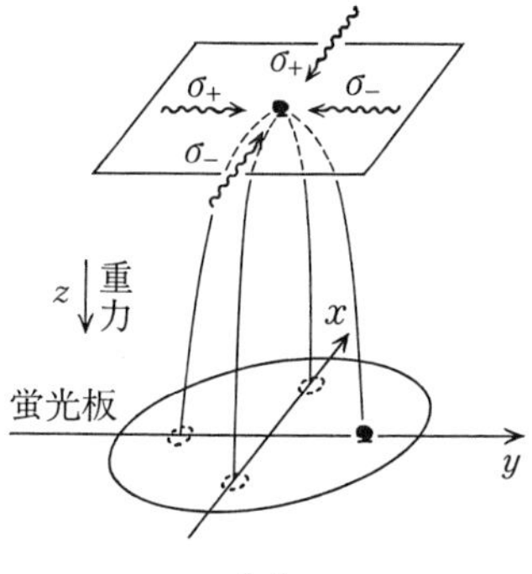

(a)

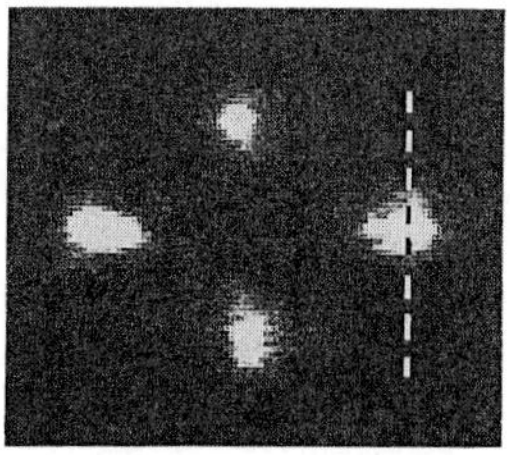

(b)

図 A-6 (a) 2 次元 VSCPT (Velocity Selective Coherent Population Trap) と冷却原子を観測する原理図. (b) $\pm k_x$ と $\pm k_y$ 付近に分布する He* 原子の蛍光板上での分布図 (J. Lawall *et al.*: Phys. Rev. Lett. **73** (1994) 1915).

コヒーレント長は 5 μm にもなることがわかった.

d) アルカリ原子ガスの Bose 凝縮——蒸発冷却法

原子ガスを冷却して, その de Broglie 波長 λ_d が原子間隔より大きくなると, Fermi 統計と Bose 統計に従う原子系で異なる性質が現われると期待できる. その量子統計の顕著な効果の 1 つが Bose 凝縮である. このような量子縮退を示す系としては, ^{4}He の超流動とある種の金属の超伝導の現象が知られている. しかし, これらは強く相互作用している系で, 微視的な解析には困難を伴う. 他方, この項で問題とする原子ガス系は弱い相互作用の系で, 微視的理論の対応も容易である.

de Broglie 波長の長さを一辺とする立方体中に占める密度 n の原子数 $\rho = n(\lambda_d)^3$ が 2.612 を超えると, Bose 凝縮が可能であると見積もられる. しかし, 前項までの冷却法では, Bose 凝縮を実現するには ρ が $10^5 \sim 10^6$ も小さすぎた. 1995 年も後半になって Wieman らは前項までの原子トラップとレーザー冷却した ^{87}Rb 原子ガスを磁場トラップに集積して, この系に蒸発冷却を実行した. これによって原子密度 n を 2.5×10^{12} cm^{-3} まで増大すると同時に, 170 nK まで冷却して de Broglie 波長 λ_d を増大させることができ, ^{87}Rb 原子ガスの

Bose 凝縮の観測に成功した．

磁場トラップが形成する3次元放物線型ポテンシャルの中で，^{87}Rb 原子は，3次元調和振動を行なう．低温原子は原点付近に集まり，高温の原子はポテンシャルの壁を高く上る．この後者の原子をラジオ波で不安定軌道に遷移させて蒸発させ，低温原子のみをトラップ中に保持するのが**蒸発冷却法**である．遷移周波数 ν_{ev} が 4.23 MHz 以上では，特に際立った変化は現われないが，その値から ν_{ev} を減少していくと急激に Bose 凝縮の信号が得られた．彼らは磁場トラップを断熱的に解除して，^{87}Rb 原子系を自由落下させつつ，$^5S_{1/2}(F=2)$-$^5P_{3/2}(F=3)$ 間遷移に共鳴する円偏光レーザー光吸収によって，^{87}Rb 原子群の影を測定した．これによって，原子群の速度分布と空間分布を決めている．

遷移周波数 $\nu_{ev}=3.6$ MHz では，^{87}Rb 原子数は 0 となるが，これを下限とする範囲では，ν_{ev} を減じると原子数は減るが，それ以上に原子系の温度を下げることになる．図 A-7 には，ν_{ev} をパラメーターとして，速度分布を示す．これでわかることは，$\nu_{ev}<4.23$ MHz で，鋭い速度分布が $v=0$ に観測されていることである．この速度 $v=0$ の密度成分を ν_{ev} の関数として図示したものが図 A-8 である．この図は $\nu_{ev}=4.23$ MHz 付近で相転移を示している．これが Bose 凝縮の第1の証拠である．次に，$\nu_{ev}=4.23$ MHz 付近で，非凝縮成分は

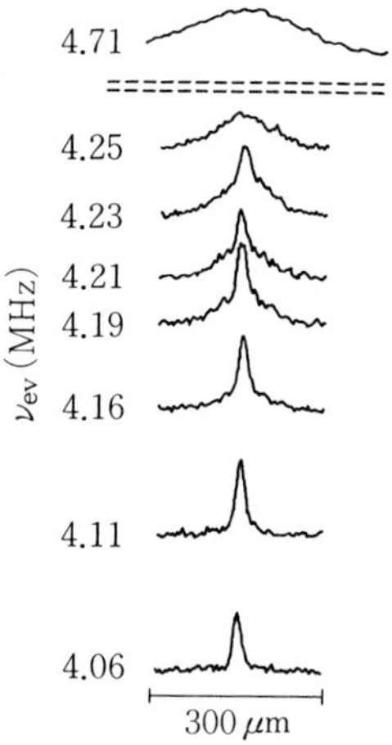

図 A-7　Rb 原子の速度分布を反映する空間的拡がりは，蒸発励起の周波数 ν_{ev} を減少するとともに，凝縮成分が出現することを示す（M. H. Anderson *et al.*: Science **269** (1995) 133）．

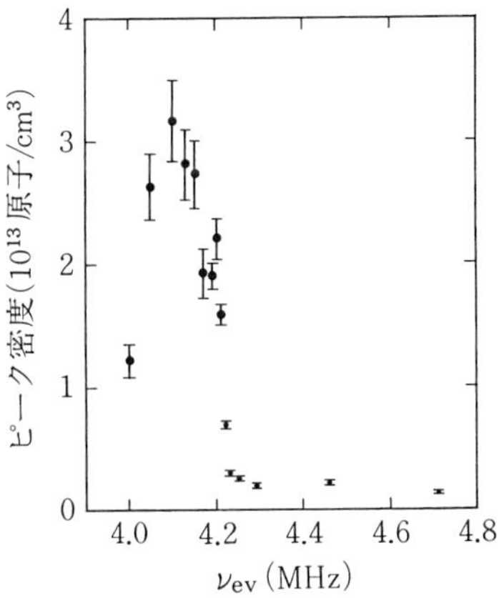

図 A-8 Rb 原子雲の中心付近の密度を蒸発励起周波数 ν_{ev} の関数として示す. $\nu_{ev}=4.23$ MHz 以下で凝縮成分が出現するが, 4.1 MHz 以下では凝縮成分まで蒸発させてしまうのでピーク値は減じる. $\nu_{ev}=4.7$ MHz で, $T=1.6\,\mu$K, 4.25 MHz で $T=180$ nK まで冷却される(出典は図 A-7 と同じ).

等方的分布を示すのに対して, 鋭い速度分布をもつ凝縮状態にあると思われる成分は, 磁場トラップのポテンシャルの異方性を反映した速度分布を示す. この事実は, 原子系が単一の最低量子状態に鋭く分布していることを物語っている.

以上の事実より, ^{87}Rb 原子ガスの Bose 凝縮を結論している. これにひき続いて, Li ガスと Na ガスに対しても蒸発冷却法を併用して, Bose 凝縮を観測したとの報告が出されている.

e) 原子波の干渉と光結晶

原子系の de Broglie 波長が数 μm のオーダーになると, 原子波としての干渉効果が顕著に観測されるようになる. **原子線ホログラフィー**まで観測されている.

数本の偏光ビームを原子系に照射すると, 原子が感じる電気双極子ポテンシャルの極小点が格子点状に配列される. 各格子点に原子が配列したものを**光結晶**とよぶ. まだ原子密度が不十分で, 完全結晶には程遠いが, 可視光での Bragg 反射は観測されている. 光結晶については,『非線形量子光学』1.4.3 節を参照されたい.

A-3 微小共振器中の原子と励起子

第1章輻射場の量子化でみたように，1つの輻射モードの電場強度は，微小共振器中ではその体積の平方根に反比例して増大する．これが微小共振器の面白さの第1である．第2に，輻射場の固有周波数が離散化して，原子励起・励起子を考えるときには単一モードとのみ相互作用すると近似できる．したがって，単一Cs原子の真空Rabi分裂は，Cs原子の$^6S_{1/2}$と$^6P_{3/2}$間の原子遷移と共振器モードの共鳴条件下で，数MHzのオーダーになることが観測されている．

励起子は5-2節d)項と6-3節でのべたように，巨大電気双極子モーメントをもつ．したがって，微小共振器中では，励起子はきわめて大きな真空Rabi分裂を示す．数GHz(数meV)のRabi分裂がすでに観測されている．また，A-1節の非古典光の発生にも，この微小共振器中の励起子は偉力を発揮するものと期待されている．

a） 単一原子によるアンチバンチング

A-2節でのべたレーザー冷却した原子を微小共振器中に閉じ込め，A-1節で定義した非古典光の特徴の1つであるアンチバンチングを観測した例を紹介する．

$^{24}Mg^+$イオンをDoppler冷却し，数を決めてPaulトラップ(『非線形量子光学』1.3.2節参照)する．まず，単一の$^{24}Mg^+$イオンの系に，$3^2S_{1/2}$-$3^2P_{3/2}$間の原子遷移に共鳴するレーザー光を定常的に照射する．この系からの発光強度の(A-1節で定義した)2次の相関関数$g^{(2)}(\tau)$を測定したものが，図A-9である．$g^{(2)}(\tau)>g^{(2)}(0)$と**アンチバンチング**がみごとに観測されている．$g^{(2)}(\tau)$が$\tau=0$での0から$\tau\neq0$での1に回復するのはRabi周波数で，図A-9(d)，(c)，(b)，(a)と定常励起の強度を増すとともに回復する時間が短くなるのは，励起強度を増しRabi周波数が増大したためである．この系は，$g^{(2)}(0)<1$であることからもわかるように，同時に光子数の**サブPoisson分布**を示すこともわかる．

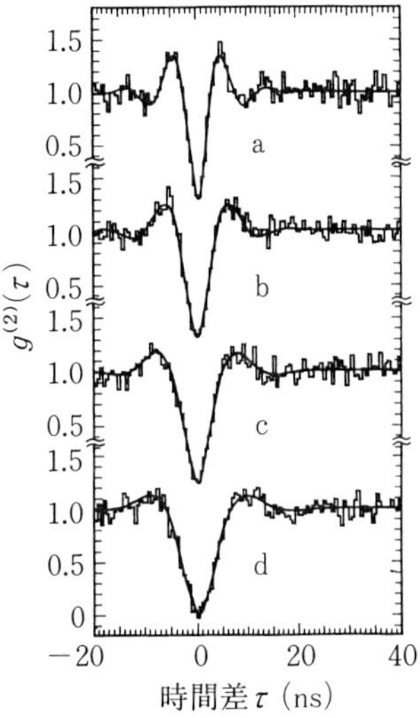

図 A-9　単一の $^{24}Mg^+$ イオンによるアンチバンチングを示す．イオンを共鳴励起するレーザー光強度を弱めていくと Rabi 周波数が下がり，図の a, b, c, d のようにアンチバンチングを解消する時間が長くなる（F. Diedrich and H. Walther: Phys. Rev. Lett. **58** (1987) 203）．

しかし，共振器中のイオン数を 2 個，3 個と増していくと，$g^{(2)}(0)$ の値は増大し，古典光に接近していくことがわかる．これは各イオンからの発光が無相関に行なわれるためである．ところで，独立なイオンではなく，結晶を構成するイオンや原子の系では，励起は構成イオン・原子間をコヒーレントに伝播する励起子が素励起である．その結果，微小共振器中の励起子系では，構成イオン・原子の数を増しても励起子に共鳴する光子はサブ Poisson 分布に従う非古典光となりうることが，江崎らによって理論的に示されている．

b)　半導体微小共振器

単一，または複数の半導体量子井戸の両面に，**分布帰還型 Bragg 反射鏡**を多層量子井戸で形成した波長サイズの微小共振器が興味を集めている．第 1 には，第 2 章輻射場と電子の相互作用でのべたように，自然放射を制御することが容易で，これによってレーザー発振の閾値をきわめて減少することができる．これについては『非線形量子光学』5.1.2 節微小共振器レーザーを参照されたい．第 2 には，固有モードに対してきわめて大きな電場を与え，特に量子井戸の励起子と強い相互作用をもたらす．これについては，同書 5.2.3 節半導体微小共振器に記述されているように数 meV もの**真空 Rabi 分裂**が光吸収スペクトルや発光スペクトルで観測されている．この Fourier 変換である **Rabi 振動**も，サブピコ秒の周期をもつ放射光の振動として観測されている．

最近は，これらの系の多様な非線形光学応答が観測されるようになった．この多様さは，GaAs 半導体量子井戸系の質に依存するものである．井戸厚の空間的ゆらぎが比較的大きく，励起子の光吸収スペクトルの不均一幅 $\delta\omega_{\mathrm{inh}}$ が，励起子の Rabi 周波数 Ω_{exc} より大きいときには，観測される Rabi 分裂は Ω_{exc} より小さくなることが示された．この系の励起子は励起子の Bohr 半径の大きさの島の内に閉じ込められ，弱励起の下では真空 Rabi 分裂の 2 重項構造のみが観測される．励起を増すとともに，1 つの島の内の多励起子構造間の遷移として，4 重項，6 重項が発光スペクトルに観測されるようになる．また時間領域では，弱励起下では発光強度は真空 Rabi 周波数で振動するが，強励起下では 4 重項，6 重項の Fourier 変換に対応する複雑な発光強度の振動を示す．

他方，不均一幅が無視できるほど狭いときには，励起強度を強めていっても，プローブ光の光吸収スペクトルは，真空 Rabi 分裂の大きさの 2 重項構造のみを示す．しかし，励起子間衝突による均一幅の増大として非線形効果が現われる．さらに励起強度を増すと，均一幅の増大と吸収飽和の効果によって，Rabi 分裂は消失し，光吸収スペクトルは中央に 1 本現われるのみである．同時に中央の周波数でレーザー発振が現われる．

不均一幅と Rabi 周波数が同程度の系では，励起子の弱局在に伴う位相共役光の増強が，また一般に非古典光の発生などが期待されている．

参考書・文献

量子光学以前の古典的な光学である幾何光学と物理光学を学びたい人には，古典的な名著として，

［1］ M. Born and E. Wolf : *Principles of Optics——Electromagnetic Theory of Propagation, Interference and Diffraction of Light*, 5th edition (Pergamon, 1975)［草川徹，横田英嗣訳：光学の原理 I ——電磁光学および幾何光学；光学の原理 II ——干渉および回折；光学の原理 III ——Coherence 理論，金属および結晶光学（東海大学出版会，1974）］.

が挙げられる．また最近出版され，美しい図をふんだんに使って読みやすい古典的光学の教科書として次のものが推薦できる．

［2］ R. Guenther : *Modern Optics* (John Wiley & Sons, 1990).

第1章と第2章で取り扱った電磁場の量子化と物質との相互作用を数学的にきちんと取り扱った教科書としては，次のものが推薦できる．

［3］ C. Cohen-Tannoudji, J. Dupont-Roc and G. Grynberg : *Photons and Atoms, Introduction to Quantum Electrodynamics* (John Wiley & Sons, 1989).

また電磁場の量子化と，相対論で記述されるような高速電子系と相互作用する X 線・γ 線の量子化までをも記述する名著として次のものがある．

［4］ W. Heitler : *The Quantum Theory of Radiation*, 3rd edition (Oxford Univ. Press, 1954)［沢田克郎訳：輻射の量子論，上・下（吉岡書店，1958）］.

第1章で取り扱った光のスクイージングと量子非破壊測定，第2章のトピックである共振器電磁気学における自然放射の抑制・増強を記述する教科書・参考書はまだない．しかし，次の解説は参考になると思われる．

［5］ 山本喜久，上田正仁：スクイズド状態と光子対，電子情報通信学会誌 **72** (1989)

807；量子非破壊測定，*ibid*. 915；共振器量子電気力学，*ibid*. 1014.

［6］ M. C. Teich and B. E. A. Saleh：非古典的な驚くべき光の状態――スクイーズド光とアンチバンチング光，パリティ **5**, No. 11 (1990) 2.

［7］ S. Haroche and D. Kleppner：共振器中の量子電磁力学，パリティ **4**, No. 8 (1989) 14.

第1章から第3章の光の統計的性質まで含めての参考書としては，

［8］ R. Loudon：*The Quantum Theory of Light* (Oxford Univ. Press, 1973)［小島忠宣，小島和子訳：光の量子論（内田老鶴圃，1988）］.

［9］ P. L. Knight and L. Allen：*Concepts of Quantum Optics* (Pergamon, 1983)［氏原紀公雄訳：量子光学の考え方（内田老鶴圃，1989）］.

がある．この本には光の量子化とその統計的性質を解明してきた著名な論文も17編掲載されている．またこの分野の名論文を年代ごとに分けて2分冊にまとめたのが，次の論文選集である．

［10］ L. Mandel and E. Wolf, ed.：*Selected Papers on Coherence and Fluctuations of Light*, vol. 1 1850-1960年；vol. 2 1961-1966年 (Dover, 1970).

第4章のレーザー発振には多くの名著がある．

［11］ M. Sargent Ⅲ, M. O. Scully and W. E. Lamb, Jr.：*Laser Physics* (Addison-Wesley, 1974)［霜田光一，岩澤宏，神谷武志訳：レーザー物理（丸善，1978）］.

［12］ H. Haken：*Laser Theory, Encyclopedia of Physics*, vol. XXV/2c, ed. S. Flügge (Springer-Verlag, 1970).

［13］ 霜田光一：レーザー物理入門（岩波書店，1983）.

第5章の光のダイナミックスで取り扱うグラスファイバー中を伝播する光パルスと超放射・超蛍光を記述した教科書はまだない．前者の解説としては，

［14］ 長谷川晃：ファイバー中の光ソリトン，物理学最前線 **20**（共立出版，1988）pp. 71-125.

また超放射と超蛍光の解説としては

［15］ Q. H. F. Vrehen and H. M. Gibbs：Superfluorescence Experiments, in *Dissipative Systems in Quantum Optics*, ed. R. Bonifacio (Springer-Verlag, 1982) pp. 111-147.

［16］ I. P. Herman, J. C. MacGilliuray, N. Skribanowitz and M. S. Feld：Self-induced Emission in Optically Pumped HF Gas：The Rise and Fall of the Superradiant State, in *Laser Spectroscopy*, ed. R. Brewer and A. Mooradian (Plenum, 1974) pp. 379-412.

また励起子系の超放射と光非線形性の解説としては，

［17］ 花村榮一：励起子による光非線形応答――超放射と $\chi^{(3)}$ の増大，応用物理 **59** (1990) 325.

第6章の非線形光学応答には次の3つの教科書が挙げられる.

[18] Y. R. Shen : *The Principles of Nonlinear Optics* (John Wiley & Sons, 1984).

[19] M. D. Levenson and S. S. Kano : *Introduction to Nonlinear Laser Spectroscopy* (Academic Press, 1988)[宅間宏監訳, 狩野覚, 狩野秀子訳 : 非線形レーザー分光学(オーム社, 1988)].

[20] N. Bloembergen : *Nonlinear Optics——A Lecture Note and Reprint Volume* (Addison-Wesley, 1965).

励起子と励起子分子, およびその非線形光学応答には,

[21] M. Ueta, H. Kanzaki, K. Kobayashi, Y. Toyozawa and E. Hanamura : *Excitonic Processes in Solids* (Springer-Verlag, 1988) Chaps. 1～3.

量子光学全体にわたる教科書・参考文献としては,

[22] H. Haken : *Light*, vol. 1. *Waves, Photons, Atoms* ; vol. 2. *Laser Light Dynamics* (North-Holland, 1985).

[23] 櫛田孝司 : 量子光学(朝倉書店, 1981).

[24] 霜田光一, 矢島達夫編著 : 量子エレクトロニクス, 上巻(裳華房, 1972).

[25] 宅間宏 : 量子エレクトロニクス入門(培風館, 1981).

本書を基礎編とするなら, その応用編が次の2つの参考書である.

[26] 山本喜久, 渡辺仁貴 : 量子光学の基礎(培風館, 1994).

[27] 花村榮一 : 非線形量子光学(培風館, 1995).

前者が山本グループで行なわれてきた仕事の集大成であるのに対し, 後者は相補的になるように書かれた. 本書の基礎に対する発展と応用, 特に物理学の上から興味あり, かつ光エレクトロニクスにおいて有用となると思われる概念を選んで記述した.

原子・イオン系のレーザー冷却とトラップに関する論文の大部分は[27]に引用されているが, 原子系のBose凝縮に関する論文とアンチバンチングの観測に関する論文を次に記す.

[28] M. H. Anderson, J. R. Ensher, M. R. Matthews, C. E. Wieman and E. A. Cornell : Observation of Bose-Einstein Condensation in a Dilute Atomic Vapor, Science **269** (1995) 133.

[29] C. C. Bradley, C. A. Sackett, J. J. Tollet and R. G. Hulet : Evidence of Bose-Einstein Condensation in an Atomic Gas with Attractive Interactions, Phys. Rev. Lett. **75** (1995) 1687.

[30] K. B. Davis, M.-O. Mewes, M. R. Andrews, N. J. van Druten, D. S. Durfee, D. M. Kurn and W. Ketterle : Bose-Einstein Condensation in a Gas of Sodium Atoms, Phys. Rev. Lett. **75** (1995) 3969.

[31] F. Diedrich and H. Walther : Nonclassical Radiation of a Single Stored Ion, Phys. Rev. Lett. **58** (1987) 203.

位相演算子に関する最近の議論は，次の解説を参照されたい．

［32］ 松岡正浩：量子力学における位相演算子：電磁場の位相，光子数-位相不確定性の問題，日本物理学会誌 **49** (1994) 643.

第2次刊行に際して

本書は，“量子光学”を大学院修士課程か学部 3,4 年次で学ぶための参考書として 5 年前に書いたものである．20 世紀初頭に輻射場の統計的性質を理解するために，量子力学が誕生して以来，一方では輻射場の量子論的研究は，物理学の基礎概念の確立にたびたび重要な役割を果たしてきた．この 5 年間にもこのような理学の面の進展はあった．他方，量子光学は光エレクトロニクス・量子エレクトロニクスなど広い裾野をもつ工学分野で基本となる学問でもある．しかし最近は両者の間の区別はつかず，渾然一体となって進歩している．

レーザー光の発明とその技術の進歩が社会に与えたインパクトは測り知れないが，その原理は単に物質系からの光の誘導放出を最大限に利用することにあった．逆に，輻射場が原子系に与える量子論的な reaction を用いて，最近は原子系を冷却したり，トラップする技術が進み，原子ガスの Bose 凝縮を実現したり，光誘起の格子を組ませる試みがある．また，半導体をはじめとする物質加工技術の進歩により，輻射場と電子励起を同一の微小空間に閉じ込めて，強く結合させる試みもある．これによって，微弱な励起下でもコヒーレント光を放出する無閾値の半導体レーザーや非古典光発生の可能性が模索されている．これらの研究は，本書初版の 6 つの章に記述した基礎を幹として，多方向に枝を伸ばすように発展している．

1995年4月より発足した重点領域研究“輻射場と物質系の相互量子制御”は，上記の研究を推進するためのものである．それ以前のこの関連分野で，物理学の上からも興味あり，また光エレクトロニクスにおいて有用な概念となるものを拙著『非線形量子光学』としてまとめて，1995年1月に発刊した．その後の注目すべき進展のあった2分野を選び，第2次刊行にあたり補章としてまとめた．

原子系にレーザー冷却とトラップを施して，原子系のコヒーレント長を伸ばして原子ガスのBose凝縮が実現され，円偏光を適当に組み合わせ，波長オーダーの格子点に冷却した原子を規格的に配列する光結晶が実現されつつある．この道すじを補章A-2節でのべた．また，この冷却したイオン系からの発光が，非古典光の特徴であるアンチバンチングを示すことが観測された．アンチバンチングがなぜ，古典光では実現できない現象なのかをA-1節で解説した後に，実験結果をA-3節で示している．さらに，この節では微小共振器中に閉じ込められた輻射場と励起子が強く結合した結果として現われる現象の解説を行なった．補章における引用文献は，巻末の参考書・文献に追加しておいた．

1996年2月

著　者

索引

■岩波オンデマンドブックス■

現代物理学叢書
量子光学

2000年 7月14日 第1刷発行
2002年 4月15日 第2刷発行
2017年10月11日 オンデマンド版発行

著 者 花村榮一（はなむらえいいち）

発行者 岡本 厚

発行所 株式会社 岩波書店
〒101-8002 東京都千代田区一ツ橋 2-5-5
電話案内 03-5210-4000
http://www.iwanami.co.jp/

印刷／製本・法令印刷

ISBN 978-4-00-730684-6 Printed in Japan